高职高专通信技术专业系列教材

4G/5G 移动通信技术

主编　肖杨　王莹　李超　林楠

主审　管秀君

U0169968

西安电子科技大学出版社

内 容 简 介

本书从 4G LTE 无线网络优化基本原理的角度出发，主要介绍 LTE 无线网络优化实施中需要了解的知识点和网络优化方法，涵盖了基本理论基础、参数规划、信令流程、性能分析等，在此基础上进一步介绍了 5G 技术的性能指标、网络架构及 5G 关键技术等内容。

本书首先回顾了 LTE 的发展历程、关键技术、接口协议、主要参数的规划原则，使得读者对 LTE 基本原理有基本的了解。随后本书通过对信令流程的介绍，使读者对移动台和网络的寻呼过程、业务建立过程、切换过程等信令传输过程有一个比较全面的认识。本书后半部分结合运营商的需求对实际工程案例做了详细的讲解，并结合仿真软件讲解了 LTE 进阶知识，力求让读者掌握 LTE 无线网络问题的基本分析思路和方法，在实践运用中能够举一反三。

本书可作为应用型本科和高职高专院校通信相关专业学生的教材，还可作为通信网络和无线通信等相关领域工程技术人员的参考书。

图书在版编目(CIP)数据

4G/5G 移动通信技术/肖杨主编. —西安：西安电子科技大学出版社，2021.12
(2023.7 重印)
ISBN 978 - 7 - 5606 - 6059 - 2

Ⅰ. ①4… Ⅱ. ①肖… Ⅲ. ①无线电通信—移动通信—通信技术 Ⅳ. ① TN929.5

中国版本图书馆 CIP 数据核字(2021)第 105198 号

策　划　高　樱
责任编辑　雷鸿俊
出版发行　西安电子科技大学出版社(西安市太白南路 2 号)
电　话　(029)88202421　88201467　　邮　编　710071
网　址　www.xduph.com　　　　电子邮箱　xdupfxb001@163.com
经　销　新华书店
印刷单位　陕西博文印务有限责任公司
版　次　2021 年 12 月第 1 版　2023 年 7 月第 3 次印刷
开　本　787 毫米×1092 毫米　1/16　印张 15.5
字　数　365 千字
印　数　2001～5000 册
定　价　43.00 元
ISBN 978 - 7 - 5606 - 6059 - 2/TN

XDUP 6361001 - 3

＊＊＊如有印装问题可调换＊＊＊

前　言

在过去的半个世纪里，高速发展的移动通信技术对我们的生活、生产、工作、娱乐乃至全球的政治、经济和文化都产生了深刻的影响。曾经只在科幻电影中出现的无人机、智能家居、网络视频、网上购物等均已实现。移动通信技术经历了模拟传输、数字语音传输、互联网通信、个人通信和新一代无线移动通信 5 个发展阶段。当前主流移动通信技术仍为 4G，5G 技术正在兴起。4G 移动通信技术是集 3G 与 WLAN 于一体，能够快速传输数据、高质量音频、视频和图像的移动通信网络技术。

本书针对高职高专通信工程技术、电子信息工程技术专业，按照高职高专的教育指导思想，以职业技能为本位，从学生学习及工作实际需求出发，采用循序渐进的编写方法安排全书的整体结构。

在内容组织方面，本书以"必需、实用"为本，以"够用、适度"为纲，打破传统教材过于追求系统性、完整性的框架，结合通信生产商主流的通信设备，突出实践动手技能和职业岗位技能。本书主要内容包括 4G LTE 概述、OFDM 原理及应用、MIMO 多天线技术、LTE 网络架构和接口协议、LTE 的信道、LTE 移动性管理、LTE 信令流程、华为和中兴 4G 基站设备、4G LTE 仿真软件实训以及 5G 技术演进。

本书是由教学经验丰富的一线教师和工程经验丰富的企业工程师在多年校企合作共建专业的教学实践、科学研究以及项目实践的基础上，参阅了大量移动通信网络资料和培训教材后，几经修改编写而成的。

本书的主要特点如下：

(1) 语言浅显易懂，适合高职高专的教学要求及学生特点。

(2) 精选教学内容，可分成理论与实际仿真两部分，从实际工程角度出发模拟工程现场。

(3) 书中内容以主流通信设备厂商——华为、中兴的设备为依托。

(4) 配有电子教案(可登录出版社网站下载)。

全书共 11 章，由吉林交通职业技术学院肖杨、李超、林楠及辽宁生态工程职业技术学院基础教学部王莹担任主编。其中，肖杨编写第 2、3、4、11 章并负责全书统稿，王莹编写第 1 章，林楠编写第 5、6、7 章，李超编写第 8、9、10 章。

由于编者水平有限，书中不足之处在所难免，恳请广大读者批评指正。

编　者

2021 年 8 月

目　　录

第 1 章　4G LTE 概述

始于 20 世纪 70 年代的现代移动通信技术,在短短的 50 年间发生了翻天覆地的变化,几乎是每十年研发一代,再十年部署运营一代,同时研发下一代。移动通信逐步实现数字化、宽带化、分组化、智能化、个人化、多网业务融合的多元化和综合化。移动通信网络无缝覆盖全球每个角落,正朝着个人通信的目标"4W"发展,即任何人(Whoever)在任何地方(Wherever)任何时间(Whenever)可以和任何人进行任何形式(Whatever)的通信的目标发展。

1.1　移动通信的演进

移动通信(Mobile Communications)是无线电通信(也称为无线通信)的一大种类。人们普遍认为 1897 年是人类移动通信的元年。这一年,意大利人 M. G. 马可尼在一个固定站和一艘拖船之间完成了一项无线电通信实验,移动通信就这样伴随着无线通信的出现而诞生了,由此揭开了移动通信辉煌发展的序幕。

现代意义上的移动通信系统起源于 20 世纪 20 年代,距今已有百年的历史。大致算来,现代移动通信系统经历了如下四个发展阶段。

(1) 第一阶段。20 世纪 20 年代至 40 年代为早期发展阶段。在此期间,初步进行了一些传播特性的测试,并且在短波几个频段上开发了专用移动通信系统,其代表是美国底特律市警察使用的车载无线电系统。该系统工作频率为 2 MHz,到 40 年代提高到了 30~40 MHz。可以认为这个阶段是现代移动通信的起步阶段,其特点是专用系统开发,工作频率较低,工作方式为单工或半双工方式。

(2) 第二阶段。20 世纪 40 年代中期至 60 年代初期。在此期间,公用移动通信业务开始问世。1946 年,根据美国联邦通信委员会(FCC)的计划,贝尔实验室在圣路易斯城建立了世界上第一个公用汽车电话网,称为"城市系统"。当时使用了三个频道,间隔为 120 kHz,通信方式为单工。随后,联邦德国(1950 年)、法国(1956 年)、英国(1959 年)等相继研制了公用移动电话系统。美国贝尔实验室完成了人工交换系统的接续问题。这一阶段的特点是从专用移动网向公用网过渡,接续方式为人工,网络的容量较小。

(3) 第三阶段。20 世纪 60 年代中期至 70 年代中期。在此期间,美国推出了改进型移动电话系统(IMTS),使用 150 MHz 和 450 MHz 频段,采用大区制、中小容量,实现了无线频道自动选择并能够自动接续到公用电话网。德国也推出了具有相同技术水平的 B 网。可以说,这一阶段是移动通信系统改进与完善的阶段。

(4) 第四阶段。20 世纪 70 年代中后期至今。在此期间,由于蜂窝理论的应用,频率复用的概念得以实用化。蜂窝移动通信系统基于带宽或干扰受限,它通过分割小区有效地控制干扰,在相隔一定距离的不同基站重复使用相同的频率从而实现频率复用,大大提高了频谱的利用率,有效地提高了系统的容量。同时,由于微电子技术、计算机技术、通信网络技术以及通信调制编码技术的发展,移动通信在交换、信令网络体制和无线调制编码技术等方面有了长足的发展。这是移动通信蓬勃发展的时期,其特点是通信容量迅速增加,新业务不断出现,通信性能不断完善,技术的发展呈加快趋势。

第四阶段的蜂窝移动通信系统,其技术经历了几代的演进过程:第一代移动通信系统(1G),第二代移动通信系统(2G),第三代移动通信系统(3G),第四代移动通信系统(4G)以及第五代移动通信系统(5G)。

1.1.1　第一代移动通信系统(1G)

第一代移动通信系统(1st Generation,1G)是指采用蜂窝技术组网、仅支持模拟语音通信的移动电话标准,其制定于 20 世纪 80 年代,主要采用的是模拟技术和频分多址(Frequency Division Multiple Access,FDMA)技术。

1978 年底,美国贝尔实验室成功研制了先进移动电话系统(Advanced Mobile Phone System,AMPS),建成了蜂窝状移动通信网,大大提高了系统容量。1983 年,蜂窝状移动通信网首次在芝加哥投入商用,同年 12 月,它在华盛顿也开始使用。之后,其服务区域在美国逐渐扩大,到 1985 年 3 月已扩展到 47 个地区,约 10 万移动用户。其他工业化国家也相继开发出蜂窝式公用移动通信网。日本于 1979 年推出了 800 MHz 汽车电话系统(HAMTS),在东京、神户等地投入商用。

联邦德国于 1984 年完成了 C 网,频段为 450 MHz。英国在 1985 年开发出了全地址通信系统(TACS),首先在伦敦投入使用,之后覆盖了全国,频段为 900 MHz。同一时期,法国开发出了 450 系统,加拿大推出了 450 MHz 移动电话系统 MTS。瑞典等北欧四国于 1980 年开发出了 NMT-450 移动通信网并投入使用,其频段为 450 MHz。

在各种 1G 系统中,美国 AMPS 制式的移动通信系统在全球的应用范围最为广泛,它曾经在超过 72 个国家和地区运营,直到 1997 年还在一些地方使用。同时,也有近 30 个国家和地区采用英国 TACS(Total Access Communications System,全接入通信系统)制式的 1G 系统。这两个移动通信系统是世界上最具影响力的 1G 系统。

中国的第一代模拟移动通信系统于 1987 年 11 月 18 日在广东第六届全运会上开通并正式商用,采用的是英国 TACS 制式。从 1987 年 11 月中国电信开始运营模拟移动电话业务到 2001 年 12 月底中国移动关闭模拟移动通信网,1G 系统在中国的应用长达 14 年,用户数最高曾达到了 660 万。

第一代移动通信系统在国内刚刚建立的时候,很多人手中拿的"大块头"手机是由美国企业巨头摩托罗拉公司发明的,俗称大哥大(如图 1-1 所示)。一部大哥大在当时的售价为21 000 元,除了手机价格昂贵之外,手机网络资费的价格也让普通老百姓难以消费。当时的入网费高达 6000 元,并且每分钟通话的资费也有 0.5 元。如今,1G 时代像砖头一样的手持终端——大哥大,已经成为了很多人的回忆。

各国不同制式的 1G 系统在技术上有很多相似之处,但最终都没有发展为全球标准,这是因为制式太多,互不兼容,只能进行区域性通信。第一代移动通信有很多不足之处,如容量有限、保密性差、存在同频干扰和互调干扰、通话质量不高、不能提供数据业务和自动漫游等。这些缺点都随着第二代移动通信系统的到来得到了很大的改善。

图 1-1　摩托罗拉历代模拟手机

1.1.2　第二代移动通信系统(2G)

　　为了解决第一代蜂窝移动通信系统存在的技术性缺陷,1982 年北欧四国向欧洲邮电主管部门大会提交了一份建议书,建议制定 900 MHz 频段的欧洲公共电信业务规范,建立全欧洲统一的蜂窝移动通信系统。同年,欧洲成立了"移动通信特别小组(Group Special Mobile, GSM)",后来演变为"全球移动通信系统(Global System for Mobile Communication)"。随后美国建立的数字高级移动电话服务(Digital-Advanced Mobile Phone Service, D-AMPS)和码分多址(Code Division Multiple Access, CDMA)也成为暂时标准(Interim Standard 95, IS-95)系统。日本也建立了个人数字蜂窝(Personal Digital Cellular, PDC)系统。这些系统被称为第二代(2nd Generation, 2G)数字移动通信系统。

　　第二代数字移动通信系统采用数字调制技术,相对于模拟调制技术,它提高了频谱利用率,支持多种业务服务,并与综合业务数字网 (Integrated Services Digital Network, ISDN)等兼容。第二代移动通信系统以传输语音和低速数据业务为目的,因此又称为窄带数字通信系统,典型代表是欧洲的 GSM 系统和美国的 IS-95 系统。

　　GSM 系统与之前的其他标准最大的不同之处是其信令和语音信道都是数字式的。GSM 系统具有标准化程度高、接口开放的特点,其强大的联网能力推动了国际漫游业务及用户识别卡的应用,真正实现了个人移动性和终端移动性。自 20 世纪 90 年代中期投入商用以来,GSM 系统已被全球近 300 个国家采用,成为当时的全球移动通信系统。GSM 标准的设备占据当时全球蜂窝移动通信市场的 80% 以上。1992 年,我国在浙江嘉兴建立和开通了第一个 GSM 演示系统。1994 年 10 月,第一个省级数字移动通信网在广东省开通,经过了长期且迅速的发展,GSM 系统成为了当时我国最成熟和市场占有量最大的一种数字蜂窝系统。

　　CDMA 技术源于军用抗干扰通信技术,后来由美国高通公司创新推广使之成为商用蜂窝移动通信技术。CDMA 在 20 世纪 90 年代末进入了黄金发展阶段,特别是从 1997 年后,CDMA 在韩国、日本、美国、中国和印度形成了增长的高峰期,CDMA 在全球通信市场的份额保持上升趋势。2001 年,中国联通开始在中国部署 IS-95A 网络,2003 年,网络升级到 CDMA 2000 1x,可提供无线数据服务。经过多年的发展,CDMA 用户数达到了

4300 万，其用户规模仅次于美国的 Verizon，是全球第二大 CDMA 网络。2008 年 5 月，中国电信市场正式重组，中国电信收购中国联通 CDMA 网络，并将 C 网规划为中国电信未来的主要发展方向。

GPRS(通用分组无线业务)是建立在 GSM 基础上的一种过渡技术。GPRS 向用户提供便捷和高速的移动 Internet 业务，速度能达到 115 kb/s，GPRS 用户能以与 ISDN 用户一样快的速度上网浏览，更重要的是 GPRS 采用与电脑不同的上网模式实现用户实时在线功能，使用费率则只按数据流量来计算(类似于现在的数字数据网(DDN)专线的计算方式)，显得十分合理，其投入使用的可能性也非常大，只要在原有的 GSM 系统上进行部分升级改造就可以了，避免了重复建设的昂贵投资。增强型数据速率 GSM 演进技术(EDGE)是 GPRS 到第三代移动通信的过渡性技术方案，EDGE 除了采用现有的 GSM 频率外，还利用了大部分现有的 GSM 设备，并且只需对网络软件及硬件做一些较小的改动，就能够使运营商向移动用户提供诸如互联网浏览、视频电话会议和高速电子邮件传输等无线多媒体服务。由于 EDGE 是一种介于第二代移动网络与第三代移动网络之间的过渡技术，它比"2.5G"技术 GPRS 更加优良，因此也有人称它为"2.75G"技术。

1999 年 11 月，采用摩托罗拉和思科(Cisco)公司的方案，英国 BT Cellnet 公司实现了全球首次 GPRS 通话。2000 年 7 月，该公司推出了第一个商用 GPRS 方案。2001 年 5 月 17 日，广东移动实施"先行者计划"，GPRS 业务开始面向社会试商用。2002 年 5 月 17 日，中国移动 GPRS 业务在全国正式投入商用，迈入 2.5G 时代，它提供的业务包括互联网接入、短消息、电子邮件、手机银行、手机支付等。2005 年，中国移动开始在原有的 GSM 网络上建设后向兼容 GPRS 技术的 EDGE 网络。

尽管 2G 技术在发展中不断得到完善，但随着用户规模和网络规模的不断扩大，频率资源已接近枯竭，语音质量不能达到用户满意的标准，数据通信速率太低，无法在真正意义上满足移动多媒体业务的需求。因此，第三代移动通信系统应运而生。

1.1.3 第三代移动通信系统(3G)

尽管基于话音业务的移动通信网已经足以满足人们对于话音移动通信的需求，但是随着社会经济的发展，人们对数据通信业务的需求日益增高，已不再满足以话音业务为主的移动通信网所提供的服务。第三代移动通信系统(3rd Generation，3G)是在第二代移动通信系统的基础上进一步演进的，以宽带 CDMA 技术为主，并能同时提供话音和数据业务。

由于第一代和第二代移动通信网没有形成统一的国际标准，而且无论是 GSM 还是 CDMA 在服务质量、网络成本、频谱效率与系统容量方面都不能满足人们未来的需求，因此国际电联(ITU)早在 1985 年就启动了 3G 的研究工作，当时把 3G 命名为未来公众陆地移动通信系统，后来在 1996 年将其易名为 IMT - 2000。

3G 相比 2G 在传输语音和数据的速率上都有所提升，它能够在全球范围内更好地实现无线漫游，并处理图像、音乐、视频流等多种媒体形式，提供包括网页浏览、电话会议、电子商务等多种信息服务，同时它也具有与已有第二代系统良好的兼容性。目前国内支持国际电联确定的三个无线接口标准，分别是中国电信运营的 CDMA 2000，中国联通运营的 WCDMA 和中国移动运营的 TD - SCDMA。

TD - SCDMA 由我国信息产业部电信科学技术研究院提出，采用不需要配对频谱的时分双工(LTE-TDD)工作方式,以及 FDMA/TDMA/CDMA 相结合的多址接入方式,载波带宽为 1.6 MHz,在支持上下行不对称业务方面有优势。TD-SCDMA 系统还采用了智能天线、同步 CDMA、自适应功率控制、联合检测及接力切换等技术,使其具有频谱利用率高、抗干扰能力强、系统容量大等特点。

WCDMA 源于欧洲,同时与日本的几种技术相融合,是一个宽带直扩码分多址(DS-CDMA)系统。其核心网是基于演进的 GSM/GPRS 网络技术,载波带宽为 5 MHz,可支持 384 kb/s～2 Mb/s 不等的数据传输速率。在同一传输信道中,WCDMA 可以同时提供电路交换和分组交换的服务,提高了无线资源的使用效率。WCDMA 支持同步/异步基站运行模式,采用上下行快速功率控制、下行发射分集等技术。

CDMA 2000 由高通公司为主导提出,是在 IS-95 基础上进一步发展得到的。它分两个阶段:CDMA 2000 1x EV-DO 和 CDMA 2000 1x EV-DV。CDMA 2000 的空中接口保持了许多 IS-95 空中接口设计的特征。为了支持高速数据业务,CDMA 2000 还提出了许多新技术:前向发射分集、前向快速功率控制、快速寻呼信道、上行导频信道等。

1.1.4　第四代移动通信系统(4G)

第三代移动通信的逐渐普及推动了移动数据业务与移动互联网应用的发展,而移动数据与移动互联网应用业务的发展又对移动带宽提出了更高的要求,这又直接驱动了 LTE 技术与产业的发展,LTE 为未来移动宽带数据业务提供了有效的接入手段。

2004 年,3GPP(3rd Generation Partnership Project,第三代合作伙伴计划)开始了对长期演进(Long Term Evolution,LTE)的研究,LTE 基于正交频分复用(Orthogonal Frequency Division Multiplexing,OFDM)、多输入多输出(Multiple Input Multiple Output,MIMO)天线等技术,致力于将无线技术向更高速率演进,并在 2009 年 3 月发布了 R8 版本的 LTE-FDD 和 LTE-TDD 标准,这标志着 LTE 标准草案研究完成,LTE 进入实质研发阶段。R8 版本中的上行数据传输速率为 50 Mb/s,下行数据传输速率为 100 Mb/s,被称为准第四代(4th Generation,4G)或 3.9G。R9 版本中进一步提出了 LTE 演进(LTE-Advanced,LTE-A)的概念,LTE-A 于 2010 年 6 月通过了 ITU 的评估,2010 年 10 月正式成为 IMT-Advanced 的主要技术之一,它是在 R8 版本基础上的演进和增强,上行传输数据速率为 500 Mb/s,下行数据传输速率为 1000 Mb/s,它被 ITU-T 确定为国际移动通信演进(International Mobile Telecommunication-Advanced,IMT-Advanced)阶段国际标准,被称为 4G 通信系统。R10 版本对其加以完善,它是 LTE-A 的关键版本。

我国工信部 2013 年 12 月 4 日正式向三大运营商发布 4G 牌照,中国移动、中国电信和中国联通均获得 TD-LTE 牌照,2015 年 2 月 27 日向中国电信和中国联通发放 FDD-LTE 牌照,2018 年 4 月 3 日向中国移动发放 FDD-LTE 牌照。据工信部官网发布 2020 年 1～10 月通信业经济运行情况,截至当年 10 月末,三家基础电信企业的移动电话用户总数达 16 亿户,其中 4G 用户数为 12.96 亿户,4G 用户在移动电话用户总数中占比 81%。

LTE 采用 OFDM、MIMO 天线等物理层关键技术以及网络结构的调整来获得性能的提升。LTE-A 则引入了一些新的候选技术,如载波聚合技术、增强型多天线技术、无线网络编码技术、无线网络 MIMO 增强技术等,使其性能指标获得更大的改善。3GPP2

终止了后续 UMB、UMB+标准的研究和制定工作，CDMA 2000 网络后续演进为 LTE 网络。

1.1.5　第五代移动通信系统(5G)

移动通信经历了从第一代移动通信系统(1G)到第四代移动通信系统(4G)的发展，如图 1-2 所示。历代移动通信系统都有其典型的业务能力和标志性技术。例如：1G 为模拟蜂窝技术；2G 以时分多址(TDMA)和频分多址(FDMA)为主的数字蜂窝技术，都以电路域话音通信为主；3G 以码分多址(CDMA)为主要特征，支持数据和多媒体业务；4G 以 OFDM 和 MIMO 为主要特征，支持宽带数据和移动互联网业务。

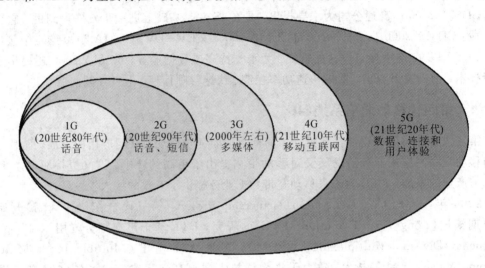

图 1-2　1G～5G 的业务能力

随着移动互联网的发展，越来越多的设备接入到移动网络中，新的服务和应用层出不穷，全球移动宽带用户在 2018 年达到 90 亿，到 2020 年之后，移动通信网络的容量将在当前的网络容量上增长 1000 倍。移动数据流量的暴涨将给网络带来严峻的挑战，急需新一代即第五代移动通信系统。5G 系统的性能目标是高数据速率、减少延迟、节省能源、降低成本、提高系统容量和建立大规模设备连接。5G 网络正朝着网络多元化、宽带化、综合化、智能化的方向发展。

5G 移动宽带系统将成为面向 2020 年以后人类信息社会需求的无线移动通信系统，它是一个多业务、多技术融合的网络，通过技术的演进和创新，来满足未来包含广泛数据和连接的各种业务的快速发展需要，并给用户带来优质的使用效果。

5G 移动宽带系统将能够实现高达 1000 倍的流量增长、100 倍的连接器件数目提升、10 Gb/s 的峰值速率、10～100 Mb/s 的用户体验速率保障、更小的时延和更高的可靠性，并能够明显地提升频谱效率和能耗效率。演进、融合和创新将成为面向 5G 发展的三大技术路线。演进能够将以 LTE/LTE-A 为主的现有技术和频率用好、用活，并寻求新的频率以及频率使用方法；融合能够综合利用现有的无线移动通信系统，以最低的代价为用户提供最好的体验；创新能够更进一步提升系统的效率，降低设备和网络的运维成本，以满足未来长期发展的需求。

1.2　4G 发展的必要性和发展过程

1.2.1　移动互联网推动了 4G LTE 技术的发展

近年来，随着移动互联网的快速发展，移动数据流量出现爆炸性增长，这给运营商的移动通信网络带来了巨大的压力。以美国运营商 AT&T 为例，伴随着各代 iPhone 的推出，2007—2010 年四年间，AT&T 的移动数据流量大幅增长 80 倍。这一趋势将随着智能终端和移动互联网应用的发展进一步明显。据当时预测，2011—2016 年，全球移动数据流量将以 78% 的年平均复合增长率增长，这对运营商的承载网络提出了更高的要求。物联网的快速发展也正推动移动通信产业加速变革。继"人与人通信"之后，又出现了"人与物通信""物与物通信"的全新市场。据统计，全球物联网市场规模在 2007—2014 年间将以年均 26% 的速率增长，达到 155 亿美元，2020 年"物物通信"业务规模已达到"人人通信"业务的 30 倍。由此带来的移动网络数据流量的增长，以及对实时性等网络性能更高的需求都急需通过新一代高容量的移动通信技术来进行承载。

1.2.2　4G LTE 为产业发展和用户使用带来巨大的变革

LTE 首次实现了全球移动通信技术标准的统一格局，为全球产业带来前所未有的规模优势。LTE-TDD 和 LTE-FDD 是 LTE 的两大分支，但具有高度的相似性和统一性。目前，LTE-TDD 与 LTE-FDD 已经实现了从标准、产业链到产品的全面融合，在 3GPP 等国际通信标准组织中，LTE-TDD 和 LTE-FDD 是同一调制技术标准。华为、中兴、大唐、爱立信、诺基亚西门子、阿尔卡特朗讯等全球主要系统供应商都推出了 LTE-TDD 和 LTE-FDD 的共平台产品，而 LTE-TDD 和 LTE-FDD 共芯片的产品也成为全球芯片厂家的共同研发方向，数款芯片已推出。在此基础上，LTE-TDD 与 LTE-FDD 融合组网已经成为全球运营商 LTE 建网的一种有效方式，首批双模商用网络也已在欧洲、亚洲等地开通。

LTE-TDD 与 LTE-FDD 的全面融合使 LTE 成为全球宽带无线接入技术的共同演进方向，将带来全球性的市场和产业空间，实现规模经济效益，有效降低产业制造成本，为制造业、运营商、用户带来益处。同时，LTE-TDD 与 LTE-FDD 的融合使全球 LTE 漫游成为可能，在不同国家/市场，无论是使用 LTE-TDD 频谱还是使用 LTE-FDD 频谱，用户通过使用同一款多模终端，就可以享受到移动宽带数据服务，这为用户创造了极大的便利。

LTE 深刻地改变了移动互联网应用模式，为广大移动用户创造了更好的移动互联网体验。LTE 高带宽、低时延、永远在线的性能将使用户体验达到最佳效果。如传统手机游戏将能够升级为交互式高清对战游戏，普通视频监控将能够升级为高清视频，传统语音业务将能够升级为高清语音（HDVoice）业务。同时，LTE 可以代替传统卫星进行"即摄即传"转播业务，并且 LTE 的传输方式更加便捷、传输成本更低，受到很多行业用户的欢迎，其应用十分广泛。

LTE 还促进了物联网、云计算等战略新兴产业的发展，提升了全社会的信息化水平。

物联网和云计算正在全球迅速发展，后端信息处理能力随着计算能力的提高而迅速提升，前端信息采集能力随着传感器技术的发展也不断增强，但目前的通信网尚不能完全满足二者之间的交互。随着 LTE 的广泛应用，LTE 网络将构建强大的传输能力，将后端与前端无缝连接起来，实现云计算平台和终端的有效链接，为行业应用提供更佳的承载，促进新兴产业的发展。

1.2.3　无线技术到 4G 的演进路线

3GPP 是 3G 时代占主流地位的国际移动通信标准化组织。2004 年年底，3GPP 的运营商成员面对日益增长的移动宽带数据需求和 WiMAX 等新兴无线宽带技术标准的挑战，为了保持 3GPP 标准在业界的长期竞争优势，从而设立了 LTE 标准化项目。

LTE 项目在 2005 年初正式启动，历时近四年。LTE 面向移动互联网应用设计，基于 OFDM、MIMO 等核心技术，并采用了扁平化、全 IP、全分组交换的新型网络架构，实现了无线传输速率和频谱效率的大幅提升，被看作是移动通信技术的一次革命性的全面创新。

移动通信从 2G、3G 到 3.9G 的发展过程正是从低速语音业务到高速多媒体业务发展的过程。3GPP 正在逐渐完善 LTE 标准：2008 年 12 月 R8LTERAN1 冻结；2008 年 12 月 R8LTERAN2、RAN3、RAN4 完成功能冻结；2009 年 3 月 R8LTE 标准完成，此协议的完成能够满足 LTE 系统首次商用的基本功能。

无线通信技术的发展和演进过程如图 1-3 所示。

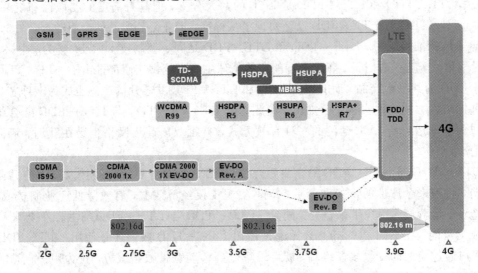

图 1-3　无线通信技术的发展和演进过程

3G 的演进有三条路径：

第一条，以 3GPP 为基础的技术轨迹（LTE），即从第二代的 GSM、2.5 代的 GPRS 到第三代的宽带码分多址（WCDMA）、第三代增强型的高速下行分组接入/高速上行分组接入（HSDPA/HSUPA），以及 LTE 发展路线，最后演进到 4G。

第二条，以 3GPP2 为基础的技术路线（AIE），即从第二代的 CDMA 2000 到 2.75 代的 CDMA 2000 1x，再到第三代的 CDMA 2000 1x EV-DO/DV，以及长期演进的 UMB（超

行动宽带)升级版本，最后演进到 4G。

起初 CDMA 2000 无线接口在标准引进路线上存在两条演进路线，即 CDMA 2000 1x EV-DO 和 CDMA 2000 1x EV-DV，但最后归入 AIE。

UMB 是 CDMA 技术的下一代演进标准，原本被称为 CDMA 2000 1x EV-DO 修正版 C，后来改称 UMB。UMB 系统是以 OFDMA(正交频分复用接入)技术为基础，专门针对无线移动环境和实时应用优化的移动无线宽带系统。该规范的发布标志着 UMB 将成为全球首个基于 IP 的移动宽带标准，它能够在 20 MHz 的带宽中实现 288 Mb/s 的峰值下载。UMB 是下一代移动宽带业务的重大技术突破，它支持不同技术间的切换以及和现有 CDMA 2000 1x、1x EV-DO 网络的无缝操作，能够带来更好的用户体验感。但是不幸的是，在 2008 年 11 月，高通公司宣布该公司结束发展 UMB 技术，转而支持 3GPP 的 LTE-FDD 技术。

以上是移动通信演进的两个主流路线，也是占世界绝大多数移动通信市场的路线。

第三条，以 WiMAX 为基础的技术路线，是宽带无线接入技术向着高移动性、高服务质量的方向演进的结果。IEEE 802.16m 是以移动 WiMAX 为基础的无线移动通信技术，其旨在开发符合 ITU IMT-Advanced 要求的高级空中接口。作为移动 WiMAX 演进的 2.0 版，802.16m 是基于 802.16e 进行的增强继，802.16m 标准也是 802.16e 后的第二代移动 WiMAX 国际标准。需要强调的一点是，虽然 802.16m 并非 WiMAX 的一部分，但是这两种标准之间存在跨平台的兼容性。另外，802.16m 的标准还将兼容未来的 4G 无线网络。

以 WiMAX 为代表的宽带无线接入技术和以 LTE、AIE 为代表的移动通信技术非常相似，两者之间的界线变得模糊。随着向 4G 演进，不同的无线技术将在下一代网络(NGN)架构下融合、共存并发挥各自的优势形成多层次的无线网络环境。

1.3   LTE 的网络架构及性能

1.3.1   LTE 的网络架构

在 3GPP 的长期演进项目中，对 LTE 系统提出了严格的时延需求。为了满足需求，除改变空中接口无线帧长度、传输间隔(Transmitting Time Interval，TTI)等以缩短空中接口的时延之外，还对整个通信网络体系架构做了革命性的变革，LTE 的网络结构逐步趋近于典型的 IP 宽带网结构。LTE 的系统架构如图 1-4 所示。

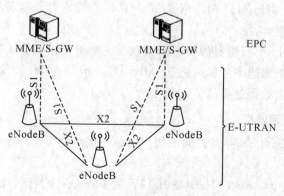

图 1-4   LTE 的系统架构

　　LTE 通信网络按功能结构可划分为演进型陆地无线接入网（Evolved Universal Terrestrial Radio Access Network，E-UTRAN）、演进的分组核心网（Evolved Packet Core，EPC）和用户设备（User Equipment，UE），其中 E-UTRAN 负责处理无线通信相关的功能。

　　3GPP 无线接入网陆地无线接入网（UTRAN）由 NodeB 和无线网络控制器（RNC）两层节点构成。而在 LTE 技术架构中，为了简化网络结构并减小时延，采用了单层无线网络结构，省去了 RNC。LTE 演进型陆地无线接入网仅由一个或者多个演进型基站（evolved NodeB，eNodeB）组成，这是 LTE 的无线接入网与 3G 的无线接入网的显著区别。

　　EPC 与 E-UTRAN 合称为演进的分组系统（Evolved Packet System，EPS）。eNodeB 通过 S1 接口与 EPC 连接，eNodeB 之间则可以通过 X2 接口网格方式互连。S1 接口和 X2 接口均为逻辑接口。

　　演进后的 LTE 系统接入网络更加扁平化，趋近于典型的 IP 宽带网络结构。简化的网络架构具有以下优点：

　　（1）网络扁平化使得系统延时减少，从而改善了用户体验感，可开展更多业务；

　　（2）网元数目减少，使得网络部署更为简单，网络的维护更加容易；

　　（3）取消了 RNC 的集中控制，避免单点故障，有利于提高网络稳定性。

1.3.2　LTE 的性能指标

　　3GPP 长期演进项目是关于 UTRA 和 UTRAN 改进的项目，是对包括核心网在内的全网的技术演进。LTE 采用扁平化系统设计，简化了网络结构，优化了信令过程，它是一个高数据率、低时延和基于全分组的移动通信系统，被通俗的称为 3.9G，被视作从 3G 向 4G 演进的主流技术。

　　LTE 系统为了满足系统容量、性能指标、传输时延、部署方式、业务质量、复杂性、网络架构以及成本等方面的需求，在网络架构、空中高层协议以及物理层关键技术方面做出了重要革新，从而具有以下的性能指标。

1. 灵活的频谱分配和高速率

　　LTE 实现了灵活的频谱带宽配置，可以在不同大小的频谱中部署，包括 1.4 MHz、3 MHz、5 MHz、10 MHz、15 MHz 以及 20 MHz，支持成对和非成对频谱。同时 LTE 还支持不同频谱资源的整合。

　　带宽为 20 MHz 时，下行链路的瞬时峰值数据速率可以达到 100 Mb/s[5 b/(s·Hz)]；上行链路的瞬时峰值数据速率可以达到 50 Mb/s[2.5 b/(s·Hz)]。宽频带、MIMO、高阶调制技术都是提高峰值数据速率的关键所在。

2. 低延迟和高频谱效率

　　无线接入网从 UE 到 eNodeB 之间的用户面的连接时延小于 5 ms，控制面的连接时延小于 100 ms。

　　LTE 下行频谱效率为 5 b/(s·Hz)，是 HSDPA 的 3~4 倍；上行频谱效率为 2.5 bit/(s·Hz)，是 HSUPA 的 2~3 倍。

3. 更大的用户容量和更快的移动速度

配置在 5 MHz 带宽的情况下，LTE 每小区至少可支持 200 个激活状态的用户；配置在 20 MHz 带宽的情况下，LTE 每小区至少可支持 400 个激活状态的用户。

LTE 能为低速移动(0～15 km/h)的移动用户提供最优的网络性能，能为 15～120 km/h 的移动用户提供高性能的服务，对 120～350 km/h(甚至在某些频段下，可以达到 500 km/h)速率移动的移动用户能够保持蜂窝网络的移动性及用户和网络的连接。

4. 更完善的覆盖和更低的成本

如果 LTE 系统覆盖半径在 5 km 内，则用户吞吐量、频谱效率和移动性会达到最优。覆盖半径在 30 km 内三项指标只能轻微下降。覆盖半径最大可达 100 km。

LTE 体系结构的扁平化和中间节点的减少使得设备成本和维护成本得以显著降低，并且 LTE 系统与 3G 和其他通信系统的共存，降低了建网成本，实现了低成本演进。

另外 LTE 取消了电路交换(CS)域，采用基于全分组的包交换，CS 域业务在 PS 域实现，语音部分由 VoIP 实现。LTE 也支持增强型的多媒体广播和组播业务。同时 LTE 还实现了合理的终端复杂度，降低了终端成本并延长了待机时间。

1.4　LTE 的两种制式：LTE–FDD 和 LTE–TDD

LTE 系统有两种制式：LTE-FDD 和 LTE-TDD，即频分双工 LTE 系统和时分双工 LTE 系统。移动通信技术里的双工用来解决移动通信设备同时收发的问题，是用于区分用户上行和下行信号的方式。上行信号是指移动台发给基站的信号，下行信号是指基站发给移动台的信号。

LTE-TDD 和 LTE-FDD 相比，主要差别在空中接口的物理层上，LTE-FDD 系统空口上下行传输采用一对对称的频段接收和发送数据，而 LTE-TDD 系统上下行则使用相同的频段在不同的时隙上传输。高层信令除了 MAC 和 RRC 层有少量差别外，其他方面基本一致。表 1-1 为 LTE-TDD 和 LTE-FDD 的主要技术对比。

表 1-1　LTE–TDD 和 LTE–FDD 的主要技术对比

名　称	时分双工(LTE-TDD)	频分双工(LTE-FDD)
信道带宽配置灵活(MHz)	1.4、3、5、10、15、20	1.4、3、5、10、15、20
多址方式	DL：OFDMA；UL：SC-FDMA	DL：OFDMA；UL：SC-FDMA
编码方式	卷积码、Turbo 码	卷积码、Turbo 码
调制方式	QPSK、16QAM、64QAM	QPSK、16QAM、64QAM
功控方式	开闭环结合	开闭环结合
语音解决方案	CSFB/SRVCC	CSFB/SRVCC
帧结构	Type2	Type1
子帧上下行配置	多种子帧上下行配比组合	子帧全部上行或下行

续表

名　称	时分双工(LTE-TDD)	频分双工(LTE-FDD)
重传(HARQ)	进程数与延时随上下行配比不同而不同	进程数与延时固定
同步	主辅同步信号符号位置不连续	主辅同步信号位置连续
天线	自然支持 AAS	不能很方便地支持 AAS
波束赋形(Beamforming)	支持(基于上下行信道互易性)	尚未商用(无上下行信道互易性)
随机接入前导	Format 0~4,且一个子帧中可以传输多个随机接入资源	Format 0~3
参考信号	DL:支持 UE 专用 RS 和小区专用 RS; UL:支持 DMRS 和 SRS,SRS 可以位于 UpPIS 信道	DL:仅支持小区专用 RS; UL:支持 DMRS 和 SRS,SRS 位于业务子帧中
MIMO 模式	支持模式 TM1~TM8,常用 TM2、TM3、TM7、TM8	支持模式 TM1~TM6,常用 TM2、TM3

虽然目前 LTE-FDD 制式在全球发展得较快,但是频谱资源的日益稀缺以及大流量数据业务的猛烈冲击,使得 LTE-TDD/FDD 混合组网的趋势已经出现,并成为越来越多的 LTE 运营商的选择。打造 LTE-TDD/FDD 融合的网络正在成为越来越多的 LTE 运营商的选择,这可以形成 LTE-TDD 与 LTE-FDD 融合共荣的发展格局。

1.5　LTE 关键技术

LTE 采用了多项新技术,这些技术包括 OFDM 技术、MIMO 技术、链路自适应技术(Link Adaptation Technology)(如自适应编码调制 Adaptive Modulation and Coding,AMC)、混合自动重传请求(Hybrid Automatic Repeat reQuest,HARQ)以及小区干扰协调(Inter Cell Interference Coordination,ICIC)技术等。

1. OFDM 技术

OFDM 把系统带宽划分成多个相互正交的子载波,在多个子载波上并行传输数据。各个子载波的正交性是由基带快速傅里叶反变换(Inverse Fast Fourier Transform,IFFT)实现的。由于子载波带宽较小(15 kHz),多径时延将导致载波间干扰,破坏子载波之间的正交性。为此,可在 OFDM 符号间插保护间隔,通常采用循环前缀的方式来实现。LTE 下行采用正交频分多址接入技术(OFDMA),上行采用单载波频分多址接入技术(Single Carrier FDMA,SC-FDMA)。

2. MIMO 技术

LTE 下行支持 MIMO 技术进行空间维度的复用,空间复用包括单用户 MIMO(SU-MIMO)模式和多用户 MIMO(MU-MIMO)模式,这两者都支持通过预编码的方法来降低或者控制空间复用数据流之间的干扰，从而改善 MIMO 技术的性能。在单用户 MIMO 中，空间复用的数据流调度给一个单独的用户，以提升该用户的传输速率和频谱效率。在多用户 MIMO 中，空间复用的数据流调度给多个用户，多个用户通过空分方式共享同一时频资源，系统可以通过空间维度的多用户调度获得额外的多用户分集增益。

受限于终端的成本和功耗，实现单个终端上行多路射频发射和功放的难度较大。LTE 在上行采用多个单天线用户联合进行 MIMO 传输的方法，称为虚拟 MIMO。调度机将相同的时频资源调度给若干个不同的用户，每个用户都采用单天线方式发送数据，系统采用一定的 MIMO 解调方法进行数据分离。采用虚拟 MIMO 方式能同时获得 MIMO 增益以及功率增益(相同的时频资源允许以更高的功率发送数据)，而且调度器可以控制多用户数据之间的干扰。同时，通过用户选择可以获得多用户分集增益。

3. 链路自适应技术

LTE 支持时间和频率两个维度的链路自适应，根据时频域信道质量信息为不同的时频资源选择不同的调制编码方式。功率控制在 CDMA 系统中是一项重要的链路自适应技术，可以避免远近效应带来的多址干扰。在 LTE 系统中，上行和下行均采用 OFDM 技术对多用户进行复用。因此，功率控制主要用来降低对邻小区上行的干扰，补偿链路损耗，这也是一种慢速的链路自适应机制。

4. 小区干扰协调

在 LTE 系统中，各小区采用相同的频率进行数据的发送和接收。与 CDMA 系统不同的是，LTE 系统并不能通过合并不同小区的信号来降低邻小区信号的影响，因此必将在小区间产生干扰，而且小区边缘的干扰尤为严重。

为了改善小区边缘的传输性能，系统上行和下行都需要采用一定的方法进行小区干扰控制。常用的小区干扰控制方法包括干扰随机化、干扰对消、干扰抑制、干扰协调等。

干扰随机化是一种被动的干扰控制方法，目的是使系统在时频域受到的干扰尽可能平均，可通过加扰、交织、跳频等方法实现。在干扰对消方法中，终端解调邻小区信息，对消邻小区信息后再解调本小区信息；或利用交织多址(IDMA)进行多小区信息联合解调。干扰抑制通过终端多个天线对空间的有色干扰特性进行估计和抑制。它可以分空间维度和频率维度两个方向进行干扰抑制。这种方法实现复杂度较大，可通过上行和下行的干扰抑制合并实现。干扰协调是主动的干扰控制技术，对小区边缘可用的时频资源做一定的限制，这是一种常用的小区干扰控制方法。

1.6　移动通信标准化组织

1.6.1　ITU - T 组织

国际电信联盟(International Telecommunication Union，ITU)是联合国的一个重要专门机构，也是联合国机构中历史最长的一个国际组织，简称"国际电联"或"电联"。国际电联是主管信息通信技术事务的联合国机构，它负责分配和管理全球无线电频谱与卫星轨道资源，制定全球电信标准，向发展中国家提供电信援助，促进全球电信发展。

ITU - T 的中文名称是国际电信联盟远程通信标准化组织(ITU Telecommunication Standardization Sector)，它是国际电信联盟管理下的专门制定远程通信相关国际标准的组织。该机构创建于 1993 年，前身是国际电报电话咨询委员会(CCITT 是法语 Comité Consultatif International Téléphonique et Télégraphique 的缩写，英文是 International Telegraph and Telephone Consultative Committee)，其总部设在瑞士日内瓦。

IMT - 2000 就是国际电联提出的第三代移动通信系统标准，IMT - Advanced 是国际电联提出的 4G 演进标准。

1.6.2　3GPP 组织

第三代合作伙伴计划(The 3rd Generation Partnership Project，3GPP)是一个 3G 技术规范的制定机构，由欧洲电信标准化协会(ETSI)、日本无线工业及商贸联合会(ARIB)和电信技术委员会(TTC)、韩国电信技术协会(TTA)以及美国的 T1 在 1998 年年底发起成立的，中国无线通信标准组(CWTS)于 1999 年加入了 3GPP。除了 300 多家独立会员外，3GPP 还有 TD - SCDMA 产业联盟(TDIA)、TD - SCDMA 论坛、CDMA 发展组织(CDG)等 13 个市场伙伴。3GPP 成立的宗旨在于研究、制定并推广基于演进的 GSM 核心网络的 3G 标准，即 WCDMA、TD - SCDMA、EDGE 等。3GPP 受组织合作伙伴委托制定通用的技术规范。其组织机构分为项目合作和技术规范两大职能部门。项目合作组(Project Coordination Group，PCG)是 3GPP 的最高管理机构，负责全面协调工作；技术规范组(TSG)负责技术规范的制定工作，受 PCG 的管理。3GPP 最初建立了四个不同的技术规范组，分别负责通用移动通信系统(UMTS)无线接入网、核心网、业务和架构、终端这四个领域技术规范的制定。当 GSM/EDGE 的标准化工作移交给 3GPP 之后，2005 年 3GPP 重新划分组成了四个 TSG：

(1) 无线接入网(TSG RAN，Radio Access Network)，负责 GSM/EDGE 无线接入网技术规范的制定；

(2) 核心网和终端(TSG CT)，负责 3GPP 核心网及终端方面的技术规范制定；

(3) 业务和系统架构(TSG SA)，负责 3GPP 业务与系统方面的技术规范制定；

(4) GSM/EDGE 无线接入网(TSG GERAN)，负责 3GPP 除 GSM/EDGE 之外的无线接入技术规范的制定。

1.6.3　3GPP2 组织

第三代合作伙伴计划 2(The 3rd Generation Partnership Project 2，3GPP2)于 1999 年 1 月成立，由北美的 TIA、日本的 ARIB、日本的 TTC、韩国的 TTA 四个标准化组织发起，主要是制定以 ANSI - 41 核心网为基础，以 CDMA 2000 为无线接口的第三代技术规范。3GPP 和 3GPP2 两者之间实际上存在着一定的竞争关系，3GPP2 致力于从 IS - 95 向 3G 过渡。

1.6.4　IEEE 组织

电气和电子工程师协会(Institute of Electrical and Electronics Engineers，IEEE)是一个国际性的电子技术与信息科学工程师的协会，是目前全球最大的非营利性专业技术学会,其会员人数超过 40 万人,遍布 160 多个国家。IEEE 致力于电气、电子、计算机工程以及与科学有关的领域的开发和研究,在太空、计算机、电信、生物医学、电力及消费性电子产品等领域已制定了 900 多个行业标准,现已发展成为具有较大影响力的国际学术组织。

电气和电子工程师协会作为 IT 领域学术界的领军人物,在无线通信标准方面主要制订了大名鼎鼎的 WiFi 协议以及 WiMAX 协议,并力推 WiMAX 作为 3G 标准。

1.6.5　CCSA 组织

中国通信标准化协会(China Communications Standards Association,CCSA)于 2002 年 12 月 18 日在北京正式成立,其前身为中国无线通信标准研究组(CWTS)。该协会是由国内企事业单位自愿联合组织起来的,经业务主管部门批准,国家社团登记管理机关登记,其主要开展通信技术领域的标准化活动。它是非营利性法人社会团体。

协会的主要任务是为了更好地开展通信标准研究工作,把通信运营企业、制造企业、研究单位、大学等关心标准的企事业单位组织起来,按照公平、公正、公开的原则制定标准,进行标准的协调、把关,把高技术、高水平、高质量的标准推荐给政府,把具有我国自主知识产权的标准推向世界,支撑我国的通信产业,为世界通信做出贡献。中国将 TD－SCDMA 纳入 3GPP 计划,使其成为 ITU 批准的三个 3G 标准中的一个。

中国无线通信标准研究组(CWTS 后更名为 CCSA)于 1999 年 6 月在韩国正式签字同时加入 3GPP 和 3GPP2,成为这两个当前主要负责第三代伙伴项目的组织伙伴。在此之前,我国以观察员的身份参与这两个伙伴的标准化活动。

随着人类社会信息化的加速,整个社会对信息通信的需求水平明显提升,可以说信息通信对人类社会的价值和贡献将远远超过通信本身,信息通信将成为维持整个社会生态系统正常运转的信息大动脉。无线移动通信以其使用的广泛性和接入的便利性,将不再局限于人与人之间的沟通,并在未来的信息通信系统中承担越来越重要的角色。人们对无线移动通信方方面面的需求呈现爆炸式增长,这将对下一代无线移动通信系统在频率、技术、运营等方面带来新的挑战,未来移动通信的发展成为业界研究的热点。

1.7　4G 的技术应用及发展

1.7.1　基于 4G LTE 的应用

由于 4G LTE 具有高数据速率、分组传送、延迟降低、广域覆盖、向下兼容等优点,因此 4G LTE 通信技术已经融入各种行业,应用前景广阔。

1. 基于 4G LTE 的智能交通

基于 LTE 的无线通信技术可为智能交通带来更高的数据传输速度和更广的应用范围。一方面,基于高精度定位和高速无线通信两大技术,智能交通系统中的车辆通过交换彼此的位置信息,感知车辆周边的危险状况。另一方面,基于 LTE 的高清视频远程技术,可以方便 4S 店维修人员直观掌握故障现场情况,对车辆状况进行远程监测,通过 LTE 高速通信网络上传至云平台进行时时分析,及时提示车辆存在的问题,并配合车主与相关维修机构联系,确保行车安全。

2. 基于 4G LTE 的移动公共安全

在 3G 时代,由于 3G 本身的带宽问题,导致 3G 无线视频监控的应用一直处在"不温不火"的发展状态。由于 LTE 在某些特定条件下,能够提供更高的传输速率,因此它能很好地满足高清监控的良好需求。LTE 网络的高带宽优势结合监控高清化的发展趋势,极大地推动了移动公共安全的发展。

3. 基于 4G LTE 的移动远程教育

远程教育是政府大力培育的新消费热点和经济增长点之一,其重要内容和发展方向是移动远程教育。

LTE 通信技术提供的各种宽带信息业务,如高速数据、高清电视图像等,可以让人们使用随身携带的移动智能终端随时随地轻松地接入互联网,共享网上丰富的教育资源和服务,实现"将互联网装进每个人的口袋里随身学习"的梦想。

4. 基于 4G LTE 的移动游戏

LTE 网络建成后,无线网络速度加快,可以支持人们大量的移动游戏数据交互,原来 PC 中的大型网络游戏搬迁到了移动终端,推动了移动游戏的火爆发展。

1.7.2　4G LTE 的发展

1. LTE R8 版本

3GPP 于 2008 年发布了 LTE 第一版(Release 8,R8),R8 版本为 LTE 标准的基础版本。R8 版本重点针对 LTE/SAE 网络的系统架构、无线传输关键技术、接口协议与功能、基本消息流程、系统安全等方面进行了细致的研究和标准化。主要定义了以下内容:

(1) 高峰值数据速率:下行 100 Mb/s,上行 50 Mb/s;

(2) 高频谱效率;

(3) 灵活带宽:1.4 MHz、3 MHz、5 MHz、10 MHz、15 MHz 和 20 MHz;

(4) IP 数据包在理想无线条件下的时延为 5 ms;

(5) 简化网络架构;

(6) OFDMA 下行和 SC-FDMA 上行;

(7) 全 IP 网络;

(8) MIMO 多天线方案;

(9) 成对(LTE-FDD)和非成对频谱(LTE-TDD)。

从 2004 年年底概念提出,到 2008 年年底发布 R8 版本,LTE 的商用标准文本制定及发布整整经历了 4 年时间。对于 LTE-TDD 方式而言,在 R8 版本中,明确采用 Type 2 类型作为唯一的 LTE-TDD 物理层帧结构,并且规定了相关物理层的具体参数,即 LTE-TDD 方案,这为其后续技术的发展,打下了坚实的基础。

2. LTE R9 版本

R9 版本在 2009 年发布,2010 年 3 月发布了第二版(Release 9)LTE 标准。R9 版本与 R8 版本相比,将针对 SAE 紧急呼叫、增强型 MBMS(E-MBMS)、基于控制面的定位业务及 LTE 与 WiMAX 系统间的单射频切换优化等课题进行标准化。

R9 是最初的 LTE 增强版，只是对 R8 做了一些补充，以及基于 R8 做了一些小小的改进。主要内容包括：

（1）公共预警系统（Public Warning System，PWS）。在自然灾害或其他危急情况下，公众应该能及时收到准确的警报。加上 R8 引入的 EWTS（地震海啸预警系统），R9 引入了 CMAS（商用手机预警系统），以便在灾后电视、广播信号和电力等中断的情况下，该预警系统仍能够以短信的方式及时向居民通报情况。

（2）FemtoCell。FemtoCell 基本上用于办公室或家中，并通过固话宽带连接到运营商网络。3G FemtoCell 被部署于世界各地，为了让 LTE 用户也能用上 FemtoCell，R9 引入了 FemtoCell。

（3）MIMO 波束赋形。在 eNB 估算位置，直接将波束指向 UE，波束赋形可以提升小区边缘吞吐率。在 R8 中 LTE 只支持单层波束赋形，R9 将之扩展至多层波束赋形。

（4）自组织网络（SON）。为了减少人力成本，SON 的意思是网络自安装、自优化、自修复。SON 的概念在 R8 就引入了，不过当时主要是针对 eNB 自配置，到了 R9，根据需求增加了自优化部分。

（5）E-MBMS。有了多媒体广播多播业务（MBMS），运营商可以通过 LTE 网络提供增强多媒体广播多播业务。虽然这一想法并不新颖，广播服务早已运用于传统网络中，但 LTE 中的 MBMS 信道是从数据速率和容量的角度发展而来的。R8 在物理层完成了对 MBMS 的定义，R9 完成了更高层的定义。

（6）LTE 定位。R9 定义了三种 LTE 定位方法，即 A-GPS（辅助 GPS）、OTDOA（到达时间差定位法）和 E-CID（增强型小区 ID），主要是为了在紧急且用户无法确定自己位置的情况下，来提升用户位置信息的准确性。

3. LTE-A 技术发展

2008 年，为了实现 LTE 技术的进一步演进，并满足 ITU 对 IMT-Advanced（即 4G）的技术需求，3GPP 启动了 LTE-A 的研究和标准化工作。LTE-A 的第一个版本 R10 已被 ITU 接纳为 4G 国际标准。之后 LTE-A 又相继形成了 R11、R12、R13 三个演进版本。R11 被定义为 LTE-APro 增强型 LTE-Advanced。R12 是更强的增强型 LTE-Advanced。R13 中引进了诸多特性（feature），例如 LAA/MUST/DC。LTE/LTE-A 各版本技术演进情况如图 1-5 所示。

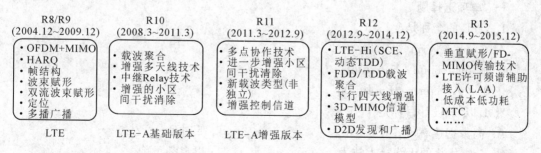

图 1-5 LTE/LTE-A 技术

R10 是 LTE-A 的第一个版本，引入了载波聚合、中继 Relay 技术、异构网干扰协调增强小区间干扰消除等技术，并在 LTE 技术上增强了多天线技术，进一步提升了系统性能，最大支持 100 MHz 带宽，支持 8×8 天线配置，系统峰值吞吐量提高到 1 Gb/s 以上。其标准化工作于 2011 年 3 月完成。

R11 是在 R10 的基础上进一步支持了协作多点传输 CoMP 技术，通过同小区不同扇区间协调调度或多个扇区协同传输提高了系统吞吐量，特别是小区边缘用户的吞吐量。同时，R11 设计了新的增强下行物理控制信道（ePDCCH），实现了更高的多天线传输增益，并降低了异构网络中控制信道间干扰。通过增强对载波聚合技术的应用，R11 支持了时隙配置多个不同的 LTE-TDD 载波间的聚合。

R12 是 LTE-A 的最新版本，其主要标准化工作已完成，于 2014 年底冻结。LTE R12 针对室内外热点等场景进行了优化，称为 Small Cell，国内称为 LTE-Hi 或小区增强。LTE-Hi 技术可以提升系统频谱效率和运维效率，采用的关键技术包括更高阶调制（256QAM）、小区快速开关和小区发现、基于空中接口的基站间同步增强、宏微融合的双连接技术、业务自适应的 LTE-TDD 动态时隙配置等。R12 还进一步优化了多天线技术，包括下行四天线传输技术增强、小区间多点协作技术增强等，并研究了二维多天线的传播信道模型，为后续垂直面波束赋形和全维 MIMO 传输技术研究做了准备。R12 还支持了终端间直接通信，可以利用终端间高质量的通信链路，来提升系统性能。

非授权频谱是 R13 的一个要点，在未来的版本中仍将是重点内容。目前在 R13 中，载波聚合框架被用来聚合授权和非授权频谱，同时也是以下行链路为中心的授权频谱（License-Assisted Access，LAA）的基础。事实上，载波聚合是指由同一个节点处理授权和非授权频谱。自然的改进就是扩展 LAA，打造双连接框架，从而提高部署的灵活性，因为在物理上分离的节点可处理这两种频谱。全面支持非授权频谱的上行传输也自然将是 R14 中的内容。

为了满足更多的应用场景和市场需求，3GPP 在 Re-14 中对窄带物联网（Narrow Band Internet of Things，NB-IoT）进行了一系列的增强技术并于 2017 年 6 月完成了核心规范。增强技术增加了定位和多播功能，提供了更高的数据速率，在非锚点载波上进行寻呼和随机接入，增强了连接态的移动性，支持更低 UE 功率等级。

习　　题

一、单项选择题

1. LTE 的全称是（　　）。

A. Long Term Evolution

B. Long Time Evolution

C. Long Times Evolution

2. LTE 的设计目标是（　　）。

A. 高数据速率　　　　　　　　　　　B. 低时延

C. 分组优化的无线接入技术　　　　　D. 以上都正确

3. 下列 3G 技术中由中国提出的具有自主知识产权的是（　　）。

A. WCDMA　　　　　　　　　　　　B. CDMA 2000

C. TD-SCDMA　　　　　　　　　　　D. WIMAX

4. IEEE 所制定的 3G 到 4G 的发展路线是以 WiMAX 为基础研发的，下列是其 3.9G 技术的是(　　　)。

A. 802.16a

B. 802.16d

C. 802.16e

D. 802.16m

5. 中国在(　　　)年颁发了 LTE - TDD 的牌照，中国进入了 4G 时代。

A. 2013 年

B. 2014 年

C. 2015 年

D. 2018 年

6. 相对于 3G，LTE 取消了(　　　)网元。

A. NodeB

B. RNC

C. HSS

D. DRA

7. LTE 系统基站覆盖半径最大可达(　　　)。

A. 10 km

B. 30 km

C. 50 km

D. 100 km

8. LTE 系统对单向用户面时延的协议要求是小于(　　　)。

A. 1 ms

B. 5 ms

C. 10 ms

D. 20 ms

9. 3G 相对于 LTE，多了(　　　)单元。

A. NodeB

B. RNC

C. CN

D. BBU

10. 当 CQI=9 时，LTE 采用的调制方式是(　　　)。

A. QPSK

B. 16QAM

C. 32QAM

D. 64QAM

11. 以下 LTE 在移动性能方面的主要要求中错误的是(　　　)。

A. 最大支持 500 km/h 的移动速度

B. 通常的覆盖范围内主要考虑低速(0~15 km)，并优先考虑低速

C. 保证在 200 km/h 条件下的高性能

D. 保证在 120 km/h 条件下的连接稳定

12. 在 LTE 系统中，每个小区在 5 MHz 带宽下期望最少支持的用户数是(　　　)。

A. 250

B. 300

C. 200

D. 400

二、多选题

1. 下列哪些是 LTE 采用的带宽(　　　)。

A. 1.6 MHz

B. 3 MHz

C. 5 MHz

D. 15 MHz

2. eNB 通过 S1 接口和 EPC 相连，S1 接口包括(　　　)。

A. 与 MME 相连的接口(S1 - MME)

B. 与 P - GW 连接的接口

C. 与 SAE 相连的接口(S1 - U)

D. S - GW

三、判断题

1. 移动通信从 2G、3G 到 3.9G 的发展过程，是从低速语音业务到高速多媒体业务发

展的过程。　　　　　　　　　　　　　　　　　　　　　　　　　（　　）

2. 严格意义上讲，LTE 并不是 4G，只能算是 3.9G。　　　　　（　　）

3. LTE 支持 LTE - FDD 和 LTE - TDD 两种双工方式。　　　　（　　）

4. S1 接口的用户面终止在 S - GW 上，控制面终止在 MME 上。（　　）

5. LTE 系统业务包括 CS 域和 PS 域业务。　　　　　　　　　（　　）

四、填空题

1. LTE 要求下行速率达到（　　），上行速率达到（　　）。

2. LTE 中核心网的名称是（　　），与 E - UTRAN 之间的接口是（　　），UE 网元至 eNodeB 网元的接口为（　　）。

3. 在 LTE 系统中，每个小区在 5 MHz 带宽下期望最少能够支持的用户数是（　　）。

4. 在 LTE 系统中，用户面延迟小于（　　）ms，控制平面数据从休眠状态到激活状态的时延低于（　　）ms，UE 从空闲状态到开始传输数据，时延不超过（　　）ms。

五、简答题

1. LTE 的关键技术有哪些？

2. LTE 信道调度的原则是什么？

3. LTE 小区间干扰消除的方法有哪些？

4. LTE 取消了 RNC 网元节点，采用了扁平化的网络结构，优点有哪些？

第 2 章　OFDM 原理及应用

　　LTE 标准体系中最基础、最复杂、最个性的地方是物理层。OFDM 是 LTE 物理层最基础的技术。MIMO、带宽自适应技术、动态资源调度技术都建立在 OFDM 技术之上得以实现。可以说，没有 OFDM 就没有 LTE。

2.1　多 址 技 术

　　多址技术是指实现小区内多用户之间及小区内外多用户之间通信地址识别的技术，又称为多址接入技术（Multiple Access Techniques）。多址技术是无线通信的基础，是用于基站与多个用户间在无线电信道中建立通信链路的一种信号调制方式。多址接入方式决定了信号的生成、发送和接收形态，是整个蜂窝系统中最为基础且最为核心的技术。

　　多址接入技术的基本原理是利用为不同用户发送信号特征上的差异（例如信号发送频率、信号出现时间或信号具有的特定波形等）来区分用户。它要求每个信号的特征彼此独立或相关性尽可能小，使用户具有更好的可分性。依据信号在频域、时域的波形及其在空域的特征，传统的多址技术可以分为频分多址（FDMA）、时分多址（TDMA）、码分多址（CDMA）和空分多址（SDMA），四种方式都以频分多路复用（Frequency-division Multiplexing，FDM）技术为基础，蜂窝移动通信系统中一般采用这四种方式之一或这四种方式的混合方式。

　　LTE 中采用 OFDM 调制作为其多址技术。根据 3GPP LTE 协议规定，LTE 上行方向采用基于循环前缀的单载波频分多址技术（Single Carrier-Frequency Division Multiplexing Access，SC-FDMA），LTE 下行方向采用基于循环前缀（Cyclic Prefix，CP）的正交频分多址技术（Orthogonal Frequency Division Multiple Access，OFDMA）。OFDMA 是正交频分复用技术（Orthogonal Frequency Division Multiplexing，OFDM）与频分多址 FDMA 技术的结合，后面的章节将详细讲解。

　　根据 LTE 系统的上/下行传输方式的特点，无论是下行 OFDMA，还是上行 SC - FDMA，都保证了使用不同频谱资源用户间的正交性。LTE 系统频域资源的分配以正交子载波组资源块（Resource Block，RB）为基本单位。根据 3GPP LTE 协议规定，采用不同的映射方式，子载波可以来自整个频带，也可以取自部分连续的子载波。

2.2　OFDM 技术原理

　　OFDM 是一种正交频分复用技术，是由多载波技术多载波调制（Multi-Carrier Modulation，MCM）发展而来的。OFDM 既属于调制技术，也属于复用技术。

　　OFDM 本质上是一个频分复用系统（Frequency Division Multiplexing，FDM）。在第

一、二、三代移动通信(1G、2G、3G)中都用到了 FDM 技术。FDM 技术将整个系统的频带划分为多个带宽互相隔离的子载波。接收端的必备器件是滤波器,通过滤波器,将所需的子载波信息接收下来。通过保护带宽隔离不同子载波,虽可以避免不同载波的互相干扰,但牺牲了频率利用效率。还有,当子载波数成百上千的时候,滤波器的实现就非常困难了。

OFDM 虽然也是一种 FDM,但是它克服了传统的 FDM 频率利用效率低的缺点,其接收端也无须使用滤波器去区分子载波。OFDM 就是利用相互正交的子载波来实现多载波通信的技术。在基带相互正交的子载波就是类似 $\sin\omega t$、$\sin 2\omega t$、$\sin 3\omega t$ 和 $\cos\omega t$、$\cos 2\omega t$、$\cos 3\omega t$ 的正弦波和余弦波,它们属于基带调制部分。基带相互正交的子载波再调制在射频载波 ω_c 上,成为可以发射出去的射频信号。

在接收端,将信号从射频载波上解调下来,在基带用相应的子载波通过码元周期内的积分把原始信号解调出来。基带其他子载波信号与信号解调所用的子载波由于在一个码元周期内积分结果为 0,即相互正交,因此不会对信息的提取产生影响。

整个 OFDM 的调制/解调过程如图 2-1 所示。

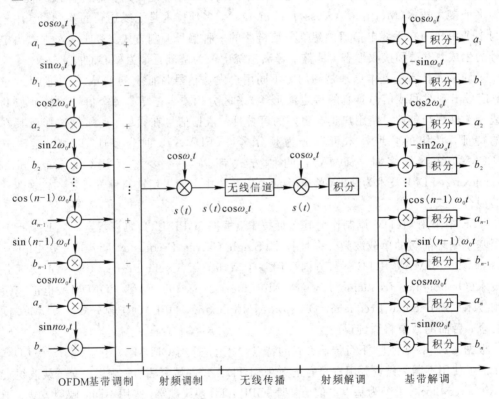

图 2-1　OFDM 调制/解调过程

在时域上,信号为一个非周期矩形波,如图 2-2(a)所示。在频域上,信号是满足 $A = \mathrm{sinc}(f) = \dfrac{\sin f}{f}$ 的曲线,如图 2-2(b)所示。

假若有很多路不同的方波信号,如图 2-2(c)所示,在基带经过不同频率的子载波调制,形成了如图 2-2(d)所示的基带信号频谱图,经过射频调制,最终传送出去的射频信号的频谱图如图 2-2(e)所示。

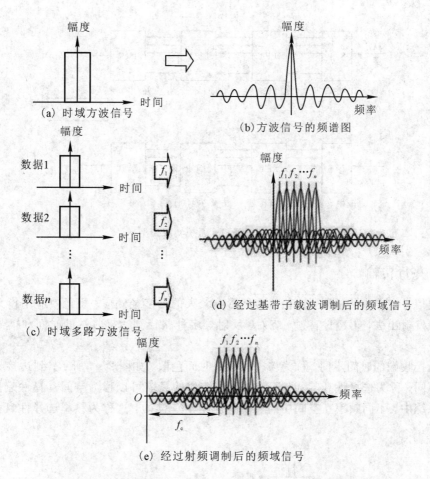

图 2 - 2 时域方波信号经过 OFDM 调制后的信号频谱

子载波之间的频率间隔为 OFDM 符号周期的倒数，每个子载波的频谱都是 sinc( ) 函数。该函数以子载波频率间隔为周期反复地出现零值，这个零值正好落在了其他子载波的峰值频率处，所以对其他子载波的影响为零。经过基带多个频点的子载波调制的多路信号，在频域中是频谱相互交叠的子载波。由于这些子载波相互正交，因此原则上彼此携带的信息互不影响。在接收端，通过相应的射频解调和基带解调过程，可以恢复出原始的多路方波信号。

2.3 OFDM 系统实现

OFDM 系统包含很多功能模块，与 OFDM 系统实现相关的功能模块有三个：

（1）串/并、并/串转换模块；

（2）FFT、逆 FFT 转换模块；

（3）加 CP、去 CP 模块。

OFDM 系统实现模型如图 2 - 3 所示。

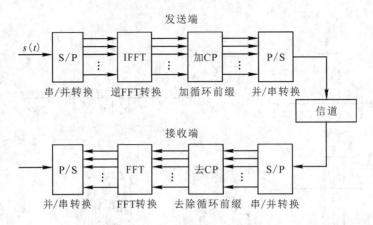

图 2 - 3   OFDM 系统实现模型

2.3.1   并行传输

无线信号在空中传播时，对信号传播影响较大的是多径效应。多径效应是指无线电波经过一点发射出去，再经过直射、绕射、反射等多种路径到达接收端的时间和信号强度是不同的。

到达接收端的时间不同，称为多径时延或时间色散，如图 2-4 所示；到达接收端的信号强度不同，称为选择性衰落。由于路径不同造成的衰落可以称为空间选择性衰落。在宽带传输系统中，不同频率在空间中的衰落特性是不一样的，这称为频率选择性衰落，如图 2-5 所示。

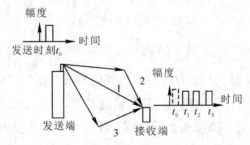

注：t_1、t_2、t_3 分别是路径1、路径2、路径3到达接收端的时刻

图 2 - 4   多径时延

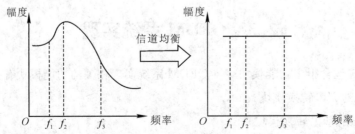

注：f_1、f_2、f_3 分别是宽带信号不同频率信道均衡操作后的理想频率响应

图 2 - 5   频率选择性衰落

多径时延可以引起符号间干扰(Inter Symbol Interference, ISI)，从而增大了系统的自干扰。频率选择性衰落易引起较大的信号失真，这就需要信道均衡操作，以便纠正信道对不同频率的响应差异，尽量恢复信号发送前的样子。带宽越大，信道均衡操作越难。

在 OFDM 系统中，并行传输技术可以降低符号间干扰，简化接收机信道均衡操作，便于 MIMO 技术的引入。

在发射端，用户的高速数据流经过串/并转换后，成为多个低速率码流，每个码流可用一个子载波发送，如图 2-6 所示。这是一种并行传输技术，它可使每个码元的传输周期大幅增加，降低了系统的自干扰。当多径时延 τ 比码元周期 T 大很多的时候，可能带来比较严重的自干扰；相反地，当多径时延比码元周期小的时候，系统的自干扰减少。在高速宽带通信中，码元周期较小，多径时延与码元周期相比大了很多，自干扰比较严重。使用并行传输技术，可以延长码元周期，降低自干扰。

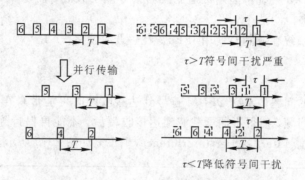

图 2-6　并行传输技术降低符号间干扰

对于宽带单载波传输，为了克服频率选择性衰落引起的信号失真，需要增加复杂信道的均衡操作。使用并行传输技术将宽带单载波转换为多个窄带子载波操作，每个子载波的信道响应近似没有失真，这样，接收机的信道均衡操作非常简单，极大地降低了信号失真，如图 2-7 所示。

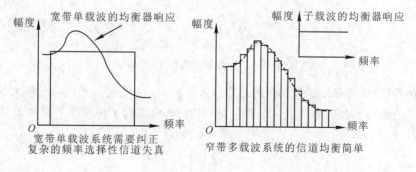

图 2-7　窄带并行传输简化了均衡操作

2.3.2　FFT

OFDM 要求各个子载波之间相互正交。在理论上已证明，使用快速傅里叶变换(FFT)可以较好地实现正交变换。

　　在发射端，OFDM 系统使用逆快速傅里叶变换(Inverse Fast Fourier Transform, IFFT)模块来实现多载波映射叠加过程，经过 IFFT 模块可将大量窄带子载波频域信号变换成时域信号，如图 2-8 所示。

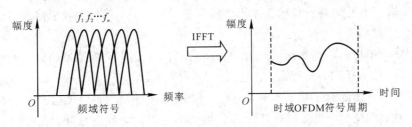

图 2-8　IFFT 变换

　　在接收端，OFDM 系统不能用带通滤波器来分隔子载波，而是用 FFT 模块把重叠在一起的波形分隔出来。

　　总之，OFDM 系统在调制时使用 IFFT；在解调时使用 FFT。

2.3.3　加入 CP

　　由于多径时延的问题，导致 OFDM 符号到达接收端时可能带来符号间干扰(ISI)；同样由于多径时延的问题，使得不同子载波到达接收端后，不能再保持绝对的正交性，为此引入了多载波间干扰(Inter Carrier Interference, ICI)，如图 2-9 所示。

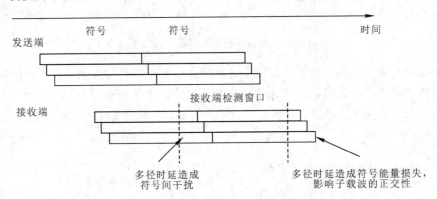

图 2-9　多径时延引起的干扰问题

　　如果在 OFDM 符号发送前，在码元间插入保护间隔，则当保护间隔足够大的时候，多径时延造成的影响不会延伸到下一个符号周期内，从而消除了符号间干扰和多载波间的干扰，如图 2-10 所示。

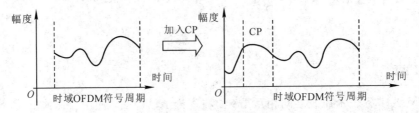

图 2-10　保护长度的作用

　　在 OFDM 中，使用的保护间隔是循环前缀（Cyclic Prefix，CP）。所谓循环前缀，就是将每个 OFDM 符号的尾部一段复制到符号之前，如图 2-11 所示。加入 CP，比起纯粹的加空闲保护时段来说，增加了冗余符号信息，更有利于克服干扰。

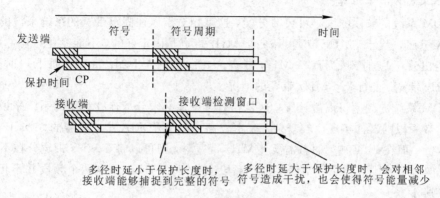

图 2-11　CP 加入

　　加入 CP 如同给 OFDM 加了一个防护外衣，携带有用信息的 OFDM 符号在 CP 的保护下，不易丢失或损坏。

　　在 OFDM 的发展中，CP 主要有下面两个作用：

　　（1）CP 作为保护间隔，大大减少了 ISI；

　　（2）CP 可以保证信道间的正交性，大大减少了 ICI。

2.4　OFDM 的特点

2.4.1　OFDM 的优点

　　OFDM 系统通过多个正交的子载波来区分不同的信道，并行地承载数据。这个特点决定了 OFDM 系统相对于其他系统来说，有以下诸多优点。

1. 频谱利用效率高

　　传统的 FDM 系统的载波之间必须有保护带宽，频率的利用效率不算高。OFDM 的多个正交子载波可以相互重叠，无须保护频带来分离子信道，从而提高了频率利用效率，如图 2-12 所示。

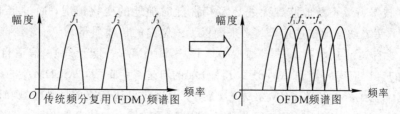

图 2-12　OFDM 频谱效率的提高

　　频谱效率是运营商非常关心的一个方面。这里需要强调的是，OFDM 不过是比 FDM 的频谱效率高而已，但和 CDMA 比较起来，在低带宽（<5 MHz）的时候，优势并不是很明

显。3GPP 对 CDMA 和 OFDM 的频谱效率做过严格的对比测试，结论是二者的频谱效率差不多。

2. 带宽可灵活配置且可扩展性强

OFDM 系统的频段的大小可灵活分配，这是相对于以往固定带宽的系统来说的。如在 WCDMA 里面，上行 5 MHz 带宽、下行 5 MHz 带宽是固定好的，不能变化；但在 LTE 里面则可能出现某一时刻下行 20 MHz 带宽、上行只用 1 MHz 带宽，而下一时刻是下行 10 MHz 带宽、上行 2.5 MHz 带宽的情况。

OFDM 系统的频率可离散分配，这是相对于以往必须分配连续频率的系统来说的。但是支持离散频段的器件实现比较复杂，成本较高。在 WCDMA 中，所需的 5 MHz 带宽必须是连续的；而在 LTE 中，假若需要 5 MHz 带宽时，则可以将 5 MHz 带宽分在不连续的频率上，如这个频段上分配 2 MHz，那个频段上分配 3 MHz，而这两个频段并不相连，如图 2-13 所示。

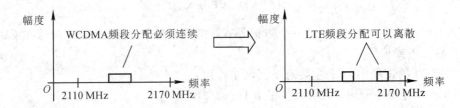

图 2-13　带宽分配灵活

带宽可扩展性强也有两层含义：

(1) 带宽可以很大，目前 LTE 支持的最大带宽是 20 MHz；

(2) 颗粒度可以很小，支持子载波级带宽分配。

目前 LTE 支持的带宽等级有：

(1) 大带宽分配：10 MHz、15 MHz、20 MHz；

(2) 窄带频谱分配：1.4 MHz、3 MHz、5 MHz。

3. 系统的自适应能力增强

OFDM 的自适应能力包括两层含义：

(1) 频率自适应；

(2) 子载波级的调制自适应。

OFDM 技术持续不断地监控无线环境特性随时随地的变化情况，通过接通和切断相应的子载波，使之动态地去适应环境，来确保无线链路的传输质量。

以往无线自适应技术有天线自适应（如 TD-SCDMA 智能天线）、信道自适应（比如 HSDPA 中的自适应编码调制 AMC）、资源分配的自适应（如 TD-SCDMA 的动态信道分配 DCA，属于无线资源管理 RRM 技术），等等，但这些自适应技术只是时域和码域的自适应，没有频率自适应。OFDM 将自适应能力扩展到了频域，支持频率位置、带宽大小对无线环境的适应能力，极大地提高了抗频率选择性衰落的能力。

OFDM 的资源分配是以无线资源块（Radio Block，RB）为单位的，一个 RB 里面有多个正交的子载波，也就是说，子载波的数量大小可以自适应。

OFDM 不仅支持子载波的数量大小的自适应，还支持子载波调制方式的自适应，如图2-14 所示。OFDM 也可监测哪一个特定的子载波存在较高的信号衰减或干扰噪声，然后选择合适的调制方式来适应无线环境。

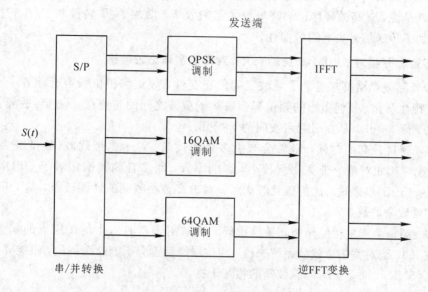

图 2-14　子载波调制自适应

OFDM 的各个子载波可以根据信道状况的不同选择不同的调制方式，如 BPSK、QPSK、8PSK、16QAM、64QAM 等。当信道条件好的时候，采用高阶的调制方式；而当信道条件差的时候，则需要采用抗干扰能力强的低阶调制方式。

4. OFDM 系统的抗衰落能力和抗干扰能力得到增强

OFDM 采用多个子载波并行传输的技术，符号周期增加很多，对抗脉冲噪声（Impulse Noise）和信道快衰落的能力得到增强；它还采用子载波的联合编码方式，起到了子信道间的频率分集作用，降低了对时域均衡器的要求（为克服信道选择性衰落而使用的器件）。

OFDM 系统和其他系统不同的是无用户间干扰的概念，但有符号间干扰 ISI 和载波间干扰 ICI 的概念。OFDM 并行传输技术和加入循环前缀 CP 技术极大地降低了 ISI 和 ICI 的影响。

在单载波系统中，单个衰落或者干扰可能导致整个无线链路被破坏；但在 OFDM 的多载波系统中，频率自适应通过合理地挑选子载波的位置，使得只有一小部分子载波受到影响。纠错机制可帮助恢复这些受损子载波上的信息。因此，OFDM 系统较单载波系统有更强的抗衰落、抗干扰能力。

2.4.2　OFDM 的缺点

尽管 OFDM 有诸多优点，但该技术也有不可忽略的几个缺点：峰均比高、多普勒频移问题、时间和频率同步要求严格、小区间干扰控制难度大。

1. OFDM 的峰均比过高，要求的系统线性范围宽

OFDM 符号由多个子载波信号组成，各个子载波信号是由不同的调制方式分别完成的。OFDM 符号在时域上表现为多个正交子载波信号的叠加。当这多个信号恰好同相位，以峰值相叠加时，所得的叠加信号的瞬时功率会远远高于信号的平均功率，即峰值平均功率很高。尽管峰值功率出现的概率较低，但峰均比越大，必然会对放大器的线性范围要求越高。也就是说，过高的峰均比会降低放大器的效率，增加 A/D 转换和 D/A 转换的复杂性，也增加了传送信号失真的可能性。

2. 多普勒频移对 OFDM 系统影响大，对相位噪声比较敏感

OFDM 系统严格要求各个子载波之间的正交性，频偏和相位噪声会使各个子信道之间的正交特性恶化。任何微小的频偏都会破坏子载波之间的正交性，仅 1% 的频偏就会造成信噪比下降 30 dB，从而引起载波间的干扰(ICI)。

当移动速度较高的时候，必然会产生多普勒频偏。对于宽带载波（数量级为兆赫）来说，多普勒频偏相对整个带宽比例较小，影响不大；而多普勒频偏相对于 OFDM 子载波（数量级为 15 kHz）来说，比例就比较大了。对抗多普勒频偏的性能较差，是 OFDM 技术的一个非常致命的缺点。

同样，频偏会产生相位噪声，易导致码元在映射调制时产生的星座点的错位、扭曲，从而形成 ICI。而对宽带单载波系统来说，相位噪声就不会引起这个问题，只能降低接收到的信噪比(SNR)，而不会引起载波间的相互干扰。

3. OFDM 对时间和频率同步要求严格

时间失步，会导致符号间干扰(ISI)；频率失步，则会产生类似频偏一样的影响，导致载波间干扰(ICI)。OFDM 系统通过设计同步信道、导频和信令交互，以及 CP 的加入，目前已经能够满足系统对同步的要求。

4. 存在小区间下行干扰

OFDM 系统本身无法提供小区间的多址能力，所以小区间干扰控制难度大。OFDM 系统在抑制小区内的干扰方面，优势比较明显。但对于小区间的干扰抑制问题，需要依赖其他技术来辅助抑制，这是 OFDM 系统目前面临的最大问题。

2.5　OFDM 在 4G LTE 中的应用

LTE 的空中接口的多址技术是以 OFDM 技术为基础的。前面讲的 OFDM 是从调制复用的角度上介绍的，这里从用户多址接入的角度介绍 OFDM。LTE 的多址接入技术上、下行有别：下行主要是 OFDMA 技术，上行主要是 SC-FDMA。既然是多址方式，就需要给不同的用户分配不同的资源。那么 OFDM 系统用户接入的资源是什么呢？OFDM 多址接入的资源具有时间和频率两个维度。这两个维度的大小决定了多个用户同时接入时共享资源的性能。也就是说，OFDMA 其实是 TDMA 和 FDMA 的结合。

2.5.1　OFDM 在下行链路中的应用

LTE 在下行方向上（即从基站到终端的方向）使用的多址方式是正交频分多址接入方式(Orthogonal Frequency Division Multiple Access, OFDMA)，它是基于 OFDM 的应用。OFDMA 将传输带宽划分成相互正交的子载波集，通过将不同的子载波集分配给不同的用户,可用资源在不同移动终端之间被灵活地共享,从而实现了不同用户之间的多址接入。

　　OFDMA 的主要思想是从时域和频域两个维度将系统的无线资源划分成资源块(Resource Block,RB),每个用户占用其中的一个或者多个资源块。从频域的角度说,无线资源块包括多个子载波;从时域上说,无线资源块包括多个 OFDM 符号周期。也就是说,OFDMA 本质上是 TDMA 与 FDMA 相结合的多址方式。

　　LTE 的空中接口资源分配的基本单位是物理资源块(Physical Resource Block,PRB)。1 个物理资源块 PRB 在频域上包括 12 个连续的子载波,在时域上包括 7 个连续的常规 OFDM 符号周期。LTE 的一个物理资源块 PRB 对应的是带宽为 180 kHz、时长为 0.5 ms 的无线资源,如图 2-15 所示。

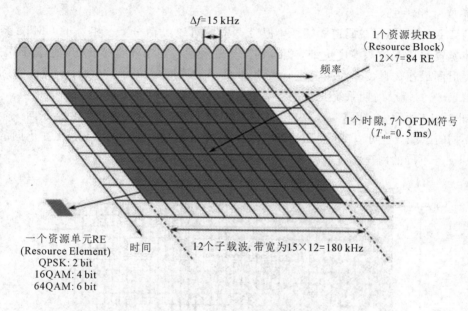

图 2-15　OFDMA 资源块结构

　　LTE 的子载波间隔 $\Delta f = 15$ kHz,于是 PRB 在频域上的宽度为 $12 \times 15 = 180$(kHz),7 个连续的常规 OFDM 符号周期的时间长度为 0.5 ms,每个常规 OFDM 符号周期的时间长度为 71.4 μs。

　　LTE 的下行物理资源可以看成由时域和频域资源组成的二维栅格。可以把一个常规 OFDM 符号周期和一个子载波组成的资源称为一个资源单位(Resource Element,RE)。于是,一个 RB 包含的 RE 数目如下:

$$12 \times 7 = 84 \text{ RE}$$

即一个 RB 包含 84 个 RE。

　　每一个资源单位 RE 都可以根据无线环境选择 QPSK、16QAM 或 64QAM 的调制方式。调制方式为 QPSK 的时候,一个 RE 可携带 2 b 的信息;调制方式为 16QAM 的时候,一个 RE 可携带 4 b 的信息;调制方式为 64QAM 的时候,一个 RE 可携带 6 b 的信息。

　　LTE 支持 1.4 MHz、3 MHz、5 MHz、10 MHz、15 MHz、20 MHz 等级别的动态带宽配置,带宽的动态配置是通过调整资源块 RB 数目的多少来完成的。不同的 RB 数目又对应着不同的子载波数目,如表 2-1 所示。

表 2-1　带宽与资源块数目

信道带宽/MHz	1.4	3	5	10	15	20
RB 个数	6	15	25	50	75	100
子载波数目	72	180	300	600	900	1200

在 UMTS 系统中,资源调度的最小单位是时间和码道组成的资源单元,带宽资源不能灵活分配。WCDMA HSDPA 的时间调度的最小单位为 2 ms,TD-SCDMA 的时间调度的最小单位是 5 ms;WCDMA 码道调度的最小单位为 SF=256,TD-SCDMA 码道调度的最小单位为 SF=16。

在 LTE 中,不存在码道的资源,但带宽资源可以灵活分配。相对于 UMTS 系统来说,带宽资源分配的颗粒度更细,资源调度更加灵活。资源调度的最小单位是 RB。也就是说,时间最小的调度单位为 0.5 ms,频带最小的调度单位为 180 kHz。但在实际应用中,0.5 ms 的调度周期系统交互过于频繁,一般选取 1 ms 为最小资源调度单位。

图 2-16 所示为多用户接入 OFDM 系统中的下行无线资源分配示例。在同一个时隙里,不同的子载波上可以支持多个用户接入;同样的道理,同样的子载波,在不同的时隙里可以服务不同的用户。

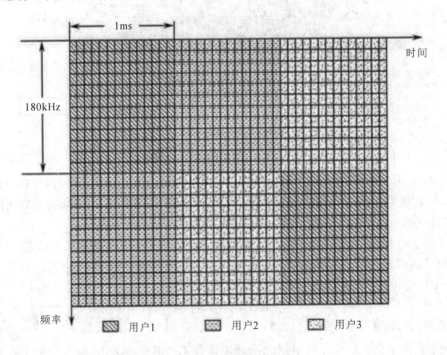

图 2-16　多用户接入 RB 分配

2.5.2　OFDM 在上行链路中的应用

在 LTE 上行多址接入技术的选取过程中,有过激烈的争论,存在很大的分歧。很多设备商认为，OFDMA 具有较高的峰均比，在上行使用会增加终端的功放成本和终端的耗电，所以建议采用峰均比比较低的单载波频分多址方案 SC-FDMA。而另外一些参与过 WiMAX 标准制定的公司则认为，OFDMA 峰均比过高的缺点是能克服的。经过多轮研讨，最终确定 SC-FDMA 为 LTE 的上行多址接入技术。

　　单载波频分多址（Single Carrier Frequency Division Multiple Access，SC-FDMA）兼有单载波传输技术峰均比低和频分多址技术频谱利用率高的优点。低峰均比可以降低终端对功放线性度的要求，提高功放的效率，延长终端的待机时间，减少终端的体积和成本。SC-FDMA 能够实现动态频带分配，频谱利用率虽然比 OFDMA 要低一些，但比传统的频分多址要高很多。

　　降低 OFDM 系统峰均比的技术有两种：信号预失真技术和信号预扩展处理技术。信号预失真技术，如削峰（Clipping）技术、峰加窗技术，一般用于下行 OFDMA 去降低峰均比。信号预扩展处理技术是在 IFFT 处理之前进行预扩展处理的，这里又有两种实现方式：在时域上进行预扩展和在频域上进行预扩展。

　　LTE 最终选用的最典型的预扩展处理技术是在频域中进行预扩展的技术：DFT-S-OFDM。离散傅里叶变换扩展 OFDM（Discrete Fourier Transform Spread OFDM，DFT-S-OFDM）技术是一种调制复用技术。在 IFFT 处理之前，使用离散傅里叶变换（DFT）将时域信号 $s(t)$ 转换到频域进行扩展，如图 2-17 所示。经过 IFFT 模块变换的数据又转换回时域信号，然后发送出去。

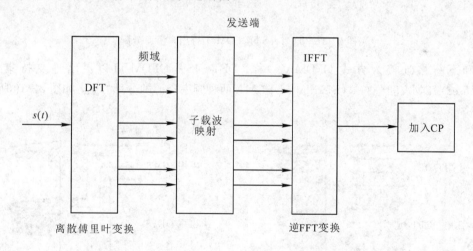

图 2-17　DFT-S-OFDM 实现框图

　　DFT-S-OFDM 类似于 OFDM，它根据用户的需求和系统资源调度的结果来分配频带资源，每个用户可占用系统带宽中的某一部分。

　　对于每个终端来说，在其上行方向上，它的 DFT 模块处理的是单载波的信号，而这个单载波对于网络侧来说只是系统带宽的一部分。对于网络侧来说，系统带宽内可以支持这样的多个带宽可变的单载波终端的上行接入，如图 2-18 所示。

　　与传统单载波技术相比，DFT-S-OFDM 的用户之间无须保护带宽，不同用户占用的是相互正交的子载波，具有较高的频率利用效率。DFT-S-OFDM 系统的峰均比远低于 OFDMA。但相对于 OFDMA，DFT-S-OFDM 的频谱效率要低一些。

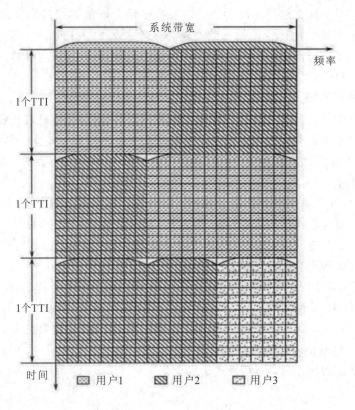

图 2-18　DFT-S-OFDM 上行用户资源分配

　　和下行多址接入方式 OFDMA 一样，DFT-S-OFDM 可以灵活地支持集中式（Localized）FDMA 和分布式（Distributed）FDMA 两种频率资源的分配方式，如图 2-19 所示。

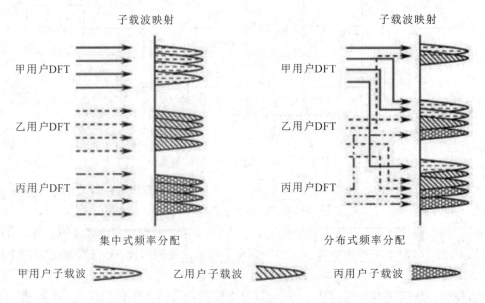

图 2-19　DFT-S-OFDM 的两种频谱资源分配方式

　　集中式频率分配，即一个用户的 DFT 输出映射到连续的子载波上。这种方式的系统可以获取两种增益：调度增益和多用户分集增益。连续子载波调度给一个用户比离散子载波调度给一个用户的信令交互简单一些，因此有调度增益。不同的用户通过各自的选择去传输性能较优的子载波，可获得多用户分集增益。

分布式频率分配，即一个用户的 DFT 输出映射到离散的子载波上。离散的频率的选择性衰落特性是不同的。相对于集中式频率分配来说，分布式频率分配可以获得额外的频率分集增益。分布式频率分配的缺点是对频偏比较敏感，在高速移动的情况下，多普勒频移对其性能的影响比较大。

为了进一步提高系统传输速率，使用 OFDM 技术的无线通信网需要增加载波的数量，而这种方法会造成系统复杂度的增加并增大系统的带宽，这不太适合目前的带宽受限和功率受限的无线通信网系统。而 MIMO 技术能在不增加带宽的情况下成倍地提高通信系统的容量和频谱利用率。因此，MIMO 和 OFDM 的结合成为第四代移动通信系统中有效对抗频率选择性衰落、提高数据传输速率、增大系统容量的关键技术。

习　题

一、单项选择题

1. LTE 上行没有采用 OFDMA 技术的原因是（　　）。

A. 峰均比过高　　　　B. 实现复杂　　　　C. 不支持 16QAM　　　　D. 速率慢

2. 频率选择性衰落是由（　　）引起的。

A. 多径效应　　　　B. 多普勒效应　　　　C. 阴影效应

3. 频率选择性衰落会引起（　　）干扰。

A. 同频　　　　B. 符号间　　　　C. 信道间

4. 时间选择性衰落会引起（　　）干扰。

A. 同频　　　　B. 符号间　　　　C. 信道间

5. 下列选项中不是 OFDM 系统优点的是（　　）。

A. 较好地抵抗多径干扰　　　　　　B. 较低的频域均衡处理复杂度

C. 灵活的频域资源分配　　　　　　D. 较低的峰均比

6. LTE 采用（　　）作为下行多址方式。

A. CDMA　　　　B. FDMA　　　　C. OFDMA　　　　D. TDMA

7. 发射机采用（　　）技术来实现 OFDM。

A. FFT　　　　B. IFFT　　　　C. 匹配滤波器　　　　D. IQ 调制

8. （　　）将信道分成若干正交子信道，并且将高速数据信号转换成并行的低速子数据流，调制到每个子信道上进行传输。

A. OFDM　　　　B. MIMO　　　　C. HARQ　　　　D. AMC

二、多选题

1. OFDM 技术的优势包括（　　）。

A. 频谱效率高　　　　　　　　B. 带宽扩展性强

C. 抗多径衰落　　　　　　　　D. 频域调度和自适应

2. OFDM 的同步技术包括（　　）。

A. 载波同步　　　　B. 样值同步　　　　C. 符号同步　　　　D. 时隙同步

三、填空题

1. 在 LTE 系统中，OFDM 用来降低峰均比的实现方法是（　　）和（　　）。

2. 在 LTE 系统中，与下行 OFDM 不同，上行 SC-FDMA 在任一调度周期中，一个用户分得的子载波必须是（　　）的。

四、判断题

1. LTE 上下行均采用 OFDMA 多址方式。（　　）

2. 易受频率偏差的影响是 OFDM 系统的一大缺点。（　　）

3. LTE 系统采用 OFDM 技术，小区内用户通过频分实现信号的正交，小区内的干扰基本可以忽略。（　　）

4. OFDM 符号中的 CP 可以克服符号间干扰。（　　）

5. OFDM 信道带宽取决于子载波的数量。（　　）

五、简答题

1. 与 CDMA 相比，OFDM 有哪些优势？

2. 简述 OFDM 有哪些关键技术。

第 3 章　MIMO 多天线技术

不断提高空中接口的吞吐率是无线制式的发展目标。MIMO 多天线技术是 LTE 大幅提升吞吐率的物理层关键技术。MIMO 技术和 OFDM 技术一起并称为 LTE 的两大最重要的物理层技术。

在频带资源有限而高速数据需求无限增长的情况下,利用增加发射天线来增加空间自由度、改善系统性能、提高频带利用率是无线通信领域中的一个研究方向。MIMO 技术以其特有的优点,在与 OFDM 结合的情况下,在提示数据传输速率、加大系统容量、提高频谱利用率的研究中存在巨大的潜力。

3.1　多天线技术概述

天线是将射频信号转换为无线电波的装置。那什么是多天线呢?就是采用多根天线,只要天线的数量大于一,也就是大于或等于二,就算多天线。与多天线相对的术语是单天线,也就是只有一根天线。

通常,我们是根据馈线的数量来确定天线的数量,就是馈线有几根,就是几天线。因此,常见的双极化天线尽管是一个外壳,也称为一副天线,因为其馈线数量为 2,所以其天线数量为 2,属于多天线。在多天线技术中,多天线通常指天线数量为 2、3、4 或 8。

所谓多天线系统,就是无线链路的收发双方中任意一方配备了多天线,以实现频率复用,提高数据传输速率。这里的发送方通常指基站,接收方通常指的是终端。

多天线技术根据不同的实现方式分为分集技术、波束赋形技术和空间复用技术三种类型。

1. 分集技术

分集技术中的分指的是多路,也就是利用多条不相干的传播路径(无线链路)传送同一信息;集指的是集中,也就是同时接收多条传播路径上的信号,然后合并接收到的多路信号,获得相应的信息。

在分集技术中,由于传播路径互不相干,因此多条传播路径上同时发生信号衰落的概率很低。这样,接收机就可以克服信号大幅衰落带来的接收质量下降的问题,从而保证稳定的业务质量。

分集与复用技术比较类似,它们都基于多路传输。只是分集传输的是同一种信号,对应同一个信息;复用传输的是不同的信息。

分集有多种实施方式,例如,空间分集、频率分集、时间分集、极化分集、路径分集、角度分集等。分集技术分为接收分集和发射分集两大类,接收分集的应用更为普遍。

1) 接收分集

所谓接收分集,就是接收机使用多条不相干的传播路径,同时接收这些路径上的信号,并加以合成的技术。

从接收机的角度看,实施接收分集是一种积极的态度,需要主动去挖掘各个不相关的传播路径,因此需要接收机部署多天线。而实施发射分集是一种消极的态度,需要被动地获得各个不相关的传播路径,接收机单天线也可以工作。

2) 发射分集

所谓发射分集,就是发射机创造多条不相干的传播路径,同时在这些路径上发射信号,为接收机多路接收提供可能。从发射机的角度看,在实施发射分集时需要根据天线的数量,配置同等数量的功放来驱动,这样硬件的开销就增大了。由于实施发射分集的成本比较高,因此只有在 LTE 系统中,才作为标准配置,而在 WCDMA 系统中是可选功能,一般不进行配置。

目前移动通信系统最常见的天线配置是:基站的天线为 2 根,终端的天线为 1 根。由于基站采用了多天线,因此它可以同时实现接收分集和发射分集,而终端在单天线下只能实现发射分集的接收。

根据以上的典型配置,表 3 - 1 中列出了基站实施接收分集与发射分集的差别。

表 3 - 1　　接收分集与发射分集的对比

项　　目	接收分集(单发双收)	发射分集(双发单收)
接收方天线	2	1
发射方天线	1	2
基站功放数	1	2
基站总功耗	1	1
最大发射功率	2	1

大家可能会认为两种分集方式下功放输出的最大发射功率应该相同,其实不然。前面我们已经提到,基站的最大发射功率与功耗直接相关,因此我们在比较时,都基于基站的总功耗不变这样一个前提,换言之,无论是采用接收分集还是发射分集的基站,总的最大发射功率应该是一样的。

分集天线在 GSM 系统中有广泛的应用,在基站间距较小、高楼林立的市区,由于安装环境受限,因此多采用体积较小的极化分集天线,而在开阔的郊区和农村,则多采用增益较高的空间分集天线。

2. 波束赋形技术

波束赋形(Beamforming)是一种基于天线阵列的信号预处理技术,它利用发射端或接收端的多根天线,以一定的方式形成一个特定波束,使目标方向上天线增益最大并且抑制/降低干扰。因此,波束赋形技术在扩大覆盖范围、改善边缘吞吐量以及干扰抑止等方面都有很大的优势。

波束赋形技术已经在 TD - SCDMA 系统中得到了成功的应用,在 LTE - TDD R8 中也采用了波束赋形技术。在 LTE - TDD R8 的 PDSCH 传输模式 7 中定义了基于单端口专用导频的波束赋形传输方案。LTE - TDD R9 中则将波束赋形技术扩展到了双流传输方案中,通过新定义的传输模式 8 引入了双流波束赋形技术,并定义了新的双端口专用导频与相应的控制、反馈机制。

3. 空间复用技术

空间复用技术是让同一个频段在不同的空间内得到重复利用，又称之为空分复用。在移动通信中，能实现空间分割的基本技术就是采用自适应阵列天线，在不同的用户方向上形成不同的波束。通过空分复用，多个发射源或者接收站可以同时使用同一个频率，提高系统的频谱效率。在实际的通信工程里，空分复用通常和其他复用技术结合使用。

最早的多天线技术是一种接收分集技术。多条接收通道同时处于深度衰落的可能性比单天线通道处于深度衰落的可能性小很多。所以，接收分集可以提高无线传输的可靠性。基站侧布置多个接收天线实现上行接收分集较为容易，但是终端侧布置多个天线会提高手机复杂度和成本，实现较困难。那能不能在基站侧实现发射分集（多天线发射相同的数据流）来提高下行传输的可靠性呢？人们尝试过这样做，但发现多天线发送相同的数据流，它们之间是相互干扰的，甚至会相互抵消，起不到分集的作用。想要实现发送分集，就必须解决发送天线之间无线链路的正交性问题。多天线正交性的问题最终被攻克，于是 MIMO 技术成熟了。

3.2　MIMO 基本原理

3.2.1　MIMO 技术

MIMO 即多入多出技术指在发射端和接收端分别使用多个发射天线和接收天线，使信号通过发射端与接收端的多个天线传送和接收，并辅助一定的信号处理方式来完成通信的一种技术。

MIMO 技术是多天线技术的典型应用，它能充分利用空间资源，通过多个天线实现多发多收，在不增加频谱资源和天线发射功率的情况下，可以成倍地提高系统信道容量，达到更高的用户速率，改善通信质量。

MIMO 技术一般称为 $M \times N$ 的 MIMO 系统。其中，M 表示发射天线数，N 表示接收天线数。它利用多副天线同时发送和接收信号，任意一副发射天线和任意一副接收天线间形成一个单入单出（SISO）信道。按照发送端和接收端不同的天线配置，多天线系统可分为单入多出（SIMO）、多入单出（MISO）和多入多出（MIMO）三类，如图 3-1 所示。广义上讲，单入多出（SIMO）、多入单出（MISO）也属于（MIMO）的范畴。

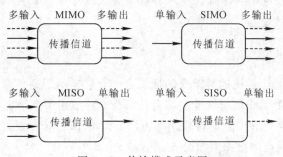

图 3-1　传输模式示意图

在 LTE 网络中通过 MIMO 技术利用空间的随机衰落和时延扩展将信号在空域与时域处理相结合，对达到用户平均吞吐量和频谱效率要求起着至关重要的作用。

3.2.2　MIMO 增益

所谓"增益"，就是增加的好处。有时候，减少了损失也是增加的好处。LTE 采用多天线 MIMO 技术，不仅提升了系统容量，还能提高系统覆盖，带来更高的用户速率和更优质的用户体验。

MIMO 的增益主要包括功率增益、复用增益、分集增益和阵列增益。

1. 功率增益

覆盖范围不变时增加天线数目可以降低天线口发射功率，继而可以降低对设备功放线性范围的要求。若单天线发射功率不变，则采用多天线发射相当于总的发射功率增加，从而增加覆盖范围。

2. 复用增益

复用增益可以提高极限容量和改善峰值速率。在天线间互不相关的前提下，MIMO 信道的容量可随着接收天线和发射天线二者的最小数目线性增长。这个容量的增长就是空间复用增益。

复用增益可以提高信号传输速率。以带宽为 20 MHz，上下行子帧配比类型为 SA2，特殊子帧配比类型为 SSP7 的小区为例，1×2 SIMO 的峰值速率为 55 Mb/s，2×2 MIMO 的峰值速率为 110 Mb/s。

3. 分集增益

分集增益来源于空间信道理论上的分集阶数（Diversity Order，DO），对于 $M×N$ 的 MIMO 系统，假设每对发射天线和接收天线之间的信道独立，并假设每根天线发射的信号相同，则理论上它相对 SISO 可以获得的分集阶数是 $M×N$。$M×N$ 表示发射天线数和接收天线数的乘积。分集阶数是空间信道容错能力的一个理论表征，可理解为 $M×N$ 的 MIMO 系统提供的理论上的系统容错能力为 SISO 系统的 $M×N$ 倍。换句话说，相同条件下，$M×N$ 的 MIMO 系统的收发信号错误概率为 SISO 系统的 $1/(M×N)$。

分集增益可以提高接收端信噪比的稳定性，从而提升无线信号接收的可靠性。

4. 阵列增益

在单天线发射功率不变的情况下，增加天线个数，可使接收端通过多路信号的相干合并，获得平均信噪比（SNR）的增加。阵列增益是和天线个数（M）的对数 $\lg(M)$ 强相关的，阵列增益可以改善系统覆盖。

3.2.3　MIMO 容量

系统容量是表征通信系统的最重要的标志之一，它表示了通信系统的最大传输率。无线信道容量是评价一个无线信道性能的综合性指标，它描述了在给定的信噪比（SNR）和带宽条件下，某一信道能可靠传输的传输速率极限。香农（Shannon）给出了单发射天线、单接收天线的 SISO 无线信道的极限容量公式如下：

$$C = B \cdot \text{lb}\left(1 + \frac{S}{N}\right) \tag{3-1}$$

式中，B 为信道带宽，S/N 为接收端信噪比。由香农公式可知，提高信噪比或增加带宽可

以增加无线信道容量。但发射功率 P 和带宽都是有一定限度的。在一定带宽条件下，SISO
无论采用什么样的编码和调制方式，系统容量都不可能超过香农公式的极限。目前广泛使
用的 Turbo 码、LDPC 码，使信道容量逼近了信道容量的极限。

　　但多天线的情况下，接收天线数目为 M_r、发射天线数目为 M_t 的 MIMO 系统可以等
效为多个 SIMO 系统，也可以等效为多个 MISO 系统。MIMO 系统相当于又并行又交叉的
多个信道同时传送数据，如图 3-2 所示。

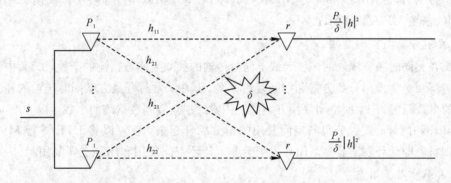

图 3-2　多进多出系统

　　发射端发出的信号为 s，从发射天线到接收天线的衰减系数为 h，发射天线的发射功
率为 P_t，接收天线处的白噪声幅度都服从方差为 δ 的高斯分布，在信道转换矩阵 H 为正
交矩阵的时候，也就是说，在天线之间相互独立、互不相关的情况下，MIMO 系统的信道
容量公式如下：

$$C = \min(M_r + M_t)B \cdot \mathrm{lb}\left(1 + \frac{P_t}{\delta}\lambda\right) \qquad (3-2)$$

　　MIMO 系统容量会随着发射端或接收端天线数中较小的一方 $\min(M_r, M_t)$ 的增加而
线性增加（不是对数增加，二者的关系曲线不弯曲）。这里要求天线之间要相互独立，也就
是说，从发射天线到接收天线的所有路径的无线衰落特性相互独立，互不相关。如果无线
环境复杂，无线电波有充分的散射、反射，信号到达天线阵列的角度扩散尽可能大，则天
线阵列之间的衰落特性就比较独立。如果天线之间不满足相互独立的要求，则 MIMO 系统
的信道容量会降低。

　　例如，从 MIMO 系统极限容量公式可以看出，2×2 天线配置的 MIMO 系统和 2×4
天线配置的 MIMO 系统的极限容量是接近的。因为二者的最小天线数目一样，都是 2。但
发射天线数目翻倍也不是一点作用都没有，发射天线数目翻倍起到了分集作用，改善了信
道条件，提高了接收端的信噪比。对于 2×4 和 2×2 的天线配置方式，极限容量虽然一样，
但是 2×4 的天线配置方式的下行平均容量会提高。

　　目前的无线制式，无论是从 IEEE 而来的 WLAN、WiMAX，还是从 3GPP 而来
的 HSPA＋、LTE，为了提高空中接口的吞吐率，都不约而同地选择了 MIMO 技术。而且
随着芯片技术的发展，天线的配置数目将会越来越多。

3.2.4　MIMO 技术分类

　　为了满足 LTE 频谱效率的需求，LTE 系统的上行和下行均支持多种 MIMO 技术方案。

1. 下行 MIMO 技术分类

LTE 系统下行一般可以按照如下三种维度进行 MIMO 方案分类。

1）开环与闭环

根据用户终端（User Equipment，UE）是否反馈预编码矩阵索引（Precoding Matrix Indicator，PMI）信息（该信息供 eNodeB 下行数据发射使用），LTE 中的下行 MIMO 技术方案可以分为开环 MIMO 和闭环 MIMO。其中，开环 MIMO 不需要 UE 反馈 PMI，而闭环 MIMO 需要 UE 反馈 PMI。

2）发射分集与空间复用

根据在相同时频资源块的多根天线上同时传输的独立空间数据流的个数，LTE 中的下行 MIMO 方案可分为发射分集方案和空间复用方案。其中，发射分集方案同时传输的独立空间数据流的个数只能为 1，而空间复用方案同时传输的独立空间数据流的个数可以大于 1。

将开环和闭环、发射分集与空间复用的划分综合起来，就可以将 LTE 下行 MIMO 方案分为四种，即开环发射分集、闭环发射分集、开环空间复用和闭环空间复用。

3）单用户与多用户

根据在相同时频资源块上同时传输的多个空间数据流是发送至或接收自一个用户还是多个用户，LTE 中的 MIMO 技术方案可分为单用户 MIMO（SU - MIMO）和多用户 MIMO（MU - MIMO）。其中，单用户 MIMO 的空间数据流属于同一个用户，而多用户 MIMO 的空间数据流属于多个用户。

2. 上行 MIMO 技术分类

对于 LTE 系统上行，不涉及开环与闭环的分类。由于 UE 只能单天线发射，因此也不涉及空间复用。由于 eNodeB 具有多根独立接收天线，可采用接收合并技术，因此可归类为接收分集方案。对于 Macro eNodeB，类似下行，其上行也可按照单用户和多用户的维度分类。

常用的 eNodeB 支持的 MIMO 方案名称和 LTE 协议定义的 MIMO 方案的名称之间的对应关系如表 3 - 2 所示。其中，上行链路（UpLink，UL）a×b MU - MIMO 的含义是 a 个 UE 占用同一时频资源发射数据，每个 UE 是单天线发射，eNodeB 使用 b 根天线接收。下行链路（Down Link，DL）a×b MIMO 的含义是 eNodeB 使用 a 个天线口发射数据，UE 使用 b 根天线接收。天线口指的是逻辑天线端口，而不是实际的物理天线端口。eNodeB（LTE - TDD）不支持闭环发射分集和闭环空间复用。

表 3 - 2　协议中的 MIMO 方案和常用 MIMO 方案的名称之间的对应关系

协议中的 MIMO 方案名称	常用 MIMO 方案名称
上行单用户	接收分集
上行多用户	多用户虚拟 MIMO
发射分集	开环发射分集
单流的闭环空间复用	闭环发射分集
大延迟空间复用（Cyclc Delay Diversity，CDD）	开环空间复用
闭环空间复用	闭环空间复用

3.3　MIMO 工作模式

MIMO 系统就是多个信号流在空中的并行传输。在发射端输入的数据流变成几路并行的符号流，分别从 P_t 个天线同时发射出去；接收端从 P_r 个接收天线将信号接收下来，并恢复原始信号，如图 3 - 3 所示。

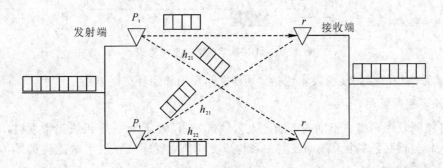

图 3 - 3　MIMO 系统数据流并行传输

多个信号流可以是不同的数据流，也可以是同一个数据流的不同版本。

不同的数据流就是不同的信息同时发射，这意味着信息传送效率的提升，提高了无线通信的效率。

同一个数据流的不同版本，就是同样的信息，以不同的表达方式并行地发射出去，从而确保接收端收到的信息准确，提高了信息传送的可靠性。

MIMO 的复用模式就是为了提高信息传送效率的工作模式；MIMO 的分集模式就是为了提高信息传送可靠性的工作模式。

为了满足系统中高速数据传输速率和高系统容量方面的需求，LTE 系统的下行 MIMO 技术支持 2×2 的基本天线配置。下行 MIMO 技术主要包括：空间复用、空间分集及波束赋形三大类。与下行 MIMO 相同，LTE 系统的上行 MIMO 技术也包括空间分集和空间复用。在 LTE 系统中，应用 MIMO 技术的上行基本天线配置为 1×2，即一根发送天线和两根接收天线。考虑到终端实现复杂度的问题，目前上行并不支持一个终端同时使用两根天线进行信号发送，即只考虑存在单一上行传输链路的情况。因此，在当前阶段上行仅仅支持上行天线选择和多用户 MIMO 两种方案。

3.3.1　空间复用模式

空间复用（Space Multiplexing，SM）的主要原理是利用空间信道的弱相关性，通过在多个相互独立的空间信道上传输不同的数据流，从而提高数据传输的峰值速率。空间复用的思想是把一个高速的数据流分割为几个速率较低的数据流，分别在不同的天线上进行编码、调制，然后发送。天线之间相互独立，一个天线相当于一个独立的信道，接收机利用空间均衡器分离接收信号，然后解调、解码，将几个数据流合并，恢复出原始信号，如图 3 - 4 所示。

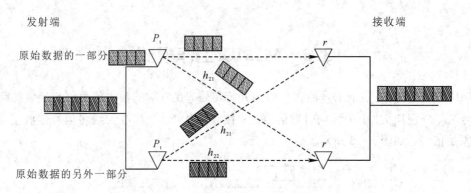

图 3 - 4　MIMO 系统空间复用思想

LTE 系统中的空间复用技术包括：开环空间复用和闭环空间复用。

1. 开环空间复用

开环空间复用是指在不同的天线上人为制造"多径效应"。一个天线正常发射，其他天线上引入相位偏移，多个天线的发射关系构成复矩阵，复矩阵在发射端随机选择，并行地发射不同的数据流。

2. 闭环空间复用

闭环空间复用即所谓的线性预编码技术。

线性预编码技术的作用是将天线域的处理转化为波束域进行处理，在发射端利用已知的空间信道信息进行预处理操作，从而进一步提高用户和系统的吞吐量。线性预编码技术可以按其预编码矩阵的获取方式划分为两大类：非码本的预编码和基于码本的预编码。

非码本的预编码方式：对于非码本的预编码方式，预编码矩阵在发射端获得，发射端利用预测的信道状态信息，进行预编码矩阵计算，常见的预编码矩阵计算方法有奇异值分解、均匀信道分解等，其中奇异值分解的方案最为常用。对于非码本的预编码方式，发射端有多种方式可以获得空间信道状态信息，如直接反馈信道、差分反馈、利用 LTE - TDD 信道对称性等。

基于码本的预编码方式：对于基于码本的预编码方式，预编码矩阵在接收端获得，接收端利用预测的信道状态信息，在预定的预编码矩阵码本中进行预编码矩阵的选择，并将选定的预编码矩阵的序号反馈至发射端。目前，LTE 采用的码本构建方式是基于 Householder 变换的码本。

MIMO 系统的空间复用原理示意图如图 3 - 5 所示。

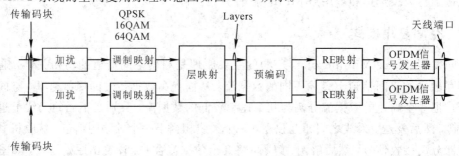

图 3 - 5　MIMO 系统空间复用原理示意图

　　在目前的 LTE 协议中，下行采用的是 SU - MIMO。可以采用 MIMO 发射的信道有 PDSCH 和 PMCH，其余的下行物理信道不支持 MIMO，只能采用单天线发射或发射分集。

3.3.2　空间分集模式

　　空间分集(Space Diversity，SD)的思想是制作同一个数据流的不同版本，并分别在不同的天线进行编码、调制，然后发送，如图 3 - 6 所示，这个数据流可以是原来要发送的数据流，也可以是原始数据流经过一定的数学变换后形成的新数据流。同一个东西，不同的面貌。接收机利用空间均衡器分离接收信号，然后解调、解码，将同一数据流的不同接收信号合并，从而恢复出原始信号。空间分集可以起到可靠传输数据的作用。

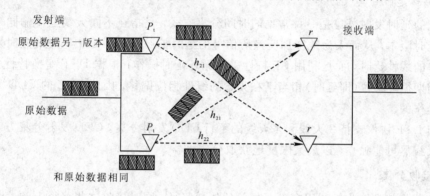

图 3 - 6　MIMO 系统空间分集思想

　　图 3 - 6 中发射端功率为 P_t，天线接收到的数据流为 r，发射天线到接收天线的衰减系数为 h。

　　采用多个收发天线的空间分集可以很好地对抗传输信道的衰落。不管是复用技术还是分集技术，都涉及把一路数据变成多路数据的技术，即时空编码技术。空间分集常用的技术有 STBC(空时编码)、SFBC(空频编码)、TSTD/FSTD(时间/频率转换传送分集)以及 CDD(循环延时分集)。

　　空间分集分为发射分集和接收分集两种。

1. 发射分集

　　发射分集是在发射端使用多幅发射天线来发射信息，通过对不同的天线发射的信号进行编码达到空间分集的目的，接收端可以获得比单天线高的信噪比。发射分集包含空时发射分集(STTD)、空频发射分集(SFBC)和循环延迟分集(CDD)。

　　1) 空时发射分集(STTD)

　　空时发射分集通过对不同的天线发射的信号进行空时编码，以达到时间和空间分集的目的。空时发射分集在发射端对数据流进行联合编码，以减小由于信道衰落和噪声导致的符号错误概率。

　　空时编码(STBC)的主要思想是在空间和时间两个维度上安排数据流的不同版本，可以有时间和空间分集的效果，从而降低信道误码率、提高可靠性。通过在发射端的联合编码来增加信号的冗余度，从而使得信号在接收端获得时间和空间分集增益。可以利用额外的分集增益来提高通信链路的可靠性，也可在同样的可靠性下利用高阶调制来提高数据率和频谱利用率。

2）空频发射分集（SFBC）

空频发射分集与空时发射分集类似，不同的是 SFBC 是对发送的符号进行频域和空域编码。SFBC 将同一组数据承载在不同的子载波上面获得频率分集增益。

SFBC（空频编码）的主要思想是在空间和频率两个维度上安排数据流的不同版本，可以有空间分集和频率分集的效果。

除两天线 SFBC 发射分集外，LTE 协议还支持 4 天线 SFBC 发射分集，并且给出了构造方法。SFBC 发射分集方式通常要求发射天线尽可能独立，以最大限度地获取分集增益。

3）循环延时分集（CDD）

传统的延时发射分集是一种常见的时间分集方式，是指在不同天线上传输同一个信号的不同延时版本，从而人为地增加所经历信号的延时扩展值。LTE 中采用的延时发射分集并非简单的线性延时，而是利用 CP 特性采用循环延时操作。根据 DFT 变换特性，信号在时域的周期循环移位（即延时）相当于在频域的线性相位偏移，因此 LTE 的 CDD 是在频域上进行操作的。

目前 LTE 协议支持 2 天线和 4 天线的下行 CDD 发射分集。CDD 发射分集方式通常要求发射天线尽可能独立，以最大限度地获取分集增益。

2. 接收分集

接收分集就是接收机利用多条不相关的传播路径，同时接收这些路径上的信号并加以合成的技术。

由于信号传输特性不同，信号多个副本的衰落就不会相同，信号就不可能同时处于深衰落情况中，因此在任一给定的时刻至少可以保证有一个强度足够大的信号副本提供给接收机使用，从而提高了接收信号的信噪比。

接收分集原理示意图如图 3-7 所示。

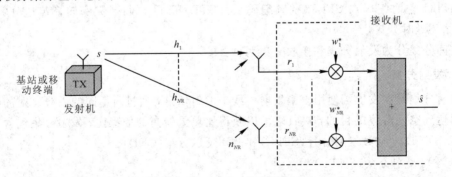

图 3-7　接收分集示意图

3.3.3　波束赋形模式

MIMO 中的波束赋形方式与智能天线系统中的波束赋形类似，在发射端将待发射数据矢量加权，形成某种方向图后到达接收端，接收端再对收到的信号进行上行波束赋形，以抑制噪声和干扰。

与常规智能天线不同的是，原来的下行波束赋形只针对一个天线，现在需要针对多个天线。通过下行波束赋形，使得信号在用户方向上得到加强；通过上行波束赋形，使得用户具有更强的抗干扰能力和抗噪能力。因此，和发射分集类似，可以利用额外的波束赋形增益来提高通信链路的可靠性，也可在同样可靠性下利用高阶调制来提高数据率和频谱利用率。

3.3.4　多天线工作模式对比

多天线技术主要指以下四种：空间分集、空间复用、空分多址（SDMA）和波束赋形。

空间分集利用天线间的不相关性来实现，这个不相关要求天线间距在 10 个电磁波波长以上。空间分集的目的是提高链路质量而不是链路容量。

空间复用也是利用天线间的不相关性来实现的。空间复用一般需要多个发射和接收天线，它是一种 MIMO 方式，也可以是智能天线方式。在复用时，并行发射和接收多个数据流，目的是调高链路容量（峰值速率），而不是链路质量。

空分多址是利用相同的时隙、相同的子载波，但不同的天线传送多个终端用户的数据。不同用户的数据如果要彼此相互区别，就要求天线间的不相关性。空分多址的主要目的是通过空间上区别用户，在链路上容纳更多的用户，从而提高容量。

波束赋形利用电磁波之间的相干特性，将电磁波的能量（波束）集中于某个特定的方向上。不同于以上三种，波束赋形利用的是天线阵元之间的相关性。因此波束赋形要求天线之间的距离小一些，通常在波长的 1/2 左右，这样做主要是为了增强覆盖和抑制干扰。使用波束赋形的多天线技术，就是传统的智能天线（Smart Antenna）技术，也叫自适应天线系统（Adaptive Antenna System，AAS）。TD - SCDMA 系统的关键技术就是智能天线。

MIMO 主要利用天线之间的不相关性，而智能天线主要利用天线间的相关性。MIMO 可有效克服多径效应；而智能天线克服多径的能力有限，但其抗干扰效果较好。

3.4　LTE 系统中的 MIMO 应用

3.4.1　LTE 系统多天线的特点

LTE 系统的多天线具有如下一些特点：

（1）设备的天线数量组合多；

（2）基站的发射方式多；

（3）基站的发射方式可变。

LTE 系统基站配置的天线数量与双工方式有关，如果双工方式是 LTE - TDD 工作方式，则可以配置 1、2、4 或 8 根天线。其中除了 4 天线在专网中应用外，其余的三种都在运营商的 LTE - TDD 网络中应用了。如果双工方式是 LTE - FDD 工作方式，则可以配置 1 或 2 根天线。

LTE 系统终端配置的天线与终端类有关。如果是第一类终端，就只有单根天线；如果是二、三、四类终端，就配置了 2 根天线；只有第五类终端，才会配置 4 根天线。相对地，

WCDMA 系统、GSM 系统的基站配置了 1 或 2 根天线,终端配置了 1 根天线;TD - SCDMA 系统的基站配置了 1 或 8 根天线,终端配置了 1 根天线。这些移动通信系统的天线组合都比 LTE 系统的天线组合少。

另外,GSM 系统、WCDMA 系统和 TD - SCDMA 系统的基站通常只有一种发射方式,比如 GSM 系统、WCDMA 系统的基站实施单发双收,TD - SCDMA 系统的基站实施波束赋形。而 LTE 系统的基站支持多种基站发射方式,涵盖了波束赋形、发射分集、空间复用等方式。由于其他通信系统的基站只有一种发射方式,自然也就不会改变了,而 LTE 系统的基站有多种发射方式,因此还可以改变这些发射方式。

3.4.2　上行多用户 MIMO 传输方案应用

用户配对是上行多用户 MIMO 的重要而独特的环节,即基站选取两个或多个单天线用户在同样的时/频域资源块里传输数据。由于信号来自不同的用户,经过不同的信道,用户间互相干扰的程度不同,因此,只有通过有效的用户配对过程,才能使配对用户之间的干扰最小,进而更好地获得多用户分集增益,保证配对后无线链路传输的可靠性及健壮性。目前已提出的配对策略如下。

正交配对:选择两个信道正交性最大的用户进行配对,这种方法可以减少用户之间的配对干扰,但是由于搜寻正交用户计算量大,因此复杂度太大。

随机配对:这种配对方法目前使用比较普遍,其优点是配对方式简单、配对用户的选择随机生成、复杂度低、计算量小。缺点是对于随机配对的用户,有可能由于信道相关性大而产生比较大的干扰。

基于路径损耗和慢衰落排序的配对方法:将用户路径损耗加慢衰落值的和进行排序,对排序后相邻的用户进行配对。这种配对方法简单、复杂度低,在用户移动缓慢、路径损耗和慢衰落变化缓慢的情况下,用户重新配对的频率也会降低,而且由于配对用户路径损耗加慢衰落值相近,因此也降低了用户产生"远近"效应的可能性。该配对方法的缺点是配对用户信道相关性可能较大,配对用户之间的干扰可能比较大。

综合考虑以上因素,MIMO 传输方案的应用如表 3 - 3 所示。

表 3 - 3　MIMO 传输方案的应用

传输方案	秩	信道相关性	移动性	数据速率	在小区中的位置
发射分集(SFBC)	1	低	高/中速移动	低	小区边缘
开环空间复用	2/4	低	高/中速移动	中/低	小区中心/边缘
双流预编码	2/4	低	低速移动	高	小区中心
多用户 MIMO	2/4	低	低速移动	高	小区中心
码本波束赋形	1	高	低速移动	低	小区边缘
非码本波束赋形	1	高	低速移动	低	小区边缘

理论上,虚拟 MIMO 技术可以极大地提高系统吞吐量,但是实际配对策略以及如何有效地为配对用户分配资源的问题,都会对系统吞吐量产生很大的影响。因此,需要在性能

和复杂度两者之间取得一个良好的折中,虚拟 MIMO 技术的优势才能充分发挥出来。

3.4.3　MIMO 的传输模式

LTE 技术专门为多天线的传输方式定义了一个术语,即 TM(Transmission Mode)传输模式。不同的传输方案对应不同的传输模式(TM)。

LTE 定义了九种下行 MIMO 传输模式,见表 3 - 4,采用哪种传输模式由高层通过 RRC 信令消息通知 UE。

表 3 - 4　LTE 多天线传输模式的特点及应用场景

传输模式	名　称	技术描述	特点	应用场景	MIMO类型
TM1	单天线	信息通过单天线发送	产生的小区特定参考信号(CRS)开销少	无法布放双通道时分系统的室内站	无
TM2	发射分集	同一信息的多个信号副本分别通过多个衰落特性相互独立的信道进行发送	不用反馈 PMI(提高链路传输质量,提高小区覆盖半径)	信道质量不好时,如小区边缘(作为其他 MIMO 模式的回退模式)	分集
TM3	开环空间复用/发射分集	终端不反馈信道信息,通过发射端预定义的信道信息来确定发射信号	不用反馈 PMI(提升小区平均频谱效率和峰值速率)	信道质量高且空间独立性强,终端静止时性能好(低速移动)	复用
TM4	闭环空间复用	需要终端反馈信道信息,发射端根据该信息进行信号预处理以保证信号空间的独立性	要反馈 PMI(提升小区平均频谱效率和峰值速率)	信道质量高且空间独立性强(高速移动)	复用
TM5	多用户MIMO	基站使用相同的时频资源将多个数据流发送给不同用户,接收端利用多根天线对干扰数据流进行取消和零陷	提升小区平均频谱效率和峰值速率	密集城区	无
TM6	单层闭环空间复用	终端反馈 RI 为 1 时,发射端采用单层预编码,使其适应当前的信道	要反馈 PMI(增加小区覆盖区域)	仅支持 rank=1 的传输	无
TM7	单流波束赋形/发射分集	发射端利用上行信号来估计下行信道的特征,在下行信号发射时,每根天线上乘以相应的特征权值,使其天线阵列发射信号具有波束赋形的效果	提高链路传输质量,提高小区覆盖半径	信道质量不好时,如小区边缘	波速赋形

传输模式	名 称	技 术 描 述	特 点	应 用 场 景	MIMO 类型
TM8	双流波束赋形	结合复用和智能天线技术，进行多路波束赋形发送，既可以提高用户信号强度，又可以提高用户的峰值和均值速率	提高小区覆盖半径，提升小区中心用户吞吐量	提高用户吞吐量	波速赋形
TM9	多流波束赋形	这是 LTE-A 中新增加的一种模式，可以支持最多 8 层的传输，主要是为了提升数据的传输速率	既能够保持传统单流波束赋形技术广覆盖，提高小区容量和减少干扰的特性，又能够有效提升小区中心用户的吞吐量	支持最大到 8 层的传输，提升用户吞吐量	波速赋形

LTE 针对物理下行共享信道(PDSCH)定义了九种传输模式，每种传输模式内又同时定义了多种 MIMO 方式，因此多天线模式切换就存在两种切换过程：模式内切换和模式间切换。

所谓模式内切换是指在同一种传输模式内的不同 MIMO 方式之间的切换，此时 MIMO 方式的变化是通过物理下行控制信道的下行控制信息(DCI)指示的，因此它的切换周期较短，能被 UE 快速响应。TM3 模式内包含开环空间复用(SDM)和发射分集(SFBC)，TM7 模式内包含基于用户的波束赋形(Port5)和发射分集(SFBC)，TM3 和 TM7 都可进行模式内切换。

模式间切换是指不同传输模式之间的切换，其中传输模式的变化由基站的 RRC 信令通知用户进行切换，这属于高层信令进行切换调度，因此切换周期较长。

eNodeB 自行决定某一时刻对某一终端采用什么传输模式，并通过 RRC 信令通知终端。传输模式是针对单个终端的，同小区的不同终端可以有不同的传输模式。

习 题

一、单项选择题

1. 下述关于 2×2 MIMO 说法正确的是( )。

A. 2 发是指 eNodeB 端，2 收也是指 eNodeB 端

B. 2 发是指 eNodeB 端，2 收是指 UE 端

C. 2 发是指 UE 端，2 收也是指 UE 端

D. 2 发是指 UE 端，2 收是指 eNodeB 端

2. LTE 上行多天线技术称作( )。

A. MU-MIMO   B. SU-MIMO   C. 4×4 MIMO   D. 2×2 MIMO

3. 在 MIMO 模式下，下列因素中对数据流量影响最大的是( )。

A. 天线尺寸   B. 天线高度

C. 发射和接收端的最小天线数目   D. 天线型号

4. Transmission mode1 表示的意思是（　　　）。

A. 多用户 MIMO　　　B. 开环空间复用　　　C. 闭环预编码　　　D. 单天线传送数据

5. MIMO 的广义定义是（　　　）。

A. 多输入多输出　　　B. 少输入多输出　　　C. 多输入少输出

6. 在（　　　）情况下，SFBC 具有一定的分集增益，FSTD 带来频率选择增益，这有助于降低其所需的解调门限，从而提高覆盖性能。

A. 单天线端口　　　B. 传输分集　　　C. MU – MIMO　　　D. 闭环空间复用

二、多选题

1. LTE 系统支持 MIMO 技术，包括（　　　）。

A. 空间复用　　　B. 波束赋行　　　C. 传输分集　　　D. 功率控制

2. 室内分布场景会用到（　　　）几种 MIMO 模式。

A. TM1　　　B. TM2　　　C. TM3　　　D. TM7

3. MIMO 模式中分集与复用之间的切换主要取决于（　　　）。

A. 接收信噪比　　　B. 信道相关性　　　C. RSRP　　　D. 天线个数

4. LTE 系统中关于 MIMO，以下哪种说法是对的（　　　）。

A. 下行只能单天线发送

B. 下行可以单天线发送，也可以多天线发送

C. 下行可以支持的天线端口数目为 1、2、4

D. 下行可以支持的天线端口数目为 1、2、4、8

三、填空题

1. 小区边缘采用（　　　）技术保证业务质量；小区内部采用（　　　）技术提升用户数据吞吐量。

2. LTE 上下行采用不同的多天线技术，上行采用（　　　），下行采用（　　　）。

四、判断题

1. LTE 多天线技术中的 MIMO 双流用于小区中心，BF 用于小区边缘。　　　（　　　）

2. LTE 协议中定义的各种 MIMO 方式对于 LTE – FDD 系统和 LTE – TDD 系统都适用。　　　（　　　）

3. 采用高阶天线 MIMO 技术和正交传输技术可以提高平均吞吐量和频谱效率。（　　　）

五、简答题

1. 实现 MIMO 的关键技术有哪些？

2. 写出 MIMO 的九种传输模式。

第4章　LTE网络架构和接口协议

4.1　LTE网络架构概述

在制定3GPP规范过程中，LTE系统结构演进是在LTE无线接口演进之后开始的，其目的是满足LTE系统需求，包括高速率、低时延、针对分组优化、端到端QoS保证等性能要求。具体来讲，LTE系统结构要满足如下要求：

(1) 总体上针对分组交换业务进行优化，无需支持电路交换模式的操作；

(2) 为支持更高吞吐率进行优化；

(3) 改善激活和承载建立响应时间；

(4) 改善分组包发送延时；

(5) 相对现有的3GPP和其他蜂窝移动通信系统而言，网络整体结构更加简化；

(6) 优化和其他3GPP接入网络的互操作性能；

(7) 优化和其他无线接入网络的互操作性能。

上述目标中的很多条都要求网络具有扁平化的结构。扁平化的结构涉及的中间节点减少，从而可以降低处理延时、改善系统性能。实际上，从3GPP R7版本标准开始，系统网络结构就在朝着扁平化的方向演进：首先引入了直通隧道(Direct Tunnel, DT)的概念，使得用户面数据不再通过服务GPRS支持节点(Sewing GPRS Support Node, SGSN)传送，接着将无线网络控制器(Radio Network Controller, RNC)的功能并入高速分组接入技术基站(HSPA NodeB)中。

网络结构演进的过程如图4-1所示。可明显看出，LTE的系统架构相对3GPP 3G系统架构有了非常大的变化。无线接入网层面取消了RNC这一级控制节点，整个无线网络

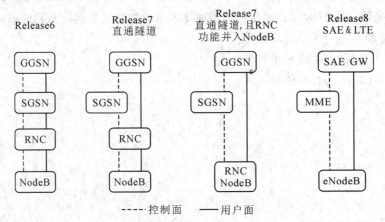

图4-1　3GPP扁平化结构演进过程

完全扁平化，只有 eNodeB 一级网元；核心网方面取消了电路域，只保留了分组域演进型分组核心网(Evolved Packet Core network，EPC)架构，为网络的分组化、全 IP 化奠定了基础。

如图 4-2 所示，LTE 系统架构分三个部分，包括演进后的核心网(EPC)、演进后的接入网(E-UTRAN)及用户设备(UE)。其中，EPC 负责核心网部分，EPC 控制处理部分称为 MME，数据承载部分称为 SAE Gateway(SAE GW)；eNodeB 负责接入网(E-UTRAN)部分；UE 指用户终端设备。EPC 和 E-UTRAN 合在一起称为演进后的分组系统(EPS)。

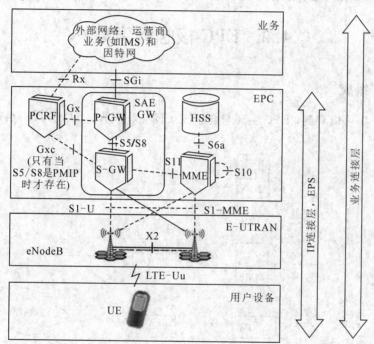

图 4-2　LTE 网络架构图

1. 用户设备(User Equipment，UE)

用户设备不仅仅是指手机，还包括上网卡、移动无线路由器(My Wi-Fi，MIFI)、用户侧设备(Customer Premise Equipment，CPE)、个人 PC，甚至包含家里的各种智能电器。

2. LTE 无线接入网(E-UTRAN)

演进后的接入网 E-UTRAN(Evolved UTRAN)由基站 eNodeB 组成，去掉了 2G/3G 中的基站控制器(BSC)/RNC 功能实体，以减少用户面和控制面的时延。所有的无线功能都集中在 eNodeB 节点，因此 eNodeB 也是所有无线相关协议的终结点。

3. LTE 核心网(EPC)

LTE 中核心网演进方向为 EPC，EPC 是基于系统架构演进(System Architecture Evolution，SAE)架构的核心网技术。演进后的分组核心网(EPC)主要包括移动管理实体(Mobility Management Entity，MME)、业务网关(Serving Gateway，S-GW)、分组数据网关(PDN Gateway，P-GW)、归属用户服务器(Home Subscriber Server，HSS)和策略与计费规则功能单元(PCRF)。

　　eNodeB 和 UE 之间的接口为 LTE-Uu 接口，eNodeB 之间通过 X2 接口连接，eNodeB 与 EPC 之间通过 S1 接口连接。S1 接口又分为 S1-MME 和 S1-U 两类，其中 S1-U 为 eNodeB 与 S-GW 的用户面接口，S1-MME 为 eNodeB 与 MME 的控制面接口，采用 S1-AP 协议，类似于通用移动通信系统（UMTS）网络中的无线网络层的控制部分，主要完成 S1 接口的无线接入承载控制、操作维护等功能。P-GW 和外面数据网络（如互联网等）的接口为 SGi。P-GW 和 PCRF 的接口为 Gx 接口。PCRF 与 IP 承载网的接口为 Rx，用来传送控制面数据，用于应用（AF）传递应用层会话信息给 PCRF。

4.2　EPC 核心网架构

4.2.1　EPC 组成

　　从图 4-3 中可以看到，EPC 主要包含了五大网元，分别是 MME、S-GW、P-GW、HSS、PCRF。

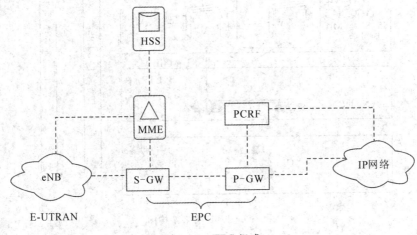

图 4-3　EPC 组成

　　MME：它负责管理和控制。

　　S-GW：它负责处理业务流。

　　P-GW(PDN GateWay，PDN 网关)：它负责与 PDN 连接。所谓 PDN（分组数据网），通常是指 Internet。

　　HSS：它是归属位置寄存器（HLR）的升级，但是作用与 HLR 一样，负责存储用户的关键信息。

　　PCRF(Policy and Charging Rules Function)：它用来控制服务质量 QoS 的网元。

　　在这五大网元中，前三个网元最重要，在后续小节中将详细介绍。从图 4-3 中还可以看到，LTE 的无线网络 E-UTRAN 与 EPC 的 MME 和 S-GW 分别连接，而外界的 IP 网络（即 Internet）则与 P-GW 和 PCRF 连接。

1. MME

　　MME 就是 SGSN 的控制面，它负责处理用户业务的信令，用来完成移动用户的管理，并且与 eNodeB、HSS 和 S-GW 等设备进行交互，如图 4-4 所示。

如图 4 - 4 所示，MME 与 HSS 通过 S6a 接口连接，与 S-GW 通过 S11 接口连接，而与基站 eNodeB 通过 S1 - MME 接口连接。这些接口都基于 IP 协议。

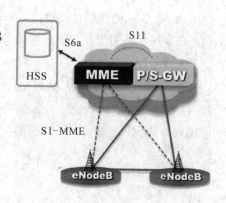

图 4 - 4　EPC 中的 MME

MME 有如下的一些主要功能：

(1) 用户鉴权。这是移动通信系统最基本的功能之一，本功能需要与 HSS 交互。

(2) 移动性管理(寻呼、切换)。这是移动通信系统最基本的功能之一。

(3) 漫游控制。当漫游用户接入系统后，MME 需要访问漫游用户所属的 HSS，从而得到该用户的信息。

(4) 网关选择。MME 下会连接多个 S-GW，用户业务选择哪个 S-GW，由 MME 来指派。

(5) 承载管理。承载是 WCDMA 引入的概念，对应用户数据流。承载管理涉及承载的建立、释放等工作。

(6) TA 列表管理。跟踪区(Tracking Area，TA)是 LTE 中引入的新术语，类似 WCDMA 和 GPRS 系统的路由区 RA，当终端离开所属 TA 时，就需要做 TA 更新。在 LTE 系统中，eNodeB 可以属于多个 TA(多达 16 个)，同样终端也可以归属于多个 TA(多达 16 个)，这样就为 LTE 系统带来了更多的灵活性。

从以上介绍的 MME 功能可以看出，MME 在 EPC 中的地位相当重要。为了维持 LTE 系统的可靠运行，通常我们会在网络中部署多套 MME，构成一个 MME 池组，MME 之间进行负荷分担。eNodeB 与池组中的 MME 都连接上，这样即使有一套 MME 发生故障，也不会影响 eNodeB 的正常工作。当然，由于 S1 - MME 是 IP 接口，因此连接还是很方便的。

2. S-GW

S-GW 的功能与 MME 相呼应。简单地说，S-GW 就是 SGSN 的业务面，负责处理用户的业务，用来完成移动数据业务的承载，并且与 eNodeB、MME、P-GW 等设备进行交互，如图 4-5 所示。

其中，S-GW 与 MME 通过 S11 接口连接，与 P-GW 通过 S5 或 S8 接口连接，而与基站 eNodeB 通过 S1-U 接口连接。这些接口都基于 IP 协议。

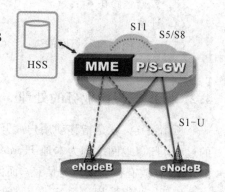

图 4 - 5　EPC 中的 S-GW

S-GW 的主要功能有：

(1) 漫游时分组核心网的接入点；

(2) LTE 系统内部移动性的锚点；

(3) 空闲状态时缓存下行数据；

(4) 数据包路由和转发；

(5) 计费；

(6) 合法监听。

由 S-GW 的功能可以看出，S-GW 相当于数据业务的中转站，理解为港口也比较贴切，它实现了移动用户与固定网络的结合。

3. P-GW

P-GW 的功能非常类似 GGSN，它负责与 Internet 的接口连接，并且与 PCRF 和 S-GW 等设备进行交互，如图 4-6 所示。其中，P-GW 与 S-GW 通过 S5 或 S8 接口连接，与 PCRF 通过 Gx 接口连接，与 PDN 通过 SGi 接口连接。这些接口都基于 IP 协议。

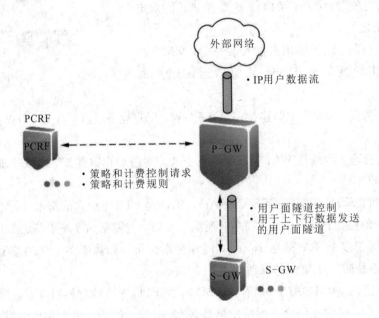

图 4-6　EPC 中的 P-GW

值得注意的是，P-GW 不会直接与基站 eNodeB 打交道。另外，在实际系统中，S-GW 和 P-GW 往往是同一套物理设备，这样可以减少处理时延。

P-GW 的主要功能有：

(1) 外网互联的接入点；

(2) 用户 IP 地址分配；

(3) 数据包路由和转发；

(4) 计费；

(5) 策略控制执行(PCEF)；

(6) 合法监听。

4.2.2　EPC 漫游业务的处理

所谓漫游，就是指移动用户离开了自己的归属地网络，进入了异地网络，并执行业务的过程。归属地网络称为本地 Home，异地网络称为漫游地 Visit。从技术上看，本地网络的 HSS 存放有移动用户的信息，而漫游地网络的 HSS 没有存放移动用户的信息。

因此，当漫游用户执行业务的时候，经过无线网络的接入，相关信息被送到 MME。MME 在进行用户移动性管理时，发现是漫游用户，会找到该漫游用户所属的本地网络，通过其本地网络的 HSS 获取相关信息，并完成认证鉴权的工作。这一过程，与 GSM、WCDMA 系统的漫游处理过程是相同的。

接下来，在建立业务承载时，EPC 有两个选择：就近接入和回归接入，如图 4-7 所示。

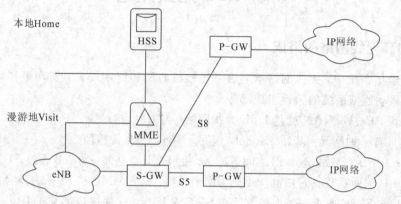

图 4-7　EPC 漫游业务的处理

所谓就近接入，就是漫游地的 S-GW 通过 S5 接口与漫游地的 P-GW 连接，就近接入 Internet；而回归接入是漫游地的 S-GW 通过 S8 接口与本地的 P-GW 连接，再连接到 Internet。显然，采用就近接入比较方便，节省资源，不过回归接入也有优势，它可以控制业务的 QoS 以及实施特定的计费策略，因此各有各的应用场景。

4.2.3　EPC 与其他网络的连接

EPC 在实施时就是作为单一的核心网，去连接各种移动通信系统的无线网络，也就是连接 GPRS、WCDMA、CDMA 2000 网络，从而实现与 2G、3G 网络的互操作。

直接与 2G 和 3G 无线网络打交道并不是最优的方案，况且无线网络还未必具备 IP 接口。更好的方案是通过某个代理设备与无线网络打交道，这个代理设备在 GPRS 和 WCDMA 的 PS 域中就是原来 SGSN 的升级，而在 CDMA 2000 的网络中就是一个新增的 GW 网关，如图 4-8 所示。

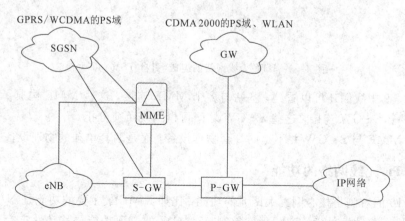

图 4-8　EPC 与其他网络的连接

由于 LTE 与 GSM 和 WCDMA 的传承关系，因此升级后的 SGSN 可以直接与 MME 以及 S - GW 连接，而 CDMA 2000 网络中的 GW 就只能与 P - GW 连接。

4.3　LTE 无线网络

4.3.1　LTE 无线网络的组成

在移动通信系统中，无线网络承上启下连接核心网和终端设备，实现了移动通信业务的覆盖，是移动通信系统的关键组成部分。

通俗地说，E - UTRAN 就是 LTE 无线网络，与 EPC 相对应。不过与 EPC 不同，LTE 无线网络中只有一种网元：基站 eNodeB(简写 eNB)，它非常精简。

如图 4 - 9 所示，基站 eNodeB 之间通过 X2 接口互连。基站 eNodeB 通过 S1 接口与核心网设备相连。从前面章节我们知道，S1 分为两个接口：S1 - MME 和 S1 - U。基站 eNodeB 通过 S1 - MME 与 MME 连接，通过 S1 - U 与 S - GW 连接。这些接口都基于 IP 技术，而正是利用 IP 技术来组网，才能方便成千上万基站之间的互联以及与核心网设备的连接。

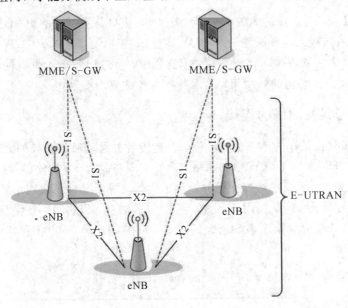

图 4 - 9　LTE 无线网络的组成(引自 TS36.300)

从图 4 - 9 中我们还可以看到，基站与多个 MME 连接，这些 MME 构成了一个池组；基站也与多个 S - GW 连接，这些 S - GW 之间可以实现负荷分担。

注意：MME 与 S - GW 并不是同一套物理设备，而是两套单独的物理设备。

4.3.2　LTE 无线网络的功能

图 4 - 10 的右侧是核心网三大网元的功能，比如 MME 最主要的功能是 NAS 安全(鉴权)、空闲状态移动性处理、EPS 承载控制；S - GW 的主要功能是移动性定标，也就是中转站；P - GW 的主要功能是 UE IP 地址分配以及分组数据包的过滤。

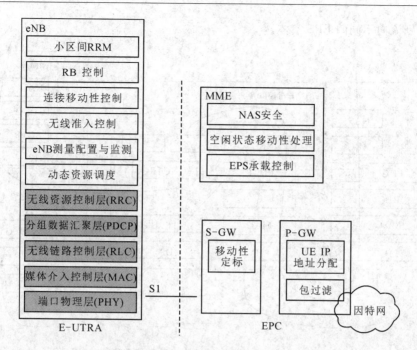

图 4-10　LTE 无线网络的功能与层次结构(引自 TS36.300)

图 4-10 左边所示为无线网络的功能与层次结构,无线网络包括如下一些功能:

(1) 小区间无线资源的管理;

(2) 无线承载的控制;

(3) 连接移动性控制;

(4) 无线准入控制;

(5) eNodeB 测量配置与监测;

(6) 动态资源调度。

LTE 无线网络的功能其实就是基站 eNodeB 的功能。eNodeB 的主要功能就是连接、管理和控制终端,并且为核心网连接、管理以及控制终端提供沟通的管道。为了实现这些功能,eNodeB 需要与终端以及核心网进行交互,也就是要传递大量的信息。

4.4　LTE 接 口

接口是指不同网元之间的信息交互方式。无线通信制式的接口根据所处的物理位置不同,可以分为空中接口和地面接口。相应地,接口协议也分为空中接口协议和地面接口协议。

LTE 无线侧的主要接口分为空中接口和地面接口。LTE 空中接口是 UE 和 eNodeB 的 LTE-Uu 接口,地面接口主要是 eNodeB 之间的 X2 接口及 eNodeB 和 EPC 之间的 S1 接口。

空中接口是无线制式最具个性的地方。不同的无线制式,其空中接口的最底层(物理层)的技术实现有很大的不同。

LTE 系统传输的总体协议架构以及用户面和控制面数据信息的路径和流向如图 4-11 所示。用户数据流和信令流以 IP 包的形式进行传送,在空中接口传送之前,IP 包将通过多个协议层实体进行处理,IP 包到达 eNodeB 后,经过协议层逆向处理,再通过 S1 或 X2 接口 IP 包分别流向不同的 EPS 实体。

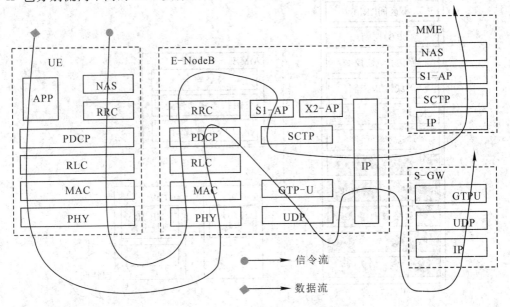

图 4-11　LTE 协议、协议栈与信令流

1. 接口各层功能

接口协议就是信息交互的彼此能够看得懂对方所使用的语言。接口协议的架构称为协议栈。

为了简化设计，协议栈一定是分层结构。底层为上层提供服务，上层使用下层提供的功能，而不必清楚其过程处理的细节。协议栈如同一个公司，内部进行分层和分工，各司其职；对外有统一的接口，负责收集信息、发布信息。

如图 4-12 所示，无线制式的接口协议分为物理层（Physical Layer，PHY）、数据链路层（Data Link Layer，DLL）、网络层（Network Layer，NL）。简单地说，无线制式的接口协议可以分为层一（L1，物理层）、层二（L2，数据链路层）、层三（L3，网络层）。

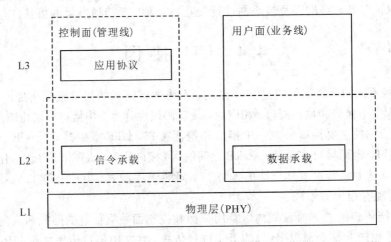

图 4-12　接口协议的通用模型

层一：物理层的主要功能是提供两个物理实体间的可靠比特流的传送，适配传输媒介。在无线的空中接口中，适配的是无线环境；在地面接口中，适配的则是 E1、网线、光纤等传输媒介。

层二：数据链路层的主要功能是信道复用和解复用、数据格式的封装、数据包调度等。它完成的主要功能是具有个性的业务数据向没有个性的通用数据帧的转换。

层三：网络层的主要功能是寻址、路由选择、连接的建立和控制、资源的配置策略，等等。

E-UTRAN 和 UTRAN 的分层结构类似，但为了灵活承载业务、简化网络结构、缩短处理时延，E-UTRAN 接口协议栈的以下功能从层三(L3)转移到了层二(L2)：

(1) 动态资源管理和 QoS 保证功能转移到了 MAC(媒货接入控制)层；

(2) DTX(不连续发射)/DRX(不连续接收)控制转移到了 MAC 层；

(3) 业务量测量和上报由 MAC 层负责；

(4) 将控制平面的安全性(加密)和完整性保护转移到了 PDCP。

2. 接口协议信息处理的类型

如图 4-11 所示，LTE 接口协议栈除了分层，它在逻辑上从接口协议信息处理的类型不同，可以分为用户面协议和控制面协议。

用户面负责业务数据的传送和处理，控制面负责协调和控制信令的传送和处理。用户面和控制面都是逻辑上的概念。在物理层，不区分用户面和控制面；而在数据链路层，数据处理功能开始区分用户面和控制面；在网络层，用户面和控制面则由不同的功能实体完成。

不同接口的协议在细节上有所不同，但在架构上，都可套用如图 4-11 所示的三层两面协议栈的通用模型。

4.5　LTE 地面接口与协议

地面接口是网络侧网元之间的信息沟通渠道。在 LTE 的无线接入网侧，主要包括两类地面接口：上下级接口(基站与核心网的接口)和同级接口(基站之间的接口)。

4.5.1　上下级接口——S1 接口与协议

S1 接口是 LTE 系统中无线网和核心网之间的接口，如图 4-13 所示，分为 S1-MME 控制面接口和 S1-U 用户面接口。

所谓控制面，就是信令，因此 S1-MME 用于传送信令；而用户面，就是业务数据，因此 S1-U 用于传送业务数据。

1. S1 用户面

S1 用户面接口(S1-U)是指连接 eNodeB 和 S-GW 之间的接口，它用于承载业务数据。S1 接口用户平面协议栈层次结构如图 4-14 所示，传输网络层建立在 IP 层

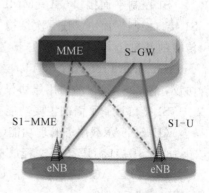

图 4-13　S1 接口结构

之上，并且位于 UDP/IP 之上的 GTP－U 用于在 eNodeB 和 S－GW 之间传输用户平面协议数据单元（Protocol Data Unit，PDU）。

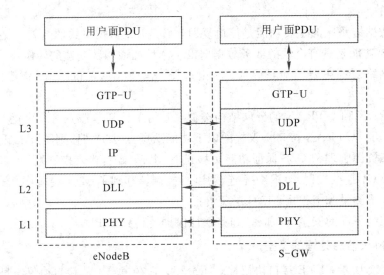

图 4-14　S1 接口用户平面(eNB—S-GW)

GTP－U 协议具备以下特点：

(1) GTP－U 协议既可以基于 IPv4/UDP 传输，也可以基于 IPv6/UDP 传输；

(2) 隧道端点之间的数据通过 IP 地址和 UDP 端口号进行路由；

(3) UDP 头与使用的 IP 版本无关，两者独立。

S1 用户平面无线网络层协议有以下功能：

(1) 在 S1 接口目标节点中指示数据分组所属的 SAE 接入承载；

(2) 移动性过程中尽量减少数据的丢失；

(3) 错误处理机制；

(4) MBMS 支持功能；

(5) 分组丢失检测机制。

2. S1 控制面

S1 控制平面接口（S1－MME）是指 eNodeB 和 MME 之间的接口，它用于承载信令。S1 接口控制平面协议栈层次结构如图 4-15 所示。与用户平面类似，传输网络层建立在 IP 传输的基础上，不同之处在于它在 IP 层之上增加了流控制传输协议（Stream Control Transmission Protocol，SCTP）层来实现信令消息的可靠传输。SCTP 协议之上为 S1－AP 协议，它是 S1 接口的应用层协议。

S1 接口控制平面的主要功能有：

(1) SAE 承载服务管理功能（包括 SAE 承载建立、修改和释放）；

(2) S1 接口 UE 上下文释放功能；

(3) LTE_ACTIVE 状态下 UE 的移动性管理功能（包括 Intra－LTE 切换和 Inter－3GPP－RAT 切换）；

(4) S1 接口的寻呼；

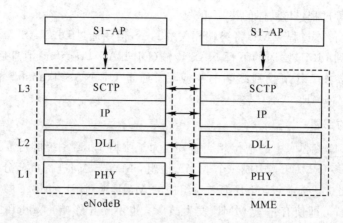

图 4 - 15　S1 接口控制平面(eNB - MME)

（5）NAS 信令传输功能；

（6）S1 接口管理功能（包括复位、错误指示、过载指示等）；

（7）网络共享功能；

（8）漫游与区域限制支持功能；

（9）NAS 节点选择功能；

（10）初始上下文建立过程；

（11）S1 接口的无线网络层不提供流量控制和拥塞控制功能。

3. UE 上下文管理

上下文在英文中是 Context。UE 上下文就是终端的上下文，可以理解为终端和用户的档案，它是终端和用户相关信息的集合。移动通信网络为用户的业务提供支撑，因此必须掌握终端和用户的各种信息，才能方便地进行管理。

终端和用户的信息分为静态信息和动态信息。所谓静态信息，指终端的 ID、用户的电话号码、签约信息、服务等级、密码等信息；而动态信息，指终端的临时 ID、位置、用户的业务连接等信息。

在 LTE 系统中，终端和用户由 MME 来管理，而终端和用户的静态信息按惯例存储在 HSS 中。因此，为了加快处理速度，减少 HSS 与 MME 之间的频繁交互，终端的上下文采用了分布式的存储方式，也保存在 MME 中。

当终端附着网络进入了 ECM_IDLE 状态后，MME 就会从 HSS 获取终端和用户的静态信息。注意，ECM_IDLE 状态用于核心网。当终端进入了 ECM_CONNECT 状态后，MME 还会把终端的上下文发送给基站，从而减少基站与 MME 之间的交互。

基站 eNodeB 在建立终端上下文的过程中，还完成了另外两个重要任务：

一是建立了终端在 S1 - MME 接口上的信令连接，终端的 S1 信令连接用 S1 - AP 的端口号来识别；

二是建立了终端在 S1 - U 接口上的业务连接，终端的 S1 业务连接用 GTP 的 TEID 来识别。当然，这些 ID 最后都会由 MME 来统一管理。

4. 传输 NAS 信令

除了上下文管理，S1 - AP 还能传输非接入层 NAS 信令。这里说的 NAS 信令，涉及用户的鉴权、加密等过程，与具体的终端相关。

NAS 信令的传输过程 MME 将终端相关的 NAS 信令通过 DL NAS Transfer 消息发送给基站。基站收到 MME 发送的下行 NAS 传输(DL NAS Transfer)消息后，提取出 NAS 信令，再向终端转发。基站收到终端的响应后，通过 UL NAS Transfer 消息，将终端的 NAS 信令转发给 MME。

5. S1 接口的部署

MME 在 LTE 核心网中的地位相当重要。为了维持 LTE 系统的可靠运行，我们通常会在网络中部署多套 MME，构成一个 MME 池组，MME 之间进行负荷分担。

在 LTE 网络中，每个 eNodeB 都与池组中的 MME 通过 S1 - MME 接口连接，从而实现了全连接。这样，即使有一套 MME 发生故障，也不至于影响 eNodeB 的正常工作。当然，由于 S1 - MME 接口基于 IP 技术，因此实施全连接还是很方便的。虽然基站同时与多个 MME 建立了 S1 - MME 连接，但是终端只会由其中一个 MME 来管理。因此，基站会为终端随机选择一个 MME，作为终端的归属 MME。

4.5.2 同级接口——X2 接口与协议

如图 4 - 16 所示，X2 接口是 eNodeB 之间的接口，也分为用户面接口 X2 - U 和控制面接口 X2 - CP。与 S1 接口不同，X2 - CP 和 X2 - U 虽然是不同的逻辑接口，但它们通常是同一个物理接口。

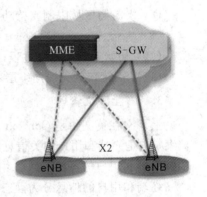

图 4 - 16　X2 接口的结构

1. X2 用户面

X2 用户面接口(X2 - U)是 eNodeB 之间的用户面接口，用于数据的传输。X2 的用户面协议栈如图 4 - 17 所示。传输网络层建立在 IP 传输的基础上，GTP - U 在 UDP/IP 上承载用户面的 PDU。X2 - UP 接口协议栈和 S1 - UP 协议栈是一样的。

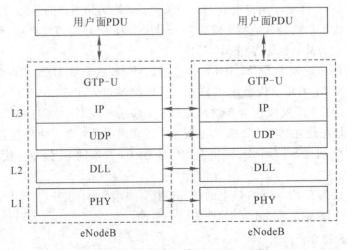

图 4 - 17　X2 用户面接口(eNB - eNB)

2. X2 控制面

X2 控制面接口(X2 - C)定义为连接 eNodeB 之间的控制面接口,用于承载信令。X2 控制面接口的协议栈如图 4 - 18 所示。传输网络建立在 SCTP 之上,SCTP 在 IP 之上。应用层的信令协议表示为 X2 AP(X2 应用协议)。

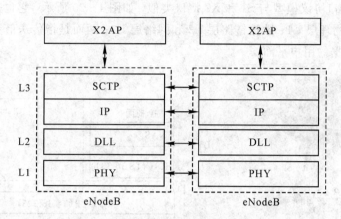

图 4 - 18　X2 控制面接口

3. X2 控制面功能

X2 AP 协议支持以下功能:

(1) 对 ECM - Connected 状态下的 UE 提供 LTE 接入系统内的移动性支持;

(2) 上下文从源 eNodeB 传达到目的 eNodeB;

(3) 控制源 eNodeB 到目标 eNodeB 的用户面通道;

(4) 切换取消;

(5) 上下行负载管理;

(6) 一般性的 X2 管理和错误处理功能;

(7) 错误指示。

4. X2 接口的部署

X2 接口主要用于切换,因此,如果两个基站间距离较远、没有切换关系的话,则可以不用设置 X2 接口。另外,X2 接口本质上是一个逻辑接口,但其在物理上的实现方式很多,比如:

eNB 之间直连——这样需要较多的配置工作;

经由 S - GW 中转——这样做配置工作量小,但是会增加 S1 接口的开销。

当然,也可以将 X2 - C 与 X2 - U 接口分离,X2 - C 接口通过 MME 来中转,而 X2 - U 接口之间直接连接。这样做之后,在同一 MME 下,可以确保 X2 - C 接口的畅通。

4.6　LTE 空中接口与协议

LTE 无线网络传递信息与空中接口密不可分。空中接口是终端 UE 与基站 eNodeB 两种设备之间的无线接口,是终端与移动通信网络之间的唯一接口。终端只有通过空中接口连接到无线网络，才能获得移动通信系统提供的服务，如图 4-19 所示。

　　LTE 空中接口被称为 Uu 接口，大写字母 U 表示"用户网络接口"（User to Network Interface），小写字母 u 则表示"通用的"（universal）。空中接口是终端与无线网络之间信息传递的接口。

　　LTE 空中接口协议模型与 S1 和 X2 接口类似，如图 4-20 所示，它也是三层两面的结构。三层分别是物理层 L1、数据链路层 L2 和网络层 L3；两面是指传送信令信息的控制平面和传送业务数据的用户平面。

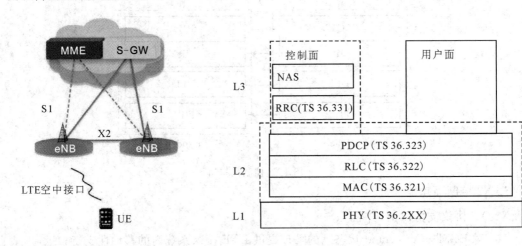

图 4-19　eNodeB 接口示意图　　　　　图 4-20　LTE-Uu 协议栈结构

　　物理层（PHY）位于无线空中接口协议栈结构底层，直接面向实际承载数据传输的物理媒体。

　　数据链路层包括媒体接入控制子层（MAC）、无线链路控制子层（RLC）和分组数据汇聚协议子层（PDCP）。它同时位于控制平面和用户平面，在控制平面负责无线承载信令的传输、加密和完整性保护，在用户平面主要负责用户业务数据的传输和加密。

　　网络层是指无线资源控制层（RRC），它位于接入网的控制平面，主要实现广播、寻呼、RRC 连接管理、RB 控制、移动性功能、UE 的测量上报和控制功能。NAS 控制协议在网络侧终止于 MME，它主要实现 EPS 承载管理、鉴权、ECM 空闲状态下的移动性管理、ECM 空闲状态下发起寻呼及安全控制功能。

4.6.1　层二功能模块

1. 用户面

　　空中接口协议的用户面没有层三的功能模块，这一点和地面接口不同。用户面的层二协议主要有三个功能模块（或称为子层），如图 4-21 所示。

　　三个功能模块如下：

　　（1）媒质接入控制（Medium Access Control，MAC）；

　　（2）无线链路控制（Radio Link Control，RLC）；

　　（3）包数据汇聚协议（Packet Data Convergence Protocol，PDCP）。

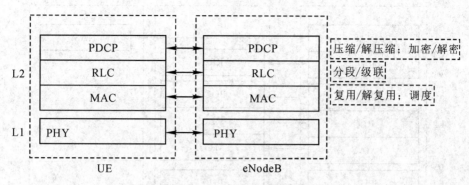

图 4 - 21　LTE 空中接口用户面协议

　　用户面的主要功能是处理业务数据流，其整个过程如图 4 - 22 所示。在发送方，将承载高层业务应用的 IP 数据流，经过压缩（PDCP）、加密（PDCP）、分段（RLC）、复用（MAC）、调度等过程变成物理层可处理的传输块；在接收方，将物理层接收到的比特数据流，按调度要求进行解复用（MAC）、级联（RLC）、解密（PDCP）、解压缩（PDCP），成为高层应用可以识别的数据流。

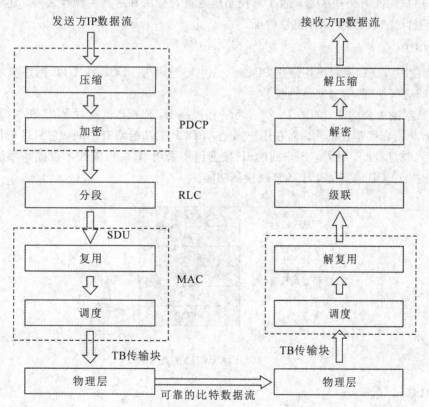

图 4 - 22　LTE 空中接口用户面数据流处理过程

2. 控制面

　　LTE 空中接口控制面包括层二、层三的功能模块，如图 4 - 23 所示。

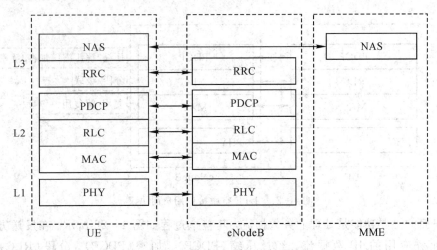

图 4-23 LTE 空中接口控制面协议

控制面层二的功能模块和用户面的是一样的，也包括 MAC、RLC、PDCP 三个主要模块（子层）。其中，MAC 和 RLC 层的功能与用户面相应模块的功能是一致的；而 PDCP 层的功能与用户面的有一些区别，除了对控制信令进行加密和解密的操作之外，还要对控制信令数据进行完整性保护和完整性验证。

3. PDCP

LTE 在用户面和控制面均使用 PDCP。这主要是因为 PDCP 在 LTE 网络里承担了安全功能，即进行加/解密和完整性校验。

PDCP 层的主要功能，如图 4-24 所示。在控制面，PDCP 负责对 RRC 和 NAS 信令消息进行加/解密和完整性校验。而在用户面上，PDCP 的功能略有不同，它只进行加/解密，而不进行完整性校验。另外，用户面的 IP 数据包还采用 IP 头压缩技术以提高系统性能和效率。同时，PDCP 也支持排序和复制检测功能。

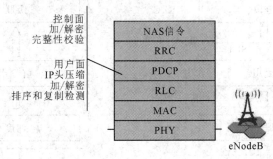

图 4-24 PDCP 层的主要功能

4. RLC

RLC 是 UE 和 eNodeB 间的协议。它主要提供无线链路控制功能。RLC 最基本的功能是向高层提供如下三种模式：

（1）透明模式（Transparent Mode，TM）。该模式用于某些空中接口信道，如广播信道和寻呼信道，为信令提供无连接服务。

（2）非确认模式（Unacknowledged Mode，UM），与 TM 模式相同，UM 模式也提供无

连接服务，同时，它还提供排序、分段和级联功能。

（3）确认模式（Acknowledged Mode，AM）。该模式提供自动重传请求（Automatic Repeat Request，ARQ）服务，可以实现重传。

除以上模式外，RLC 层还提供信息的分段和重组、级联、纠错功能，如图 4-25 所示。

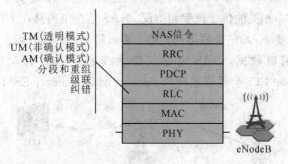

图 4-25 RLC 层的主要功能

5. MAC

MAC 层的主要功能包含下列几项：

（1）映射。MAC 负责将从 LTE 逻辑信道接收到的信息映射到 LTE 传输信道上。

（2）复用。MAC 的信息可能来自一个或多个无线承载（Radio Bearer，RB），MAC 层能够将多个 RB 复用到同一个传输块（Transport Block，TB）上以提高效率。

（3）混合自动重传请求。MAC 利用 HARQ 技术为空中接口提供纠错服务，HARQ 的实现需要 MAC 层与 PHY 层的紧密配合。

（4）无线资源分配。MAC 提供基于服务质量（Quality of Service，QoS）的业务数据和用户信令的调度。

（5）MAC 层和 PHY 层需要互相传递无线链路质量的各种指示信息以及 HARQ 运行情况的反馈信息。MAC 层的主要功能如图 4-26 所示。

（6）LTE 的 PHY 提供了一系列新型的灵活信道。PHY 层提供的主要功能如图 4-27 所示。

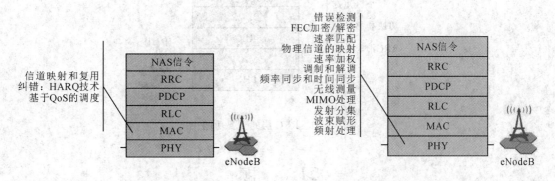

图 4-26 MAC 层的功能　　　　　图 4-27 PHY 层的功能

4.6.2 层三功能模块

LTE 空中接口控制面层三有两个功能模块：

(1) 非接入层(Non Access Stratum，NAS)；

(2) 无线资源控制(Radio Resource Control，RRC)。

1. NAS

NAS 模块是接入层(Access Stratum，AS)的上层。接入层定义了与射频接入网(Radio Access Network，RAN)相关的信令流程和协议。NAS 信令指的是在 UE 和 MME 之间传送的消息，eNodeB 只是负责 NAS 信令的透明传输，不做解释、不做分析。NAS 主要包含两个方面，即上层信令和用户数据。NAS 信令主要承载的是 EPS 移动性管理(EPS Mobility Management，EMM)和 EPS 会话管理(EPS Session Management，ESM)，如图 4 - 28 所示。

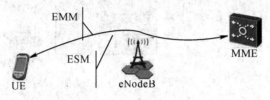

图 4 - 28　NAS 信令

2. RRC

RRC 是 LTE 空中接口控制面的主要协议栈。UE 和 eNodeB 在承载业务之前，先要建立 RRC 连接。UE 与 eNodeB 之间传送的 RRC 消息依赖于 PDCP、RLC、MAC 和 PHY 层的服务。RRC 处理 UE 与 E - UTRAN 之间的所有信令，包括 UE 与核心网之间的信令，即由专用 RRC 消息携带的 NAS 信令。携带 NAS 信令的 RRC 消息不改变信令内容，只提供转发机制。

RRC 模块的主要功能，如图 4 - 29 所示，它包括系统信息广播、PLMN 和小区选择、准入控制、安全管理、小区重选、NAS 传输、RRC 消息处理、切换和移动性管理(包括 UE 测量控制和测量报告的准备和上报，LTE 系统内与 LTE 和其他无线系统间的切换)。

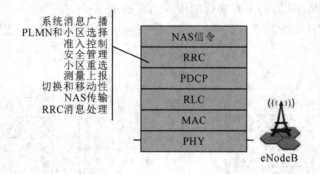

图 4 - 29　RRC 层的主要功能

习　题

一、单选题

1. 在 LTE 网络架构中，eNodeB 与 eNodeB 之间的接口是(　　)。

A. X2　　　　　　　　B. S1　　　　　　　　C. IR　　　　　　　　D. CPRI

2. EPC 主要由 MME、S－GW、P－GW、PCRF 和(　　)组成。

A. HSS　　　　　　　B. BTS　　　　　　　C. SGSN　　　　　　　D. GGSN

3. eNodeB 侧对控制面数据经过(　　)协议与 MME 交互。

A. GTPU/UDP　　　B. X2 AP/SCTP　　C. S1－AP/SCTP　　D. RRC

4. S1 接口不支持的功能有(　　)。

A. S－GW 承载业务管理功能

B. NAS 信令传输功能

C. 网络共享功能

D. 支持连接态的 UE 在 LTE 系统内移动性管理功能

5. EPC 网络中作为归属网络网关的网元是(　　)。

A. S－GW　　　　　　B. SGSN　　　　　　C. P－GW　　　　　　D. MGW

二、多选题

1. MAC 子层的功能包括(　　)。

A. 逻辑信道与传输信道之间的映射

B. RLC 协议数据单元的复用与解复用

C. 根据传输块(TB)大小进行动态分段

D. 同一个 UE 的不同逻辑信道之间的优先级管理

2. RLC 可以配置为三种数据传输模式,分别是(　　)。

A. TM　　　　　　　B. AM　　　　　　　C. OM　　　　　　　D. UM

3. 定义 E－UTRAN 架构及 E－UTRAN 接口的工作主要遵循以下基本原则(　　)。

A. 信令与数据传输在逻辑上是独立的

B. E－UTRAN 与演进后的分组交换核心网(EPC)在功能上是分开的

C. RRC 连接的移动性管理完全是由 E－UTRAN 进行控制的,从而使得核心网对于
　　无线资源的处理不可见

D. E－UTRAN 接口上的功能,应定义得尽量简化,选项应尽可能少

4. 关于 LTE 网络整体结构,下列说法正确的是 (　　)。

A. E－UTRAN 用 E－NodeB 替代原有的 RNC－NodeB 结构

B. 各网络节点之间的接口使用 IP 传输

C. 通过 IMS 承载综合业务

D. E－NodeB 与 MME 之间的接口为 S1－MME 接口

5. MME 的功能有(　　)。

A. 寻呼消息分发,MME 负责将寻呼消息按照一定的原则分发到相关的 eNodeB

B. 安全控制

C. 空闲状态的移动性管理

D. SAE 承载控制

E. 非接入层信令的加密与完整性保护

第 5 章　LTE 的信道

信道实际上就是信息前后衔接的不同处理过程，它是不同类型的信息，按照不同的传输格式，用不同的物理资源承载的信息通道。根据信息类型的不同、处理过程的不同，可以将信道分为多种类型。无线信道结构 LTE 物理层在技术上实现了重大革新与性能增强，以 OFDMA 为基本多址技术实现了时频资源的灵活配置；通过采用 MIMO 技术实现了频谱效率的大幅度提升；通过采用 AMC、功率控制、HARQ 等自适应技术以及多种传输模式的配置进一步提高了对不同应用环境的支持并且优化了传输性能；通过采用灵活的上下行控制信道设计为充分优化资源管理提供了可能。

5.1　信道结构

信道，就是信息的通道。不同的信息类型需要经过不同的处理过程。广义地讲，发射端的信源信息经过层三、层二、物理层的处理，发射到无线环境中，然后接收端接收到无线信息，经过物理层、层二、层三的处理被用户高层所识别的全部环节就是信道。协议的层与层之间传递信息需要遵守一个标准，这个标准就是业务接入点（Service Access Point，SAP）。协议的层与层之间要有许多这样的业务接入点，以便接收不同类别的信息。

物理层周围的 LTE 无线接口协议结构如图 5-1 所示。物理层与层二的 MAC 子层以及与层三的无线资源控制 RLC 子层具有接口，图 5-1 中的椭圆圈表示不同层/子层间的服务接入点 SAP。

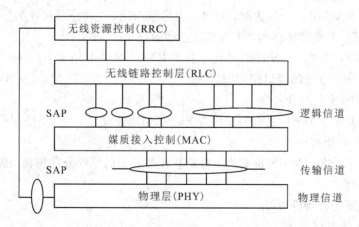

图 5-1　LTE 无线接口协议结构

LTE 采用三种信道，即逻辑信道、传输信道与物理信道。物理层向 MAC 子层提供传输信道；MAC 子层提供不同的逻辑信道给层二的无线链路控制 RLC 子层；物理信道是物理层的。

　　信道中传递的信息分为两种类型：控制消息（控制平面的信令，负责工作协调，如广播类消息、寻呼类消息）和业务消息（业务平面的消息，承载着高层传来的实际数据）。逻辑信道是高层信息传送到 MAC 层的服务接入点。

　　不同类型的传输信道对应的是空中接口上不同信号的基带处理方式，如调制编码方式、交织方式、冗余校验方式、空间复用方式，等等。根据对资源占有的程度的不同，传输信道还可以分为共享信道和专用信道。共享信道就是多个用户共同占用信道资源；而专用信道就是由某一个用户独自占用信道资源。

　　物理信道就是信号在无线环境中传送的方式，即空中接口的承载媒体。物理信道对应的是实际的射频资源，如时隙（时间）、子载波（频率）、天线口（空间）。物理信道就是确定好编码交织方式、调制方式，在特定的频域、时域、空域上发送数据的无线通道。根据物理信道所承载的上层信息的不同，定义了不同类型的物理信道。

　　MAC 层一般包括很多功能模块，如传输调度模块、MBMS 功能模块、传输块（TB）产生模块等。如图 5-1 所示，与 MAC 层相关的信道有传输信道和逻辑信道。传输信道是物理层提供给 MAC 层的服务，MAC 层可以利用传输信道向物理层发送与接收数据；而逻辑信道则是 MAC 层向 RLC 层提供的服务，RLC 层可以使用逻辑信道向 MAC 层发送与接收数据。经过 MAC 层处理的消息向上传给 RLC 层的业务接入点，要变成逻辑信道的消息；向下传送到物理层的业务接入点（SAP），要变成传输信道的消息。

5.1.1　逻辑信道

　　根据传送消息的不同类型，逻辑信道分为两类：控制信道和业务信道。控制信道只用于控制平面信息的传送，如协调、管理、控制类信息。业务信道只用于用户平面信息的传送，如高层交给底层传送的语音类、数据类的数据包。

1. 五个控制信道

　　MAC 层提供的控制信道有以下五个：

　　（1）广播控制信道（Broadcast Control Channel，BCCH）是广而告之的消息入口，面向辖区内的所有用户广播控制信息。BCCH 是网络到用户的一个下行信道，它传送的信息是在用户实际工作开始之前，做一些必要的通知工作。它是协调用户行为、控制用户行为及管理用户行为的重要信息。

　　（2）寻呼控制信道（Paging Control Channel，PCCH）是寻呼消息的入口。当不知道用户具体处在哪个小区的时候，用 PCCH 来发送寻呼信息。PCCH 也是一个网络到用户的下行信道，一般用于被叫流程（主叫流程比被叫流程少一个寻呼消息）。

　　（3）公共控制信道（Common Control Channel，CCCH）是上、下行双向和点对多点的控制信息传送信道，在 UE 和网络没有建立 RRC 连接的时候使用。

　　（4）专用控制信道（Dedicated Control Channel，DCCH）是上、下行双向和点到点的控制信息传送信道，在 UE 和网络建立了 RRC 连接以后使用。

　　（5）多播控制信道（Multi Cast Control Channel，MCCH）是点对多点的从网络到 UE 侧（下行）的 MBMS 控制信息的传送信道。一个 MCCH 可以支持一个或多个 MTCH

(MBMS 业务信道)配置。

2. 两个业务信道

MAC 层提供的业务信道有以下两个：

（1）专用业务信道(Dedicated Traffic Channel，DTCH)是 UE 和网络之间的点对点和上、下行双向的业务数据传送渠道。

（2）多播业务信道(Multicast Traffic Channel，MTCH)是 LTE 中的一个与以往制式不同的特色信道，它是一个点对多点的从网络到 UE(下行)传送多播业务 MBMS 的数据传送渠道。

5.1.2　传输信道

传输信道定义了空中接口中数据传输的方式和特性。传输信道可以配置物理层的很多实现细节，同时物理层可以通过传输信道为 MAC 层提供服务。很值得注意的是，传输信道关注的不是传什么，而是怎么传。

LTE 的传输信道没有定义专用信道，都属于公共信道(强调大家都可以用)或者共享信道(强调大家可以同时用)。LTE 传输信道就不宜分为专用和公共。可行的办法是将 LTE 传输信道分为上行信道和下行信道。但是 LTE 的共享信道(SCH)支持上、下行两个方向，为了区别，将 SCH 分为 DL - SCH(下行 SCH)和 UL - SCH(上行 SCH)。

1. 传输信道的四个下行信道

LTE 下行传输信道有以下四个：

（1）广播信道(Broadcast Channel，BCH)，该信道消息规定了预先定义好的固定格式、固定发送周期、固定调制编码方式。BCH 是在整个小区内发射的、有固定传输格式的下行传输信道，用于给小区内的所有用户广播特定的系统信息。在 LTE 中，只有广播信道中的主系统信息块(Master Information Block，MIB)在专属的传输信道(BCH)上传输，其他的广播消息，如系统信息块(System Information Block，SIB)都是在下行共享信道(DL - SCH)上传输的。

（2）寻呼信道(Paging Channel，PCH)规定了传输的格式。寻呼信道是一个在整个小区内进行发送寻呼信息的下行传输信道。为了减少 UE 的耗电，UE 支持寻呼消息的非连续接收(DRX)。为了支持终端的非连续接收，PCH 的发射与物理层产生的寻呼指示的发射是前后相随的。

（3）下行共享信道(Downlink Shared Channel，DL - SCH)规定了待搬运货物的传送格式。DL - SCH 是传送业务数据的下行共享信道，它支持自动混合重传(HARQ)，支持编码调制方式的自适应调整(AMC)，支持传输功率的动态调整，支持动态、半静态的资源分配。

（4）多播信道(Multicast Channel，MCH)规定了给多个用户传送节目的传送格式，它是 LTE 区别于以往无线制式的下行传送信道。在多小区发送时，MCH 支持 MBMS 的同频合并模式 MBSFN。MCH 支持半静态的无线资源分配，它在物理层上对应的是长 CP 的时隙。

2. 传输信道的两个上行信道

LTE 上行传输信道有以下两个：

（1）随机接入信道（Random Access Channel，RACH）规定了终端要接入网络时的初始协调信息格式，如同一个人要拜访领导，登他家门的时候，首先要确定是叩门，还是打电话，还是按门铃。RACH 是一个上行传输信道，在终端接入网络开始业务之前使用。由于终端和网络还没有正式建立链接，因此 RACH 信道使用开环功率控制。RACH 发射信息时是基于碰撞（竞争）的资源申请机制（有一定的冒险精神）的。

（2）上行共享信道（Uplink Shared Channel，UL‑SCH）和下行共享信道一样，也规定了待搬运货物的传送格式，只不过方向不同。UL‑SCH 是传送业务数据的从终端到网络的上行共享信道，它同样支持自动混合重传（HARQ），支持编码调制方式的自适应调整（AMC），支持传输功率的动态调整，支持动态、半静态的资源分配。

以上传输信道所采用的编码方案如表 5‑1 所示。

表 5‑1　传输信道的编码方案

传输信道	编 码 方 案	编码速
UL‑SCH	Turbo 编码	1/3
DL‑SCH		
PCH		
MCH		
BCH	咬尾卷积码（Tail Biting Convolutional Coding）	1/3
RACH	N/A	N/A

5.1.3　物理信道

物理信道是高层信息在无线环境中的实际承载。在 LTE 中，物理信道是由一个特定的子载波、一个时隙、一个天线口确定的，即在特定的天线口上，对应的是一系列无线时频资源（Resource Element，RE）。

一个物理信道是有开始时间、结束时间和持续时间的。物理信道在时域上可以是连续的，也可以是不连续的。连续的物理信道的持续时间是从它的开始时刻到结束时刻这一段连续的时间，不连续的物理信道则须明确指示清楚它是由哪些时间片组成的。在 LTE 中，度量时间长度的单位是采样周期 Ts。

物理信道主要用来承载来自传输信道的数据，但还有一类物理信道无须传输信道的映射，直接承载物理层本身产生的控制信令或物理信令（下行包括 PDCCH、RS、SS；上行包括 PUCCH、RS）。这些物理信令和传输信道映射的物理信道一样，是有着相同的空中载体的，可以支持物理信道的功能。

如表 5‑2 所示，LTE 有 6 个下行物理信道（Channel）、3 个上行物理信道（Channel）、2 个下行物理信号（Signal）、1 个上行物理信号（Signal）。

表 5 - 2　LTE 物理信道

物理信道类型	LTE 物理信道
下行信道	物理广播信道(PBCH)
	物理下行控制信道(PDCCH)
	物理下行共享信道(PDSCH)
	物理控制格式指示信道(PCFICH)
	物理混合 ARQ 指示信道(PHICH)
	物理多播信道(PMCH)
	同步信号(Synchronization Signal)
	下行参考信号 RS(Reference Signal)
上行信道	物理随机接入信道(PRACH)
	物理上行共享信道(PUSCH)
	物理上行控制信道(PUCCH)
	上行参考信号 RS(Reference Signal)

1. 物理信道的两大处理过程

物理信道一般要进行两大处理过程:比特级处理和符号级处理。

从发送端的角度看,比特级的处理是物理信道数据处理的前端,主要是在二进制比特数字流上添加 CRC 校验并且进行信道编码、交织、速率匹配以及加扰。

加扰之后进行的是符号级处理,包括调制、层映射、预编码、资源块映射、天线发送等过程。

在接收端,先进行的是符号级处理,然后是比特级处理,这与发送端处理的先后顺序不同。

上、下行物理信道采用的多址接入方式不同,MIMO 实现的方式也可能不同,所以二者的处理过程有所区别。

下行物理信道的信息处理过程如图 5 - 2 所示,上行物理信道的信号处理过程如图 5 - 3 所示。

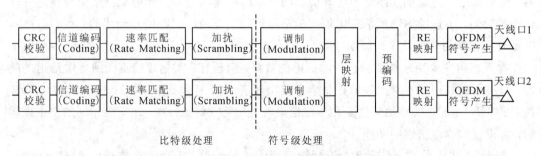

图 5 - 2　下行物理信道的信息处理过程

图 5-3　上行物理信道的信号处理过程

2. 六个下行物理信道

下行方向有以下六个物理信道：

（1）物理广播信道（Physical Broadcast Channel，PBCH）：它承载的是小区 ID 等系统信息，用于小区搜索过程。

（2）物理下行共享信道（Physical Downlink Shared Channel，PDSCH）：它承载的是下行用户的业务数据。

（3）物理下行控制信道（Physical Downlink Control Channel，PDCCH）：它是发号施令的嘴巴，不干实事，但干实事的人（PDSCH）需要它的协调。PDCCH 承载传送用户数据的资源分配的控制信息。在 LTE 中，因为 PDCCH 传输时间很短，引入寻呼指示信道（PICH）节省的能量很有限，所以没有物理层寻呼指示随机接入响应信道（AICH），寻呼指示依靠 PDCCH。UE 依照特定的 DRX 周期在预定时刻监听 PDCCH。在 LTE 中，也没有物理层的随机接入响应信道，随机接入响应同样依靠 PDCCH。

（4）物理控制格式指示信道（Physical Control Format Indicator Channel，PCFICH）：它是 LTE 的 OFDM 特性强相关的信道，承载的是控制信道在 OFDM 符号中的位置信息。

（5）物理 HARQ 指示信道（Physical Hybrid ARQ Indicator Channel，PHICH）：它承载混合自动重传（HARQ）的确认/非确认（ACK/NACK）信息。

（6）物理多播信道（Physical Multicast Channel，PMCH）：它承载多播信息，负责把高层送来的信息或相关的控制命令传给终端。

每一种物理信道根据其承载的信息不同，对应着不同的调制方式，如表 5-3 所示。

表 5-3　物理信道及其调制方式

物理信道	调制方式	物理信道	调制方式
PBCH	QPSK	PCFICH	QPSK
PDCCH	QPSK	PHICH	BPSK
PDSCH	QPSK，16QAM，64QAM	PMCH	QPSK，16QAM，64QAM

PDSCH 和 PMCH 这两个信道可以根据无线环境的好坏，来选择合适的调制方式。当信号质量好的时候，选择高阶的调制方式，如 64QAM；当信号质量不好的时候，选择低阶的调制方式，如 QPSK。除 PDSCH 和 PMCH 这两种干实际活的信道可以变更调制方式之外，其他协调控制类信道都采用固定的调制方式。其中，PBCH、PDCCH、PCFICH 采用 QPSK，PHICH 采用 BPSK。

3. 三个上行物理信道

上行方向有以下三个物理信道：

（1）物理随机接入信道(Physical Random Access Channel，PRACH)：它承载 UE 想接入网络时的叩门信号——随机接入前导，网络一旦应答了，UE 便可进一步和网络沟通信息。

（2）物理上行共享信道(Physical Uplink Shared Channel，PUSCH)：这是一个上行方向踏踏实实干活的信道。PUSCH 也采用共享的机制，承载上行用户数据。

（3）物理上行控制信道（Physical Uplink Control Channel，PUCCH)：它承载着 HARQ 的 ACK/NACK、调度请求(Scheduling Request)、信道质量指示(Channel Quality Indicator)等信息。

上行物理信道的调制方式如表 5-4 所示。

表 5-4　上行物理信道的调制方式

物理信道	调制方式
PUCCH	BPSK，QPSK
PUSCH	QPSK，16QAM，64QAM
PRACH	Zadoff-Chu 序列

PUSCH 信道可以根据无线环境的好坏，来选择合适的调制方式。当信号质量好的时候，选择高阶的调制方式，如 64QAM；当信号质量不好的时候，选择低阶的调制方式，如 QPSK。

PUCCH 的调制方式有两种选择：BPSK 和 QPSK。

PRACH 采用 Zadoff-Chu 随机序列。Zadoff-Chu(ZC 序列)是自相关特性较好的一种序列(在一点处自相关值最大，在其他处自相关值为 0；具有恒定幅值的互相关特性和较低的峰均比特性)。在 LTE 中，发送端和接收端的子载波频率容易出现偏差，接收端需要对这个频偏进行估计，使用 ZC 序列可以进行频偏的粗略估计。

5.2　LTE 传输资源结构

在 LTE 网络中，资源以一定时长内的子载波集的方式分配给 UE。这种资源被称为物理资源块(Physical Resource Block，PRB)。这些资源块包含在 LTE 的帧结构中。一个资源块在频域上固定占用 12 个 15 kHz 的子载波(或者 24 个 7.5 kHz 的子载波，用于 MBMS 载波)，即总共 180 kHz 的带宽。在时域上，一个资源块的持续时间为一个时隙，即 0.5 ms，这也为 LTE 系统对可变带宽的支持奠定了基础。LTE 系统定义了两种帧结构，分别用于 LTE-FDD 和 LTE-TDD 模式。

5.2.1　LTE 帧结构

LTE 分两种不同的双工方式，这个不同最直接的就是对空中接口无线帧结构的影响，因为 LTE-FDD 采用频率来区分上、下行，其单方向的资源在时间上是连续的；而 LTE-TDD 则采用时间来区分上、下行，其单方向的资源在时间上是不连续的，而且需要保护时间间隔，来避免两个方向之间的收发干扰，所以 LTE 分别为 LTE-FDD 和 LTE-TDD 设计了各自的帧结构。

LTE 支持两种类型的无线帧结构：

（1）类型 1，适用于 LTE-FDD 模式；

(2) 类型 2，适用于 LTE - TDD 模式。

两种帧结构设计的差别，会导致系统实现方面的不同，但主要的不同集中在物理层（PHY）的实现上，而在媒介接入控制层（MAC）和无线链路控制层（RLC）的差别不大，在更高层的设计上几乎没有什么不同。

从设备实现的角度来讲，两种帧结构的差别仅在于物理层软件和射频模块硬件（如滤波器）。网络侧绝大多数网元可以共用，LTE - TDD 相关厂家可以共享 LTE - FDD 成熟的产业链带来的便利。但终端射频模块存在差异，这样终端的成熟度决定了 LTE - TDD 和 LTE - FDD 各自网络的竞争力。

但无论是 LTE - FDD 还是 LTE - TDD，它的时间基本单位都是采样周期 Ts，值固定等于：Ts＝1/(15 000×2048)s＝32.55 μs，其中，15 000 表示子载波的间隔是 15 kHz，2048 表示采样点个数。除了 15 kHz 的子载波间隔之外，3GPP 协议实际上还定义了一个 7.5 kHz 的载波间隔。这种降低的子载波间隔是专门针对多播/组播单频网络（Multimedia Broadcast multicast service Single Frequency Network，MBSFN）的多播/广播传输的，且在 R9 协议中只是部分给出了实现，因此除非特别说明，LTE 默认的子载波间隔都是 15 kHz。

1. LTE - FDD 无线帧结构

将用于 LTE - FDD 模式的无线帧结构命名为无线帧结构 1。每个帧的时长为 10 ms，包含 20 个时隙，其中每个时隙的时长为 0.5 ms。一个子帧由相邻的两个时隙组成，时长为 1 ms。在 LTE - FDD 模式下，一个无线帧的时长范围内有 10 个子帧用于下行发送，同时有 10 个子帧用于上行发送。上行发送和下行发送在频域上是分离的。

LTE - FDD 无线帧结构如图 5-4 所示。图中展示了时隙和子帧的概念。同时，也展示了各时隙的编号。

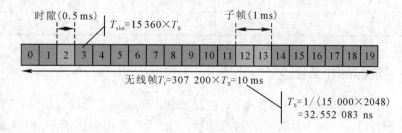

图 5-4　LTE - FDD 无线帧结构

2. LTE - TDD 无线帧结构

将用于 LTE - TDD 模式的无线帧结构命名为无线帧结构 2。每个帧的时长为 10 ms，包含 20 个时隙，其中每个时隙的时长为 0.5 ms。一个子帧由相邻的两个时隙组成，时长为 1 ms。

LTE - TDD 帧结构引入了特殊子帧的概念。特殊子帧包括下行导频时隙（Downlink Pilot Time Slot，DwPTS）、保护周期（Guard Period，GP）和上行导频时隙（Uplink Pilot Time Slot，UpPTS）。特殊子帧各部分的长度可以配置，但总时长固定为 1 ms。在 LTE - TDD 模式下，上行和下行共用 10 个子帧。子帧在上、下行之间切换的时间间隔为 5 ms 或 10 ms，但是子帧 0 和 5 必须分配给下行，因为这两个子帧中包含了主同步信号（Primary Synchronization Signal，PSS）和从同步信号（Secondary Synchronization Signal，

SSS)。同时，子帧 0 还包含了广播信息。LTE - TDD 无线帧结构如图 5 - 5 所示。

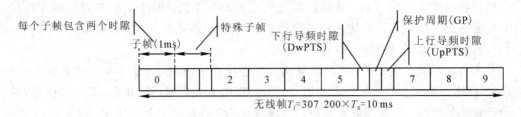

图 5 - 5　LTE - TDD 无线帧结构

LTE - TDD 模式支持多种上、下行子帧分配方案，如表 5 - 5 所示。在方案 0、1、2 和 6 中，子帧在上、下行切换的时间间隔为 5 ms，因此需要配置两个特殊子帧。其他方案中子帧的切换时间间隔都为 10 ms。表格中的字母 D 表示用于下行发送的子帧，U 表示用于上行发送的子帧，S 表示特殊子帧。一个特殊子帧包含 DwPTS、GP 和 UpPTS 这三个部分。

表 5 - 5　LTE - TDD 无线帧分配方案

方案	上下行比例	切换时间间隔	子 帧 编 号									
			0	1	2	3	4	5	6	7	8	9
0	3:1	5 ms	D	S	U	U	U	D	S	U	U	U
1	1:1	5 ms	D	S	U	U	D	D	S	U	U	D
2	1:3	5 ms	D	S	U	D	D	D	S	U	D	D
3	1:2	10 ms	D	S	U	U	U	D	D	D	D	D
4	2:7	10 ms	D	S	U	U	D	D	D	D	D	D
5	1:8	10 ms	D	S	U	D	D	D	D	D	D	D
6	5:3	5 ms	D	S	U	U	U	D	S	U	U	D

5.2.2　物理资源的相关概念

N_{RB}^{DL} 表示下行(Downlink，DL)的 RB 的总数量，它取决于配置的信道带宽。相对的，N_{RB}^{UL} 则表示上行(Uplink，UL)的 RB 的总数量。每个 RB 包含 N_{SC}^{RB} 个子载波，通常的标准为 12 个子载波。另外，当采用多媒体广播多播单频网(Multimedia Broadcast Multicast Service Single Frequency Network，MBSFN)技术时，子载波间隔为 7.5 kHz，资源块的数量配置不同。

与 LTE 的物理资源相关的概念包括物理资源块、资源粒子、资源单元组和控制信道单元。

(1) 物理资源块(Physical Resource Block，PRB)由 12 个连续的子载波组成，并占用一个时隙，即 0.5 ms。PRB 的结构如图 5 - 6 所示。

PRB 主要用于资源分配。根据配置的扩展循环前缀或普通循环前缀的不同，每个 PRB 通常包含 6 个或 7 个符号。

(2) 资源粒子(Resource Element，RE)表示一个符号周期长度的一个子载波，可以用来承载调制信息、参考信息或不承载信息，如图 5 - 6 所示。

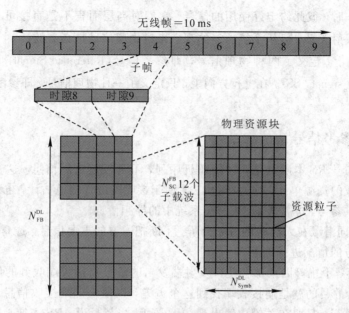

图 5 - 6　物理资源块和资源粒子

E - UTRA 下行 PRB 的配置如表 5 - 6 所示。

表 5 - 6　下行 PRB 配置

配　　置		N_{SC}^{RB}（RB 占用子载波数）	N_{Symb}^{DL}（OFDM 符号数）
普通循环前缀	$\Delta f = 15$ kHz	12	7
扩展循环前缀	$\Delta f = 15$ kHz	12	6
	$\Delta f = 15$ kHz	24	3

（3）资源单元组（Resource Element Group，REG），每个 REG 包含了 4 个资源粒子 RE。

（4）控制信道单元（Control Channel Element，CCE），每个 CCE 对应 9 个 REG。

REG 和 CCE 主要用于一些下行控制信道的资源分配，比如物理 HARQ 指示信道、物理控制格式指示信道、物理下行控制信道等。REG 和 CCE 的关系如图 5 - 7 所示。

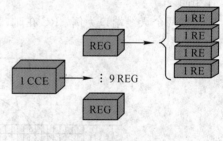

1 CCE=9×4=36 RE

图 5 - 7　REG 和 CCE 的关系

5.3　物 理 信 号

物理信号是物理层产生并使用的、有特定用途的一系列无线资源单元（Resource Element）。物理信号并不携带从高层而来的任何信息，类似没有高层背景的底层员工，配合其他员工工作时，彼此约定好使用的信号。它们对高层而言不是直接可见的，即不存在与高层信道的映射关系，但从系统功能的观点来讲物理信号是必需的。

在下行方向上，定义了两种物理信号，即参考信号（Reference Signal，RS）和同步信号（Synchronization signal，SS）。在上行方向上，只定义了一种物理信号，即参考信号（Reference Signal，RS）。

5.3.1　下行参考信号

下行参考信号 RS 本质上是一种伪随机序列，不含任何实际信息。这个随机序列通过时间和频率组成的资源单元（RE）发送出去，便于接收端进行信道估计，也可以为接收端进行信号解调提供参考，非常类似 CDMA 系统中的导频信道。

RS 信号如同潜藏在人群中的特务分子，不断把一方的重要信息，透露给另一方，便于另一方对这一方的情况进行判断。

频偏、衰落、干扰等因素都会使得发射端发出的信号与接收端收到的信号存在一定的偏差。信道估计的目的就是使接收端找到这个偏差，以便正确地接收信息。信道估计并不需要时时刻刻进行，只要在关键位置出现一下便可。也就是说，RS 离散地分布在时、频域上，它只是对信道的时、频域特性进行抽样而已。

为了保证 RS 能够充分且必要地反映无线信道的时频特性，RS 在天线口的时、频单元上必须按一定规则分布。RS 分布越密集，信道估计就越精确，但开销会增大很多，也会占用过多的无线资源，降低系统传递有用信号的容量。因此，RS 的分布不宜过密，也不宜过于分散。

RS 在时、频域的分布遵循以下规则：

（1）RS 在频域上的间隔为 6 个子载波；

（2）RS 在时域上的间隔为 7 个 OFDM 符号周期；

（3）为了最大限度地降低信号传送过程中的相关性，不同天线口的 RS 出现的位置不宜相同。

以两个天线端口为例，RS 在时、频域上的分布如图 5-8 所示。

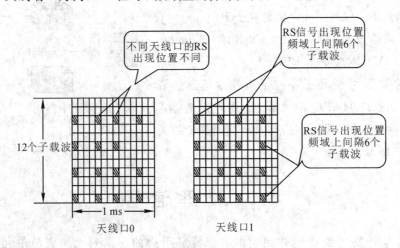

图 5-8　下行参考信号 RS 的分布

5.3.2　下行同步信号

同步信号（Synchronization Signal，SS）：用于小区搜索过程中 UE 和 E - UTRAN 的时、频同步。UE 和 E - UTRAN 做业务连接的必要前提就是时隙、频率的同步。

同步信号包含两部分：

（1）主同步信号（Primary Synchronization Signal，PSS）：用于符号时间对准、频率同步以及部分小区的 ID 侦测；

（2）从同步信号（Secondary Synchronization Signal，SSS）：用于帧时间对准、CP 长度侦测及小区组 ID 侦测。

注意：在 LTE 里，物理层小区 ID（Physical Cell ID，PCI）分为两部分，即小区组 ID（Cell Group ID）和组内 ID（ID within Cell Group）。

LTE 物理层小区组有 168 个，每个小区组由 3 个 ID 组成。于是共有 504(168×3) 个独立的小区 ID（Cell ID）。

$$\text{Cell ID}=\text{Cell Group ID}\times3+\text{ID within Cell Group}$$

其中，Cell Group ID 的取值范围为 0～167；组内 ID 的取值范围为 0～2。

在频域里，不管系统带宽是多少，主/辅同步信号总是位于系统带宽的中心（中间的 64 个子载波上，协议版本不同、数值不同），占据 1.25 MHz 的频带宽度。这样的好处是：即使 UE 在刚开机的情况下，还不知道系统带宽，也可以在相对固定子载波上找到同步信号，以方便同步信号进行小区搜索，如图 5 - 9 所示。

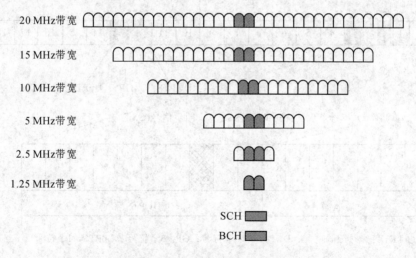

图 5 - 9　同步信号占用中心位置带宽

在时域里，同步信号的发送也须遵循一定的规则。为了便于 UE 寻找，要在固定的位置发送同步信号，无须过密，也不能过疏。同步信号在 LTE - FDD 和 LTE - TDD 的帧结构里的位置略有不同。

协议规定，LTE - FDD 帧结构传送的同步信号，位于每帧（10 ms）的第 0 个和第 5 个子帧的第一个时隙位置中。主同步信号位于传送时隙的最后一个 OFDM 符号里；次同步信号位于传送时隙的倒数第二个 OFDM 符号里，如图 5 - 10 所示。

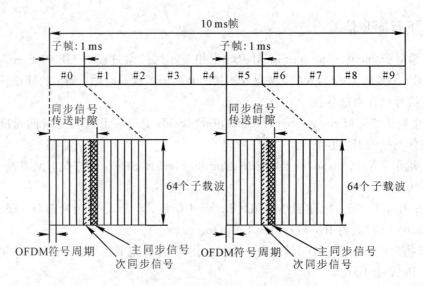

图 5-10　LTE-FDD 同步信号的发送位置

　　在时域里，同步信号在 LTE-TDD 帧结构的位置与 LTE-FDD 是不一样的。在 LTE-TDD 中，主同步信号位于特殊时隙 DwPTS 里，位置和特殊时隙的长度配置有一定关系；次同步信号位于 0 号子帧的 1#时隙的最后一个符号里，如图 5-11 所示。

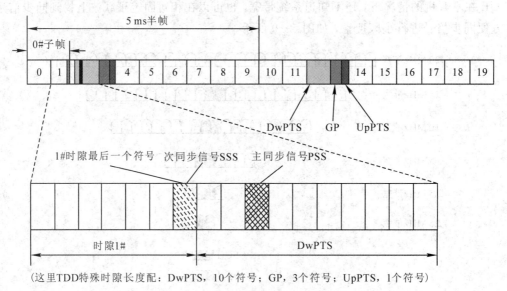

（这里TDD特殊时隙长度配：DwPTS，10个符号；GP，3符号；UpPTS，1个符号）

图 5-11　LTE-TDD 同步信号的发送位置

5.3.3　上行参考信号

　　上行参考信号 RS(Reference Signal)的实现机理类似于下行参考信号。它也是在特定的时频单元中发送一串伪随机码，类似于 TD-SCDMA 里的上行导频信道(UpPCH)。RS 用于 E-UTRAN 与 UE 的同步以及 E-UTRAN 对上行信道进行估计。

　　上行参考信号包含两种情况：

1. UE 和 E‑UTRAN 已经建立业务链接

上行共享信道(PUSCH)和上行控制信道(PUCCH)传输时的导频信号是便于 E‑UTRAN 解调上行信息的参考信号。这种上行参考信号称为解调参考信号(Demodulation Reference Signal，DM RS)。DM RS 可以伴随 PUSCH 传输，也可以伴随 PUCCH 传输，占用的时隙位置及数量和 PUSCH、PUCCH 的不同格式有关。这种参考信号类似一种寄生菌，总是寄生在生物体上，但它对生物体是有用的。

2. UE 和 E‑UTRAN 还没有建立业务链接

处于空闲态的 UE，无 PUSCH 和 PUCCH 可以寄生。在这种情况下 UE 发出的 RS，不是某个信道的参考信号，而是无线环境的一种参考导频信号，称作环境参考信号(Sounding Reference Signal，SRS)，这时 UE 没有业务链接。

我们知道，上行采用的是 SC‑FDMA 多址方式，每个 UE 只占用系统带宽的一部分。于是 DM RS(解调 RS)只能占用部分系统带宽，UE 占用 PUSCH 和 PUCCH 分配的带宽。而 SRS(环境 RS)则不然，它不受 PUSCH 和 PUCCH 可分配的带宽制约，比单个 UE 分配到的带宽要大，它的宏伟而无私的目标是为 eNodeB 做全带宽的上行信道估计提供参考。

既然是参考信号，就需要容易被参考。如果要做到容易被参考，就需要在约定好的固定位置出现。

如图 5‑12 所示，伴随 PUSCH 传输的 DM RS 约定好出现的位置是每个时隙的第 4 个符号。当 PUCCH 信道携带上行确认(ACK)信息的时候，伴随的 DM RS 占用每个时隙的连续 3 个符号；当 PUCCH 信道携带上行信道质量指示(CQI)信息的时候，伴随的 DM RS 占用每个时隙的 2 个符号。环境参考信息 SRS 由多少个 UE 发送，发送的周期、发送的带宽是多大可由系统调度配置。SRS 一般在每个子帧的最后一个符号发送。

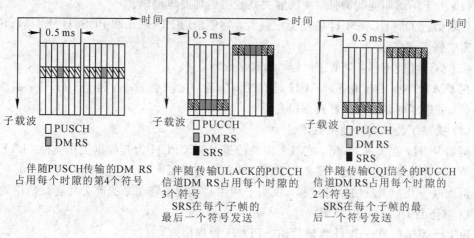

图 5‑12　上行参考信号的发送位置

5.4　信道映射

信道映射就是指逻辑信道、传输信道、物理信道之间的对应关系，这种对应关系包括底层信道对高层信道的服务支撑关系及高层信道对底层信道的控制命令关系。LTE 信道映射关系如图 5 - 13 所示。

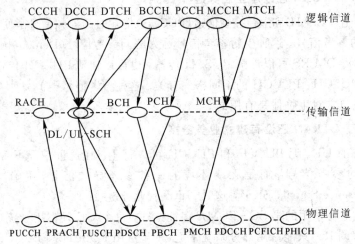

图 5 - 13　LTE 信道映射关系图

从图 5 - 13 中可以看出，LTE 信道映射的关系有以下几个规律：

（1）高层一定需要底层的支撑，工作需要落地；

（2）底层不一定和上面都有关系，只需要干好自己分内的活，无须全部走上层路线；

（3）无论是传输信道，还是物理信道，共享信道干的活种类最杂，它比单个 UE 分配到的带宽要大，目标是为 eNodeB 做全带宽的上行信道估计提供参考。

与 UMTS 信道映射关系相比，LTE 的信道映射关系在以下几个方面向简单化、高效化、资源利用最大化的方向迈进了一步：

（1）由于信道职能的增强，使映射关系变得更加简单清晰。

传输信道 DL/UL - SCH 的功能很强大，物理信道 PUSCH 和 PDSCH 比 UMTS 干活的信道增强了很多。

（2）信道职能下移，降低了时延，提高了效率。

在 UMTS 中，传输信道 RACH 是有逻辑信道与之映射的；而到了 LTE 中，减少了处理环节，缩短了时延，意味着效率提高了。

（3）提高了公共资源使用效率。

例如 PCH，在 UMTS 里，它有专门的信道 S - CCPCH 为其提供工作支撑；LTE 机构一改革，它和业务数据一起，都使用 PDSCH 共享信道了。

例如以下几个消息的处理过程，说明了利用共享信道资源来提高公共资源使用效率。

（1）（下行）主消息块（MIB）：

BCCH 逻辑信道→BCH 传输信道→PBCH 物理信道。

（2）（下行）系统消息块（SIB）：

BCCH 逻辑信道→DL - SCH 传输信道→PDSCH 物理信道。

（3）（下行）寻呼消息：

PCCH 逻辑信道→PCH 传输信道→PDSCH 物理信道。

（4）（下行）业务数据：

DTCH 逻辑信道→DL - SCH 传输信道→PDSCH 物理信道。

（5）（下行）控制信息：

DCCH（专用）逻辑信道→DL-SCH 传输信道→PDSCH 物理信道；CCCH（公用）逻辑信道→DL-SCH 传输信道→PDSCH 物理信道。

（6）（下行）多播数据：

MTCH（业务）逻辑信道→MCH 传输信道→PMCH 物理信道；

MCCH（控制）逻辑信道→MCH 传输信道→PMCH 物理信道。

（7）（上行）随机接入消息：

PRACH 物理信道→RACH 传输信道。

（8）（上行）共享业务控制消息：

PDUSCH 物理信道→UL-SCH 传输信道→DCCH（专用）逻辑信道；PDUSCH 物理信道→UL-SCH 传输信道→CCCH（公用）逻辑信道；

PDUSCH 物理信道→UL-SCH 传输信道→DTCH（业务）逻辑信道。

习　　题

一、单选题

1. 信道映射的顺序是（　　）。

A. PDSCH，PDCCH，PHICH，固定位置信道

B. PHICH，PDSCH，PDCCH，固定位置信道

C. 固定位置信道，PHICH，PDCCH，PDSCH

D. 固定位置信道，PDSCH，PHICH，PDCCH

2. 一个 CCE（控制信道粒子）对应（　　）个 REG。

A. 1　　　　　　　　B. 3　　　　　　　　C. 9　　　　　　　　D. 12

3. PBCH 支持的调制方式是（　　）。

A. BPSK　　　　　　B. QPSK　　　　　　C. 16QAM　　　　　D. 32QAM

4. TTI bundling 也称为子帧捆绑，是 LTE 系统中一种特殊的调度方式，它是针对处于小区边缘的 VoIP 用户而设计的。TTI bundling 仅用于（　　）。

A. 上行　　　　　　B. 下行　　　　　　C. 上、下行均用　　D. 以上都不对

5. PBCH 占用子帧 0 时隙 1 的前 4 个 OFDM 符号，频域上占用中间的 6 个 RB 的（　　）个子载波，调制方式为 QPSK。

A. 64　　　　　　　B. 32　　　　　　　C. 18　　　　　　　D. 72

二、多选题

1. SSS 的主要功能是（　　）。

A. 获得物理层小区 ID　　　　　　　　　B. 完成符号同步

C. 完成帧同步　　　　　　　　　　　　D. 获得 CP 长度信息

2. 参考信号的正交性可以通过下列方法实现（　　）。

A. FDM 方法　　　　　　　　　　　　B. CDM 方法

C. TDM 方法　　　　　　　　　　　　D. 以上几种方法的合并

3. 关于 LTE - TDD 帧结构,下列说法正确的是(　　　)。

A. 每一个无线帧长度为 10 ms,由 20 个时隙构成

B. 每一个半帧由 8 个常规子帧、DwPTS.GP 和 UpPTS 三个特殊时隙构成

C. LTE - TDD 上下行数据可以在同一频带内传输并且可使用非成对频谱

D. GP 越小说明小区覆盖半径越大

E. 子帧 0、子帧 5 以及 DwPTS 永远是下行

4. 关于 LTE - TDD 物理信道的描述,正确的是(　　　)。

A. PDSCH、PMCH 可支持 64QAM

B. 一个上行子帧中可以同时存在多个 PRACH 信道

C. PDCCH、PCFICH 以及 PHICH 映射到子帧中的控制区域上

D. PDSCH 与 PBCH 可以存在于同一个子帧中

5. 以下关于物理信号的描述,正确的是(　　　)。

A. 同步信号包括主同步信号和辅同步信号两种

B. MBSFN 参考信号在天线端口 5 上传输

C. 小区专用参考信号在天线端口 0~3 中的一个或者多个端口上传输

D. 终端专用的参考信号用于进行波束赋形

E. SRS 探测用参考信号主要用于上行调度

第 6 章　LTE 移动性管理

移动性管理是蜂窝移动通信系统必备的机制，它能够辅助 LTE 系统实现负载均衡，提高用户体验以及系统整体性能。移动性管理主要分为两大类：空闲状态下的移动性管理和连接状态下的移动性管理。空闲状态下的移动性管理主要通过小区选择/重选方式来实现，由 UE 来控制；连接状态下的移动性管理主要通过小区切换方式来实现，由 eNodeB 来控制。

6.1　终端的工作模式

LTE 终端的工作模式有三种，如图 6-1 所示，分别是关机状态、待机状态和联机状态。

图 6-1　LTE 终端的工作模式

关机状态就是终端关闭电源，不再感知周边的环境。关机后终端并没有完全断电，还有一部分模块以极低的功耗工作着。

什么是待机状态？待机状态是终端的一种工作模式，类似人的睡眠状态。待机状态称为 Idle Mode，也称为空闲状态。终端的待机状态最重要的工作是保持对网络的感知。待机状态的最大特点是终端的任务比较少，还没有建立与网络的业务连接，基本不占用网络的资源，也就是待机状态开销小、省资源。正是由于待机状态开销小，网络才有可能支持成千上万的终端，终端才能持续一天甚至更长的时间。

联机状态称为 Connect Mode，也称为连接态。它是终端与移动通信网络建立的业务连接。只有在联机状态下才能实现移动通信系统的终极任务。处在联机状态的终端需要消耗大量的资源，无论是终端自身还是网络侧的开销都很大，这也是终端为什么不能一直停留在联机状态的原因。

表 6-1 简要列出了 LTE 终端三种工作模式的对比。从表中可以看到，在联机状态下，为了建立和维持业务连接，终端需要更多的开销。

表 6 - 1　LTE 终端工作模式的对比

工作模式	关机状态	待机状态	联机状态
网络感知	无	到区域	到小区
同　步	无	终端到基站	双　向
业务连接	无	无	有
功　耗	极　低	较　低	高

6.1.1　待机状态

待机状态下终端还有很多任务，可以归纳为：

(1) 必须跟对小区，团结在合适的基站的周围；

(2) 时刻准备建立业务连接。

终端通过基站才能接入移动通信网络，才能建立业务连接。基站是移动通信网络的重要组成部分，也是数量最多的网络设备，一个城市的移动通信网络中可以有成千上万个基站。之所以要部署这么多基站，是因为移动通信网络利用基站来实现业务的覆盖，而一个基站的覆盖范围是有限的。

基站与终端的关系如图 6 - 2 所示，这里选取了移动通信网络中的一个基站作为代表。通常，基站采用三扇区来覆盖一片区域，理论上每个扇区可以看成一个六边形，类似一个蜂窝。每个扇区对应一个小区(Cell)，而终端就处于基站的某个小区内。

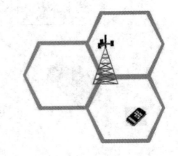

由于终端可以移动，因此终端所处的小区就会发生改变。这时，如果终端不改变所属的小区，就会有大麻烦：无法进入联机状态。因此，在待机状态下，终端最重要的工作就是找准自己所处的小区，进而找到自己应该归属的基站。这样一旦有业务连接的需求，终端就能尽快建立业务连接。

图 6 - 2　基站与终端的关系图

终端可以通过下面两个手段来找到自己归属的基站：

(1) 测量周边环境；

(2) 小区广播和寻呼。

待机状态的终端能感知到小区信号的强弱，还能监听到小区的系统信息广播。此外，网络对终端的呼叫，也就是寻呼，终端也可以听到。通过这两种手段，终端就可以实现跟对小区。

把待机状态再细分为休眠和唤醒两种状态，两种状态周期性地出现，这种机制称为不连续接收(Discontinuous Reception，DRX)。DRX 机制就是终端平时休眠，短时唤醒，唤醒时才会执行待机状态的相关工作。计时以无线帧为单位，终端唤醒的时刻是固定的，与无线帧的系统帧编号 SFN 相关。我们可以把两个相邻唤醒时刻的时间差定义为一个休眠周期，称为 DRX 周期。

如图 6 - 3 所示，LTE 终端待机状态面临三大任务：PLMN 选择、小区选择与重选、位置登记。PLMN 选择主要实施于开机过程，也就是 LTE 终端从关机状态变成待机状态的过程中。其他情况下，只有 LTE 终端从覆盖盲区回到覆盖区域，以及用户手动选择时才会涉及 PLMN 选择。在待机状态下，LTE 终端最关键的任务是小区选择与重选。

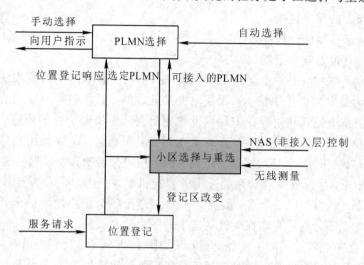

图 6-3　LTE 待机状态的任务

从图 6-4 中可以看到，终端开机后会进行 PLMN 选择，PLMN 选择的过程与小区选择的过程紧密耦合。小区选择完成后，终端就驻留到目标小区中，这个小区在规范中称为服务小区。另外，终端驻留后，需要执行小区重选的流程，以便终端驻留在最优小区。服务小区变化后，如果有需要，则终端还会进行位置登记，这样网络就可以知道终端的位置。终端驻留后，可以从待机状态进入联机状态，比如进行位置登记或者进行业务处理；而终端从联机状态返回待机状态后，将执行小区选择这个流程。值得注意的是，小区选择与小区重选的过程都是终端自主进行的，基站并不会与终端交互，这样可以降低基站信令负荷。不过，基站还是可以控制终端的小区选择与小区重选的。

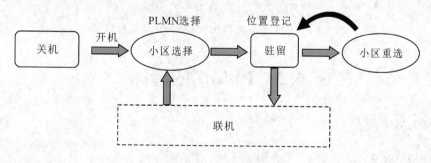

图 6-4　LTE 终端待机状态的运作过程

有两个重要的术语，一个是服务小区，也就是终端当前驻留的小区；另外一个是邻区，也就是终端能感知到的其他小区。通常这些小区与服务小区相邻，所以称之为邻区。

6.1.2　联机状态

联机状态又称为连接状态。所谓连接，就是业务连接。只有在联机状态下，终端才能与网络间建立业务连接，才能实现通信系统的任务，让人们在任何时间、任何地点实现沟通。

在联机状态下，终端要达成如下一些使命：

（1）建立业务连接；

（2）建立安全的业务连接；

（3）保持业务连接的连续性；

（4）减少对其他设备的干扰。

在移动通信系统中，业务连接与无线资源一一对应，需要由网络侧来统一调配。移动通信系统利用无线电波来传送信息，无线电波是开放的，而我们希望建立的连接是安全的连接。移动通信系统通常利用身份识别以及加密机制来解决安全性的问题。移动通信系统的特点是用户位置可以不断地变动，而每个基站有其覆盖范围，因此用户总会从一个基站覆盖的范围转移到另外一个基站覆盖的范围。由于用户都希望在移动时业务连接也能保持连续，不至于中断，因此移动通信系统采用了切换机制，把用户的业务连接从一个基站切换到另外一个基站。由于用户众多，因此减少乃至避免各个用户之间的干扰，是保证业务连接正常运作的基石，也是终端在联机状态下的一大使命任务。

LTE终端在联机状态下的主要处理过程，如图6-5所示。我们可以看到，在联机状态下，终端的运作分为三个阶段，分别是随机接入、业务建立以及业务释放。这三个阶段在时间上是递进的，终端完成了一个阶段，才会进入下一个阶段。在业务建立阶段，涉及的处理过程很多，主要有安全、资源调度、功率控制、切换等处理过程。

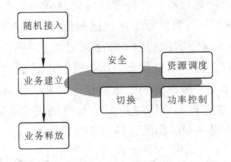

图6-5　LTE终端在联机状态下的主要处理过程

6.2　PLMN的选择

6.2.1　PLMN简介

1. PLMN含义

PLMN(Public Lands Mobile Network)是移动通信网络的代名词。具体到我们国家，每个移动通信运营商的网络算一个PLMN，因此，中国移动、中国联通和中国电信的网络是不同的PLMN。

随着技术的演进，为了方便管理，同一运营商不同制式的网络，也可以设置成不同的PLMN，比如中国移动的GSM和TD-SCDMA网络，曾经设置成不同的PLMN。不过随着技术的发展，2G、3G、4G的核心网融合在一起，现在又逐渐统一到一个PLMN上了。

对运营商而言，每个用户都属于其中一个PLMN，也就是归属PLMN，用户可以在归属 PLMN 中得到相应的服务。归属 PLMN 的信息保存在核心网数据库以及用户的 USIM 卡上。

作为用户，除了归属 PLMN，还会遇到等价 PLMN，这主要是指同一运营商不同制式的 PLMN。通常，用户可以在等价 PLMN 上得到与归属 PLMN 同等的服务。

此外，用户还会遇到漫游 PLMN，也就是其他国家与地区运营商的 PLMN。利用运营商之间的约定，用户可以在漫游的 PLMN 中得到相应的服务。

最后是其他 PLMN，这些 PLMN 会拒绝为用户提供相应的服务，除非是紧急呼叫。例如，中国联通的 GSM 用户就无法在中国移动的 GSM 网络中得到服务。

前面说的是从核心网的角度看 PLMN。如果从无线网络的角度看，PLMN 是这样体现的：PLMN 通过基站来实现业务的覆盖，它旗下的基站可以将网络内的用户接入系统，建立相应的业务连接。因此待机使命中合适的基站，就是指用户可用 PLMN 下的基站。

工作频段是基站的重要参数，也就是基站收发信号的频率范围，由无线制式来决定。一个 PLMN 下的基站往往可以设置多个工作频段，因此 PLMN 与工作频段间是一对多的关系。换言之，终端可以在多个工作频段上遇到同一个 PLMN 的信号。

在国内，由于中国移动、中国联通或中国电信的移动通信网络对应不同的 PLMN，因此在同一个地方，往往会有来自多个 PLMN 的基站在覆盖。如果 PLMN 的无线制式不同，那么这些基站的工作频段是不同的，彼此可以避免干扰。但是，不同的 PLMN 可能会采用同样的无线制式，比如都是 LTE - TDD 制式，工作频段都采用 B41 频段，这时就需要利用不同的工作频点来区分不同的 PLMN。

2. PLMN 标识

除了工作频段及工作频点等外在特性外，为了让用户搞清楚所处的 PLMN，每个 PLMN 都应该有明确的标识（编号），并作为系统信息由基站来广播，让基站下的终端都能够接收到。

PLMN 标识分为两部分，一部分称为 MCC（国家代码），另一部分称为 MNC（移动网络的网络代码）。

中国的国家代码是"460"，中国各个移动运营商采用的 MNC 如表 6 - 2 所示。

表 6 - 2　中国移动运营商的 MNC

运营商	MNC
中国移动	00, 02, 07
中国联通	01, 06
中国电信	03, 05

6.2.2　待机状态 PLMN 选择

为什么终端要进行 PLMN 选择呢？前面说过，在同一个地方，往往会有多个 PLMN 的基站覆盖。作为用户，只能在归属 PLMN、等价 PLMN 和漫游 PLMN 上得到服务，因此必须在多个 PLMN 的基站中找到最合适的 PLMN 的基站，这就需要进行 PLMN 选择。

PLMN 选择基于 PLMN 在无线侧的三大特性即工作频段、频点和 PLMN 标识来展开。

工作频段与终端的制式有关，现在的 LTE 终端普遍都是多模终端，还可以支持 3G 或者 2G 的制式。终端根据硬件配置来确定进行 PLMN 选择的具体频段。

终端还可以设置优先选择的制式，比如 4G 优先，也就是优先在 4G 工作频段上进行 PLMN 选择；PLMN 也可以只选择某些制式，比如只在 4G 工作频段上进行 PLMN 选择。

PLMN 选择的过程分为以下两大步骤：

（1）PLMN 搜索：这个步骤与频点和 PLMN 标识相关；

（2）PLMN 注册。

PLMN 搜索是终端扫描所在区域的 PLMN 信息，产生一个可用 PLMN 列表，列表中包括工作频点以及 PLMN 标识，PLMN 标识也就是 MCC 和 MNC。

PLMN 注册是终端根据 PLMN 列表的信息注册到 PLMN 中。PLMN 注册又称为附着，终端需要与网络交互。

1. PLMN 搜索

PLMN 搜索可以人工触发，也可以自动进行。终端开机以及从覆盖盲区回到覆盖区域都会自动进行 PLMN 搜索。

终端在进行 PLMN 搜索时，会进行初始小区选择的过程，以获得 PLMN 标识和工作频点。初始小区选择是小区选择的一种方式。在初始小区选择的过程中，终端搜索工作频段上的各个频点，从而得到 PLMN 标识，并将其加入到一个可用的 PLMN 列表中。可用 PLMN 列表中包括 USIM 卡上存储的 PLMN 信息，还包含 PLMN 搜索过程中得到的 PLMN。可用 PLMN 列表中的 PLMN 按优先级进行排序。

由于 PLMN 搜索是终端全制式以及全频段的搜索，因此搜索过程相当耗时，通常在 30 秒以上。为了加快 PLMN 选择的速度，终端开机后会利用存储在 USIM 卡和终端上的信息（主要是上一次注册成功的 PLMN 的相关信息，包括 PLMN 的标识、制式、频率等信息），跳过 PLMN 搜索步骤，直接确定 PLMN 信息，然后实施 PLMN 注册。

如果终端无法得到上一次注册的 PLMN 的相关信息，或者无法注册到上一次注册的 PLMN 中，那么终端就必须进行 PLMN 搜索。

2. PLMN 注册

得到可用 PLMN 列表后，终端根据可用 PLMN 列表，进行人工或自动的 PLMN 选择。所谓人工 PLMN 选择，就是终端列出可用的 PLMN，由用户从中选择一个 PLMN 进行 PLMN 注册。所谓自动 PLMN 选择，就是终端从列表中最优先的 PLMN 开始，逐个尝试 PLMN 注册，不需要用户的干预。

无论终端是通过参考上一次注册信息，还是采用人工 PLMN 选择方式或者采用自动 PLMN 选择方式，只要终端选定了一个 PLMN，接下来终端就会执行 PLMN 注册进程。

PLMN 注册从普通小区选择过程开始，以终端驻留到一个合适的小区结束。普通小区选择是小区选择的另外一种方式。

终端在选定 PLMN 对应的频点上执行普通小区选择过程，找到目标小区后，终端进行附着，注册到 PLMN 中。注册成功后，终端进入驻留状态。

一旦终端注册不成功，如果是根据上一次注册信息进行的注册，则终端将进行 PLMN

搜索；如果是自动 PLMN 选择，则终端将选择下一个 PLMN，再进行新 PLMN 的注册；如果是人工 PLMN 选择或者是已经到达可用 PLMN 列表的结尾，则终端将进入受限服务，这时终端只能进行紧急呼叫。

最后，如果终端处于覆盖盲区，也就是终端的 PLMN 列表中所有 PLMN 都无法选择小区，则终端将显示无覆盖。

6.3 小区的选择与重选

6.3.1 小区选择

1. 小区选择的含义

小区选择是待机状态的重要过程。当手机开机或从盲区进入覆盖区时，或当 UE 从连接态转换到空闲态时，手机将寻找一个公共陆地移动网，并选择合适的小区驻留，这个过程称为"小区选择"。

所谓合适的小区就是 UE 可驻留并能够获得正常服务的小区，小区选择可以分为初始小区选择和普通小区选择两种方式，如图 6-6 所示。

图 6-6 小区选择的两种方式

两种小区选择方式有明显的差别：在进行初始小区选择时，终端并不确定工作频点；而在进行普通小区选择时，终端已经确定了工作频点。工作频点的信息，可能来自终端和 USIM 卡中存储的信息，也可能来自初始小区选择得到的可用 PLMN 列表。此外，初始小区选择用于终端开机后以及从覆盖盲区回到覆盖区域的 PLMN 搜索过程中；而普通小区选择用于终端开机后的 PLMN 注册过程或者从联机状态返回待机状态的过程中。在这两种小区选择方式中，普通小区选择是我们关注的重点。

2. 普通小区选择

普通小区选择的相关过程如图 6-7 所示，普通小区选择执行完毕后终端就进入驻留状态，因此这是个一次性的过程。

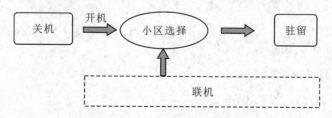

图 6-7 普通小区选择的相关过程

普通小区选择的具体处理方法如图 6-8 所示，分为四个步骤。

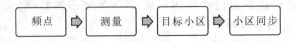

图 6-8　普通小区选择的步骤

对于普通小区选择过程，UE 存有先前接收到的小区列表，包括信道信息和可选的小区参数等。UE 搜索小区列表中的第 1 个小区，并通过小区搜索过程读取该小区的系统信息。若该小区是合适的小区，则终端选择该小区，小区选择过程完成。如果该小区不是合适的小区，则搜索小区列表中的下一个小区，以此类推。如果列表中的所有小区都不是合适的小区，则启动初始小区选择流程。

3. 初始小区选择

对于初始小区选择过程，UE 事先并不知道 LTE 信道信息，因此，UE 搜索所有 LTE 带宽内的信道，以寻找一个合适的小区。在每个信道上，物理层首先搜索信号强度最强的小区并根据小区搜索过程读取该小区的系统信息，一旦找到合适的小区，小区选择过程就终止了。

与普通小区选择相比，初始小区选择的步骤有明显的差别：

(1) 终端在进行初始小区选择时需要了解所有频段的环境，因此会在每个频段上扫描频点；

(2) 在每个频点上，终端只关注最强的小区信号，并与之同步；

(3) 终端同步后只需要获得 PLMN 标识，而不需要驻留到目标小区中。

初始小区选择是个循环过程，它的终止条件是扫描完全部频段。

4. 小区选择判据

无论是小区选择还是小区重选，都离不开感知周围的环境以及相关的决策，也就是测量与判决。

在普通小区选择的过程中，终端测量了小区的参考信号接收功率(RSRP)后，会利用 S 算法来得到判决的结果，判断小区是否满足要求。S 是 Select 的意思，也就是选择。

1) 小区选择规则的前提条件

在小区选择时，LTE 小区参考信号的接收功率测量值，即参考信号接收功率(RSRP)的值必须高于配置的小区最小接收电平$Q_{rxlevmin}$，且小区参考信号的接收信号质量(RSRQ)的值必须高于配置的小区最低接收信号质量$Q_{qualmin}$，UE 才能够选择驻留到该小区。

RSRP 是指在某个符号内承载参考信号的所有 RE(资源粒子)上接收到的信号功率的平均值。

RSRQ 是 RSRP 和信号强度(RSSI)的比值，当然由于两者测量所基于的带宽可能不同，因此会用一个系数来调整。

2) 小区选择的判据

小区选择规则的判决公式为：

$$S_{rxlev} > 0 \text{ 且 } S_{qual} > 0$$

其中：

$$S_{rxlev} = Q_{rxlevmeas} - (Q_{rxlevmin} + Q_{rxlevminoffset}) - P_{compensation}$$
$$S_{qual} = Q_{qualmeas} - (Q_{qualmin} + Q_{qualminoffset})$$

各个参数的含义，见表 6 - 3。

表 6 - 3　S 算法的参数

参数	描　　述	单　位
S_{rxlev}	UE 在小区选择过程中计算得到的电平值	dBm
S_{qual}	UE 在小区选择过程中计算得到的质量值	dB
$Q_{rxlevmeas}$	测量得到的接收电平值，该值为测量到的 RSRP	dBm
$Q_{rxlevmin}$	指驻留该小区需要的最小接收电平值，该值在 SIB1 的广播消息中指示	dBm
$Q_{rxlevminoffset}$	小区最小接收信号电平偏置值。当 UE 驻留在访问 PLMN(VPLMN)小区时，将根据更高优先级 PLMN 的小区留给它的这个参数值，来进行小区选择判决。这个参数只有在 UE 尝试选择更高优先级 PLMN 的小区时才会用到	dB
$P_{compensation}$	取值为 Max($P_{emax} - P_{umax}$，0)，其中 P_{emax} 为终端在接入该小区时，系统设定的最大允许发送功率；P_{umax} 是指根据终端等级规定的最大输出功率	dBm
$Q_{qualmeas}$	测量得到的小区接收信号质量，即 RSRQ	dB
$Q_{qualmin}$	在 eNodeB 中配置的小区最低接收信号质量值	dB
$Q_{qualminoffset}$	小区最低接收信号质量偏置值。这个参数只有在 UE 尝试选择更高优先级的 PLMN 小区时才会用到，就是当 UE 驻留在 VPLMN 小区时，将根据更高优先级 PLMN 的小区留给它的这个参数值，来进行小区选择判决	dB

6.3.2　小区重选

1. LTE 小区重选的含义

小区重选(Cell Reselection)指 UE 在空闲模式下，通过监测邻区和当前小区的信号质量，以选择一个最好的小区提供服务信号的过程。

小区重选为待机状态的常见过程。终端在待机状态做的事情，十有八九，就是小区重选。小区重选的相关过程如图 6 - 9 所示。

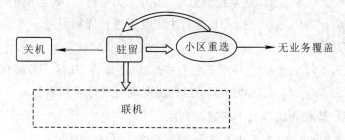

图 6 - 9　小区重选的相关过程

小区重选包含系统内小区测量、重选和系统间小区测量、重选。

（1）系统内小区测量及重选包括：

① 同频小区测量、重选；

② 异频小区测量、重选。

（2）系统间小区测量及重选：LTE 中，SIB3～SIB8 包含了小区重选的相关信息。

2. 小区重选时机

（1）开机驻留到合适小区即可开始小区重选。

LTE 驻留到合适的小区并停留适当的时间（1 秒钟）后，就可以进行小区重选了。通过小区重选，可以最大限度地保证空闲模式下的 UE 驻留在合适的小区。

（2）处于 RRC_IDLE 状态下 UE 发生位置移动时开始小区重选。

3. 重选优先级

与 2G/3G 网络不同，LTE 系统中引入了重选优先级的概念，在 LTE 系统中，网络可配置不同频点或频率组的优先级，在空闲态时通过广播在系统消息中告诉 UE，小区重选的优先等级对应参数为 Cell Reselection Priority，取值为 0～7。在连接态时，重选优先级也可以通过 RRC Connection Release 消息告诉 UE 优先等级，此时 UE 会忽略广播消息中的优先级信息，以重选优先级信息为准。

优先级配置单位是频点，因此相同载频的不同小区具有相同的优先级。通过配置各锁点的优先级，网络能更方便地引导终端重选到高优先级的小区驻留，达到均衡网络负荷、提升资源利用率、保障 UE 信号质量等目的。

4. 小区重选测量启动条件

UE 成功驻留后，将持续进行本小区测量。对于重选优先级高于服务小区的载频，UE 始终对其测量。对于重选优先级等于或者低于服务小区的载频，为了最大化 UE 电池寿命，UE 不需在所有时刻都进行频繁的邻小区监测（测量），除非服务小区质量下降为低于规定的门限值。具体来说，仅当服务小区的参数 S（S 值的计算方法与小区选择时一致）小于系统广播参数 $S_{intrasearch}$ 时，UE 才启动同频测量。

RRC 层根据 RSRP 测量结果计算 S_{rxlev}，并将其与 $S_{intrasearch}$ 和 $S_{nonintrasearch}$ 比较，作为是否启动邻区测量的判决条件。

$$S_{rxlev} = 服务小区 RSRP - Q_{rxlevmin} - Q_{rxlevminoffset} - \text{Max}(P_{MaxOwnCell} - 23, 0)$$

1）同频小区之间

当服务小区 $S_{rxlev} \leqslant S_{intrasearch}$ 或系统消息中 $S_{intrasearch}$ 为空时，UE 必须进行同频测量。

当服务小区 $S_{rxlev} > S_{intrasearch}$ 时，UE 自行决定是否进行同频测量。

2）异频小区之间

当服务小区 $S_{rxlev} \leqslant S_{nonintrasearch}$ 或系统消息中 $S_{nonintrasearch}$ 为空时，UE 必须进行异频测量。

当服务小区 $S_{rxlev} > S_{nonintrasearch}$ 时，UE 自行决定是否进行异频测量。

5. 同频小区、同优先级异频小区重选判决

根据信道质量高低对候选小区进行 R 准则排序，选择最优小区。

根据 R 值计算结果，对于重选优先级等于当前服务载频的邻小区，应同时满足如下两个条件：

（1）邻小区R_n大于服务小区R_s，并持续$T_{reselection}$时长；

（2）UE 已在当前服务小区驻留超过 1 s 以上，则触发向邻小区的重选流程。

R 准则表述如下：

$$服务小区 R_s = Q_{meas,s} + Q_{Hyst}$$

$$邻小区 R_n = Q_{meas,n} - Q_{offset}$$

小区重选涉及的参数，如表 6 - 4 所示。

表 6 - 4　小区重选参数

参数名称	单位	参数含义
$Q_{meas,s}$	dBm	UE 测量到的服务小区 RSRP 实际值
$Q_{meas,n}$	dBm	UE 测量到的邻小区 RSRP 实际值
Q_{Hyst}	dB	服务小区的重选迟滞，常用值：2 可使服务小区的信号强度被高估，延迟小区重选
Q_{offset}	dB	被测邻小区的偏置值：包括不同小区间的偏置 Q_{offset} 和不同频率之间的偏置 $Q_{offsetfrequency}$，常用值：0 可使相邻小区的信号或质量被低估，延迟小区重选；还可根据不同小区、载频设置不同偏置，影响排队结果，以控制重选的方向
$T_{reselection}$	s	该参数指示了同优先级小区重选的定时器时长，用于避免乒乓效应

6. 低优先级小区到高优先级小区重选判决准则

UE 处于空闲状态时会驻留在某个小区上，由于 UE 会在驻留小区内发起接入，因此为了平衡不同频点之间的随机接入负荷，需要在 UE 进行小区驻留时尽量使其均匀分布。这是空闲状态下移动管理的主要目的。为了达到这一目的，LTE 引入了基于优先级的小区重选过程。

当同时满足以下条件时，UE 重选至高优先级的异频小区：

（1）UE 在当前小区驻留超过 1 s；

（2）高优先级邻区的 $S_{nonservingcell}$ > $Thresh_{x,high}$；

（3）在一段时间（$T_{reselection-E-UTRA}$）内，$S_{nonservingcell}$ 一直高于该阈值（$Thresh_{x,high}$）。

对于异频段且设置高优先级的小区，规定不设置任何测量门限，不考虑当前服务小区信号强度，对高优先级异频小区始终保持测量。

7. 高优先级小区到低优先级小区重选判决准则

当同时满足以下条件时，UE 重选至低优先级的异频小区：

（1）UE 驻留在当前小区超过 1 s；

（2）高优先级和同优先级频率层上没有其他合适的小区；

（3）服务小区测量判决条件（$S_{servingcell}$）< $Thresh_{serving,low}$；

（4）低优先级邻区的邻区信号电平值（$S_{nonservingcell,x}$）> $Thresh_{x,low}$；

（5）在一段时间（$T_{reselection-E-UTRA}$）内，$S_{nonservingcell,x}$ 一直高于该阈值（$Thresh_{x,low}$）。

当然，对于异频段且设置低优先级的小区，UE 所驻留的服务小区信号强度要低于设置的异频异系统测量启动门限，也就是要满足小区重选启动测量的条件（S_{rxlev} < $S_{nonIntrasearch}$）。

高优先级小区到低优先级小区重选判决涉及的参数，如表 6－5 所示。

表 6－5　高优先级小区到低优先级小区重选判决所涉参数

参数名	单位	意义
$Thresh_{serving,\,low}$	dB	小区满足选择或重选条件的最小接收功率级别值
$Thresh_{x,\,high}$	dB	小区重选至高优先级的重选判决门限，该值越大，重选至高优先级小区越容易，该值一般设置为高于 $Thresh_{serving,\,low}$
$Thresh_{x,\,low}$	dB	重选至低优先级小区的重选判决门限，该值越小，重选至低优先级小区越困难，该值一般设置为高于 $Thresh_{serving,\,high}$
$T_{reselection\text{-}E\text{-}UTRA}$	s	该参数指示了优先级不同的 LTE 小区重选的定时器时长，用于避免乒乓效应

6.4　LTE 寻呼

6.4.1　跟踪区

1. 跟踪区的定义

跟踪区(Tracking Area，TA)是 LTE 系统为 UE 的位置管理设立的概念，其功能与 2G/3G 系统的位置区(LA)和路由区(RA)类似。通过 TA 信息核心网络能够获知处于空闲态 UE 的位置，并且在有数据业务需求时，能够对 UE 进行寻呼。

当移动台由一个 TA 移动到另一个 TA 时，必须在新的 TA 上重新进行位置登记，以通知网络来更改它所存储的移动台的位置信息，这个过程就是 TAU。

一个 TA 可包含一个或多个小区，而一个小区只能归属于一个 TA。TA 的信息称为 TAI(Tracking Area Identity)，也就是 TA 的标识。TAI 由三部分组成，如图 6－10 所示。其中，MCC 国家代码和 MNC 移动通信网络代码都是我们熟悉的，而 16 bit 的

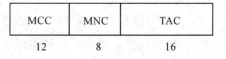

MCC	MNC	TAC
12	8	16

图 6－10　TAI 的格式

TAC，就是 TA 的代码。TAI 在小区的系统消息(SIB1)中广播给 UE，UE 就知道小区重选后 TA 是否发生了改变。

2. TA List

LTE 系统引入了 TA List 的概念，即 TA 列表，可以理解为 TA 组。一个 TA List 包含 1～16 个 TA。一个 TA 可以属于多个 TA 列表，TA 与 TA 列表之间并不是一对一的关系。

MME 可以为每一个 UE 分配一个 TA List，并发送给 UE 保存。UE 在该 TA List 内移动时不需要执行 TA 更新。当 UE 进入不在其所注册的 TA List 中的 TA 区域时才执行 TA 更新，此时 MME 为 UE 重新分配一组 TA，形成新的 TA List。在有业务需求时，网络会在 TA List 所包含的所有小区内向 UE 发送寻呼消息。TA List 的引入可以避免在 TA 边界处由于乒乓效应导致的频繁 TA 更新。

如图 6 - 11 所示，图中有三个 TA List。其中 TA1～TA6 组成了 TA List1，TA4～TA9 组成了 TA List2，而 TA10～TA15 组成了 TA List3，且可以发现 TA4～TA6 属于两个 TA List。图中有两个终端 A 与 B，系统为终端 A 指定了 TA List1，为终端 B 指定了 TA List2。当终端 A 和终端 B 都从 TA4 移动到 TA6 时，两者均不需要进行位置更新。当终端 A 和终端 B 都从 TA6 移动到 TA9 时，终端 B 不需要进行位置更新，而终端 A 需要进行位置更新。当终端 A 和终端 B 都从 TA6 移动到 TA3 时，终端 B 需要进行位置更新，而终端 A 不需要进行位置更新。因此，如果终端 A 通常在 TA List1（类似城市）的范围内活动，终端 B 通常在 TA List2（类似公路或铁路）的范围内活动，那么它们的位置更新频率将大幅下降。

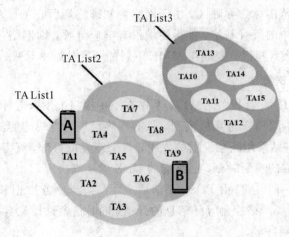

图 6 - 11　TA List 示意图

3．TA 规划基本原则

TA 作为 TA List 下的基本组成单元，其规划直接影响到 TA List 的规划质量，因此，对其有如下要求：

（1）跟踪区划分不能过大或过小。过小容易造成 TA 更新过多，增加信令开销，过大容易造成寻呼受限。TA 规划时需结合空口和网元寻呼处理能力综合确定规划结果。

（2）跟踪区规划应在地理上为一块连续的区域，以避免和减少各跟踪区基站插花组网。

（3）城郊与市区不连续覆盖时，郊区（县）使用单独跟踪区。

（4）寻呼区域不选择多 MME 的原则。

（5）利用规划区域山体、河流等作为跟踪区边界，以减少两个跟踪区内不同小区交叠深度，尽量使跟踪区边缘 TA 更新量最低。

（6）需要开通 CSFB 的区域跟踪区应该与 2G/3GLAC 大小保持一致。针对高速移动等跟踪区频繁变更的场景，可以通过 TA List 功能来降低 TA 次数。

6.4.2　寻呼

1．什么是寻呼

寻呼属于移动通信系统中历史最悠久的技术之一，英文是 Paging，它通过网络侧呼叫终端 ID，从而实现被叫。另外，无线网络还可以通知终端系统信息发生了改变，从而触发终端重新来接收系统信息。

发起寻呼的原因主要有以下三种：

（1）UE 被叫（由 MME 发起）；

（2）系统消息改变（eNB 发起）；

（3）地震告警（ETWS）。

通常，网络侧采用 S-TMSI 来寻呼终端，S-TMSI 是 LTE 终端在核心网 EPC 中的临时标识。如果终端没有分配到 S-TMSI，就用终端的国际移动用户号码（International Mobile Subscriber Identification Number，IMSI）来寻呼终端，但这种方式比较不安全。

网络呼叫终端的范围称为寻呼区。由于网络侧知道终端所在的 TA 列表，因此寻呼区就等于终端 TA 列表中的所有基站。如果终端没有响应寻呼，则网络还可以进行第二次寻呼，这时网络可以扩大寻呼区，变成在 MME 下属的所有基站中寻呼。

2. 寻呼信息的发送方法

网络侧把终端的 ID 发给相关基站后，基站在空中接口上发送寻呼信息。

在待机状态，终端采用定时唤醒机制，只有在唤醒期，终端才能测量，也才会去接收基站的信息。因此，基站采用间歇发射的方式，每个终端的寻呼消息只在预定义的时刻发送，这个时刻对应终端的唤醒时刻，由终端的 DRX 周期来决定。

在 LTE 系统中，寻呼信息由 PDSCH 信道来承载，与业务数据和其他信令一起分享 PDSCH 信道，因此需要严格控制寻呼信息的开销，同时信道选择又具有一定的灵活性。为此，LTE 系统设计了寻呼帧。

1）寻呼帧

寻呼帧就是承载有寻呼消息的无线帧，在 LTE 规范 TS36.304 中定义了六种寻呼帧的密度，如图 6-12 所示。每个格子代表一个无线帧，深色的格子代表寻呼帧。寻呼帧的周期就是 DRX 周期，在图 6-12 的例子中，寻呼帧的周期为 32 个无线帧，也就是 DRX 周期为 320 ms，其他可能的周期为 640 ms、1.28 s 或者 2.56 s。

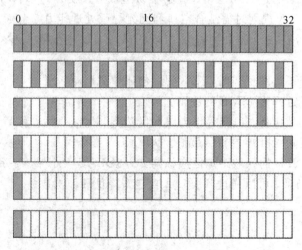

图 6-12　寻呼帧的示意图（以 32 个无线帧为例）

六种密度对应每个 DRX 周期无线帧中寻呼帧的比例，分别是 1、1/2、1/4、1/8、1/16 和 1/32。显然，寻呼帧的密度越小，寻呼的开销就越小，但是需要避免寻呼能力不足带来的寻呼拥塞。寻呼拥塞会增加呼叫的时延，从而影响用户的感知。

2）寻呼时机

除了寻呼帧，LTE 系统还引入了寻呼时机（Paging Occasion，PO）的概念，为寻呼配置提供了更大的灵活性。

寻呼时机就是寻呼帧中承载有寻呼信息的子帧。在 LTE 规范 TS36.304 中，按 LTE-FDD 和 LTE-TDD 两种双工方式，各定义了三种密度的寻呼时机的位置分布，如图 6-13 所示。每个格子代表一个子帧，而深色的格子代表寻呼时机。

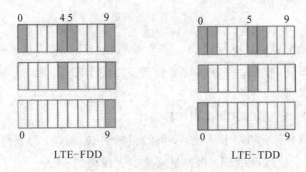

LTE-FDD   LTE-TDD

图 6-13　寻呼时机 PO 的示意图

从图 6-13 中可以看到，一个无线帧中可以安排 1、2 或 4 个子帧来承载寻呼信息，寻呼时机的密度在规范 TS36.304 中称为 Ns，取值为 1、2 或 4。

值得注意的是，只有当寻呼帧的密度等于 1 时，Ns 才能大于 1。当寻呼帧的密度小于 1 时，Ns 只能等于 1。

3）寻呼信息的发送

根据图 6-12 和图 6-13，我们可以看到，在一个寻呼帧的周期内，基站有多个无线帧及子帧可以用来发送寻呼信息。

具体终端对应的寻呼信息发送在哪个子帧上，这个位置与终端的 UE_ID 参数相关，而 UE_ID 等于终端的 IMSI 对 1024 取模的结果。基站根据终端的 UE_ID 计算出寻呼帧和寻呼时机，然后在特定的寻呼时机上发送寻呼信息。

在规范 TS36.304 中定义了寻呼帧和寻呼时机的计算方法，简单地说，基站按如下步骤来进行计算：

（1）得到终端的 UE_ID；

（2）得到一个 DRX 周期中寻呼帧的数量 N；

（3）根据 UE_ID 和 N，采用散列的方法，来确定终端寻呼信息所在无线帧的 SFN；

（4）得到每个寻呼帧中寻呼信息占用的子帧数量 Ns；

（5）根据双工方式、UE_ID、N 和 Ns，采用散列的方法，再确定终端寻呼信息所在的寻呼时机。

3. 寻呼信息的接收

终端接收寻呼信息首先要确定寻呼信息的具体位置，定位过程涉及多个参数，获得这些参数的过程如图 6-14 所示。终端从 SIB2 广播中获得寻呼相关的配置参数 nB，根据这个参数就可以得到小区的寻呼帧密度和寻呼时机的密度 Ns。

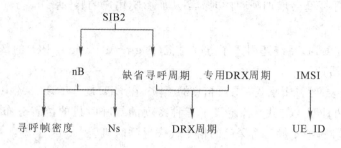

图 6-14　寻呼信息的定位参数

接下来，终端确定默认 DRX 周期，这个参数由 SIB2 来广播，称为缺省寻呼周期（Default Paging Cycle）。然后，终端再检查自己专用的 DRX 周期，与默认 DRX 周期进行比较后，得到 DRX 周期。

最后，终端根据自己的 IMSI，得到 UE_ID。

得到了如图 6-14 所示的四个参数后，终端根据 DRX 周期、寻呼帧密度和 UE_ID，利用散列的方法，可以确定唤醒时刻，也就是唤醒时无线帧的 SFN。

终端再根据双工方式、UE_ID 和 Ns，就可以确定寻呼时机 PO，这样终端就做好了在这个子帧上接收寻呼信息的准备。终端接收寻呼信息的过程如图 6-15 所示。

终端在寻呼时机 PO 对应的子帧上，首先接收 PDCCH，检测其中的 RNTI。如果终端发现 RNTI 的数值等于 P-RNTI（十六进制 0xFFFE），则代表 PDCCH 关联的 PDSCH 上承载了寻呼信息。

接下来，终端就到 PDSCH 上接收寻呼信息，并检测寻呼信息中的终端 ID 是否与自己的 ID 相同。如果相同，终端就会发起随机接入过程。

如果没有寻呼信息或者寻呼信息中的终端 ID 不同，则终端在完成了其他工作后，将继续休眠，直到下一个唤醒时刻。

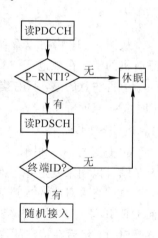

图 6-15　寻呼消息的接收

6.5　LTE 切换

6.5.1　切换概述

切换是指在通信过程中，终端或基站改变了双方之间使用的无线链路的过程。切换是移动通信系统特有的现象，目的是为了保持业务的连续性，尽量维持用户与系统的联系不被中断。

1. 切换因素

触发切换的原因有两个：接收信号的强度和质量，其中根本原因是信号的质量。

移动用户在通话过程中的位置常常发生变动，而每个基站都有一定的覆盖范围，用户有可能会从一个基站覆盖的范围转移到另外一个基站覆盖的范围，从而不可避免地发生切换。此外，移动通信系统还存在干扰问题，为了抗干扰，也需要切换。切换可以保证用户业务连续不中断。对移动通信系统而言，切换也是一个艰巨的任务。

2. 切换方式分类

切换方式的分类有很多种，按切换过程中存在的分支数目分为如下两类。

（1）硬切换：这种切换方式是终端首先切断与原来基站的连接，然后再接入新的基站，切换过程中通信会发生瞬间的中断。

（2）软切换：这种切换方式是终端和相邻的两个基站同时保持联系，当终端彻底进入某一个基站的覆盖区域后，才断开与另一个基站的联系，切换期间没有中断业务。

一般采用 FDMA 和 TDMA 技术的移动通信系统的切换往往是"硬切换"，如 PHS、GSM 和 LTE 系统；而采用 CDMA 技术的系统实施"软切换"，如 CDMA 2000、WCDMA 系统。

根据切换间小区频点不同、小区系统属性不同，切换方式又分为同频切换、异频切换和异系统切换。

6.5.2　切换测量过程

在联机状态下，测量与切换密切相关。可以说，测量就是为切换服务的，如果没有测量，则终端和基站就不知道什么时候需要发起切换，更加不知道要切换到哪里。因此，测量是为了更好地切换。

测量同时在终端和基站处展开。在联机状态，终端的测量受到基站的控制，测量什么、怎么测量、测量结果如何处理，这些都由基站来决定，这一点与待机状态的测量有显著的区别。

终端测量的具体过程划分为三个阶段：

（1）基站下发测量配置信息；

（2）终端按照测量配置的要求进行测量；

（3）一旦满足条件，终端就向基站上报测量报告。

测量报告上报条件分两种类型：一种与时间有关，也就是周期性上报；另一种是利用测量结果的事件触发上报。

1. 测量配置的下发过程

基站下发测量配置信息，是测量的第一步。

基站在 RRC Connection Reconfiguration 这条消息中携带了测量配置信息，下发给终端。终端收到后，按测量配置启动测量，并向基站反馈 RRC Connection Reconfiguration Complete 消息。

　　测量配置中首先包含了测量对象，包括测量对象的频点以及带宽等信息，频点用EARFCN 来描述。测量配置中还包含了测量标识，用于区分测量报告。这主要是考虑到终端可能进行多个测量任务，涉及多个测量对象以及报告，需要能区分开测量报告。测量配置中还有一些其他参数，包括测量内容是 RSRP 还是 RSRQ 等。

　　在测量配置中，最重要的内容是报告配置，包括报告 ID、报告方式、报告参数、触发参数等内容。LTE 系统的报告方式与 WCDMA 系统类似，也分为事件触发或周期性触发。显然周期性触发比较消耗系统资源，因此 LTE 系统的报告方式通常配置为事件触发方式。

2. 终端测量

　　终端接收到基站下发的测量配置后，根据测量配置的具体内容开始测量。终端先测量服务小区，当发现服务小区的 RSRP 低于门限后，终端开始测量邻区。之所以不让终端一开始就测量邻区，主要还是想减轻终端的负担。

3. 上报测量报告

　　如果终端发现测量结果满足测量事件的触发条件，则生成测量报告，上报给基站。测量报告由 Measurement Report 消息承载，主要部分是测量结果（MeasResults），它包含了以下一些内容：测量标识、小区标识 PCI 和测量数值（RSRP、RSRQ）。

6.5.3　测量相关的事件

1. 测量事件的类别

事件触发是 LTE 系统的测量报告最常用的方式，分为以下两大类测量事件。

1）系统内测量事件

所谓系统内，是指 LTE 系统内，包含同频和异频两种情况。系统内简称为 E-UTRA，E-UTRA 是 LTE 无线接入技术的专用名词。LTE 系统一共定义了五种系统内测量事件。

2）系统间测量事件

所谓系统间，是指 LTE 系统与异系统之间。系统间简称为 IRAT(Inter Radio Access Technology)。异系统指的是 GSM 系统、WCDMA 系统、TD-SCDMA 系统、CDMA 2000系统等。LTE 系统一共定义了两种系统间测量事件。

2. 系统内测量事件

五种系统内测量事件都有代号，分别称为 A1、A2、A3、A4 和 A5 事件。具体的含义如下所述：

（1）A1 事件：服务小区的信号强于一个绝对门限；

（2）A2 事件：服务小区的信号弱于一个绝对门限；

（3）A3 事件：邻区的信号优于服务小区的信号；

（4）A4 事件：邻区的信号强于一个绝对门限；

（5）A5 事件：服务小区的信号弱于绝对门限 1，而邻区的信号强于绝对门限 2。

3. 系统间测量事件

LTE 系统总共定义了以下两种系统间测量事件：

（1）B1 事件：异系统邻区质量高于一个绝对门限，用于基于负荷的切换；

（2）B2 事件：服务小区质量低于一个绝对门限 1 且异系统邻区质量高于一个绝对门限 2，用于基于覆盖的切换。

4. 测量事件举例说明

下面以 A3 事件为例详细介绍测量事件。

邻小区比服务小区信号质量高一个门限（Neighbour＞Serving＋Offset），用于频内/频间的基于覆盖的切换。

事件进入条件：$Mn+Ofn+Ocn-Hys>Ms+Ofs+Ocs+Off$。

事件离开条件：$Mn+Ofn+Ocn+Hys<Ms+Ofs+Ocs+Off$。

其中：

Mn：邻小区的测量结果，不考虑任何偏置；

Ofn：该邻区频率特定的偏置（即 Offset Freq 在 Meas Object E－UTRA 中被定义为对应于邻区的频率）；

Ocn：该邻区的小区特定偏置（即 Cell Individual Offset 在 Meas Object E－UTRA 中被定义为对应于邻区的频率），如果没有为邻区配置此项数值，则设置为 0；

Ms：没有计算任何偏置时的服务小区的测量结果；

Ofs：服务频率上频率特定的偏置（即 Offset Freq 在 Meas Object E－UTRA 中被定义为对应于服务频率）；

Ocs：服务小区的小区特定偏置（即 Cell Individual Offset 在 Meas Object E－UTRA 中被定义为对应于服务频率），如果没有为服务小区配置此项数值，则设置为 0；

Hys：该事件的滞后参数（即在 Hysteres 为 Report Config E－UTRA 内，为该事件定义的参数）；

Off：该事件的偏置参数（即在 A3－Offset 为 Report Config E－UTRA 内，为该事件定义的参数）。

当终端满足 $Mn+Ofn+Ocn-Hys>Ms+Ofs+Ocs+Off$ 的条件且维持触发时间（Time to Trigger）个时段后，上报测量报告。

6.6　LTE 无线资源管理

6.6.1　LTE 无线资源管理概述

以移动通信为代表的无线通信系统都是资源受限的系统，而用户的数量却在持续高速地增长。如何利用有限的资源来满足用户数日益增长的需求，已经成为移动通信系统发展过程中急需解决的问题。

无线资源的概念是很广泛的，它既可以是频率，也可以是时间，还可以是码字。无线资源管理就是对移动通信系统的空中接口资源的规划和调度，目的就是在有限的带宽资源下，为网络内的用户提供业务质量保证，在网络话务量分布不均匀、信道特性因信道衰落和干扰而起伏变化等情况下，灵活分配并动态调整无线传输部分和网络的可用资源，以最大限度地提高无线频谱利用率，防止网络阻塞，并保持尽可能小的信令负荷。如果没有好的无线资源管理技术，那么再好的无线传输技术也无法发挥它的优势，极端的情况甚至会导致系统无法正常运转。

LTE 系统中，无线资源管理对象包括时间、频率、功率、多天线、小区和用户，系统涉及一系列与无线资源分配相关的技术，主要包括资源分配、接入控制、负载控制、干扰协调等。

6.6.2　LTE 资源分配

LTE 系统采用共享资源的方式进行用户数据的调度传输，eNodeB 可以根据不同用户的不同信道质量、业务的 QoS 要求以及系统整体资源的利用情况和干扰水平来进行综合调度，从而更加有效地利用系统资源，最大限度地提高系统的吞吐量。

LTE 下行采用 OFDM，上行采用 SC - FDMA。时间和频率是 LTE 中主要控制的两类资源。分配方式包括集中式（Localized）和分布式（Distributed）两种基本的资源分配方式。

1. 集中式资源分配

集中式资源分配为用户分配连续的子载波或资源块。这种资源分配方式适用于低速移动的用户，通过选择质量较好的子载波，来提高系统资源的利用率和用户峰值速率。从业务的角度讲，这种方式比较适用于数据量大、突发特征明显的非实时业务。这种方式的一个缺点是需要调度器获取比较详细的 CQI 信息。

2. 分布式资源分配

分布式资源分配为用户分配离散的子载波或资源块。这种资源分配方式适用于移动的用户，此类用户的信道条件变化剧烈，很难采用集中式资源分配方式。从业务的角度讲，这种方式比较适用于突发特征不明显的业务，如 VoIP，这种分配方式可以减少信令开销。

根据传输业务类型的不同，LTE 系统中的分组调度支持动态调度和半静态调度两种调度机制。

1）动态调度

动态调度是由 MAC 层（调度器）实时、动态地分配时频资源和允许的传输速率。动态调度是最基本、最灵活的调度方式。资源分配采用按需分配方式，每次调度都需要调度信令的交互，因此控制信令开销很大。动态调度适用于突发特征明显的业务。

2）半静态调度

半静态调度是动态调度和持续调度的结合。所谓持续调度方式，就是指按照一定的周期，为用户分配资源。其特点是只在第一次分配资源时进行调度，以后的资源分配均无需调度信令来指示。半静态调度过程中，由 RRC 在建立服务连接时分配时频资源和允许的传输速率，也通过 RRC 消息进行资源重配置。与动态调度相比，这种调度方式的灵活性稍差，但其控制信令开销较小。这种调度方式适用于突发特征不明显、有保障速率要求的业务，例如 VoIP 业务。

LTE 中常用的几种动态资源调度算法如下：

（1）轮询调度算法（Round Robin，RR）；

（2）最大载干比调度算法（Maximum Carrier to Interference，Max C/I）；

（3）比例公平算法（Proportional Fair，PF）。

6.6.3　LTE 接入控制

LTE 系统为共享资源系统，所有用户通过调度来共享资源。小区中的用户数主要受限于小区中总的资源数量。

数据无线承载（DRB）的接纳主要基于资源利用率。设定一个合适的资源利用率门限，当上行和下行同时满足一定条件时，接纳成功；否则接纳失败。信令无线承载（SRB）的接纳判决需要综合考虑无线接口的负荷状况以及核心网节点的负荷。当小区处于拥塞状态或者核心网节点过载时，会拒绝部分 SRB 建立请求。

LTE 系统采用共享调度来分配资源，当系统中只有几个大数据量的用户时，这几个用户也有可能占满所有资源。测量得到的所有业务的已有资源利用率并不能真正反映小区的负荷水平，因此，判决条件中的现有用户资源利用量并不是实际测量值，还需要经过一定的处理，处理后的值需要反映小区的负荷状况。预测新增业务资源需求根据请求接纳承载的 QoS 要求得到请求接纳承载需要的资源数量。

6.6.4　LTE 负载均衡

负载均衡用于均衡多小区间的业务负荷水平，通过某种方式改变业务负荷分布，使无线资源保持较高的利用效率，同时保证已建立业务的 QoS。当判定某个小区负荷较高时，将会修改切换和小区重选的条件参数，使得部分 UE 离开本小区，转移到周围负荷较轻的邻区或者同覆盖的小区，这样就达到了将负荷从高的小区重新分布到低的小区的目的。

负荷均衡算法包括 LTE 系统内的负荷均衡以及系统间的负荷均衡，负荷均衡算法的目标包括：

（1）各个小区之间的负荷更加均衡；

（2）系统间的负荷更加均衡；

（3）系统的容量得到提升；

（4）尽可能减少人工参与网络管理与优化的工作；

（5）保证用户的 QoS，减少拥塞造成的性能恶化。

对于 LTE 系统内的负荷均衡算法，考虑的负荷包括资源利用率、硬件负荷指示、传输网络层负荷指示和综合负荷指示。对于系统间的负荷均衡，考虑的负荷包括可利用无线资源、最大吞吐量和最大用户数目。所有系统内和系统间的负荷参数，上下行过程需要分别统计。

6.6.5　LTE 干扰协调

LTE 系统采用 OFDM 技术，小区内用户通过频分实现信号的正交，小区内的干扰基本可以忽略。但是同频组网时会带来较强的小区间干扰，如果两个相邻小区在小区的交界处使用了相同的频谱资源，则会产生较强的小区间干扰，严重影响了边缘用户的业务体验。

小区间干扰协调的基本思想就是通过小区间协调的方式对边缘用户资源的使用进行限制，包括限制哪些时频资源可用，或者在一定的时频资源上限制其发射功率，来达到避免和降低干扰、保证边缘覆盖速率的目的。

小区间干扰协调通常有以下两种实现方式。

1. 静态干扰协调

静态干扰协调通过预配置或者网络规划方法，来限定小区的可用资源和分配策略。静态干扰协调基本上避免了 X2 接口信令，但它导致了某些性能的限制，因为它不能自适应地考虑小区负载和用户分布的变化。

2. 半静态干扰协调

半静态干扰协调通过信息交互获取邻小区的资源以及干扰情况，从而调整本小区的资源限制。通过 X2 接口信令交换小区内用户功率、负载、干扰等信息，半静态干扰协调测量的周期通常为几十毫秒到几百毫秒。半静态干扰协调会导致一定的信令开销，但其算法可以更加灵活地适应网络情况的变化。

习　题

一、单选题

1. 小区重选的优先级依次从高到低的顺序为(　　)。

A. 高优先级 E–UTRAN 小区、同频 E–UTRAN 小区、等优先级异频 E–UTRAN 小区、低优先级异频 E–UTRAN 小区、3G 小区、2G 小区

B. 高优先级 E–UTRAN 小区、等优先级异频 E–UTRAN 小区、同频 E–UTRAN 小区、低优先级异频 E–UTRAN 小区、3G 小区、2G 小区

C. 高优先级 E–UTRAN 小区、等优先级异频 E–UTRAN 小区、低优先级异频 E–UTRAN 小区、同频 E–UTRAN 小区、3G 小区、2G 小区

D. 高优先级 E–UTRAN 小区、同频 E–UTRAN 小区、等优先级异频 E–UTRAN 小区、低优先级异频 E–UTRAN 小区、2G 小区、3G 小区

2. LTE 中用于关闭异频或者异系统测量的事件是(　　)。

A. A1　　　　　　　B. A2　　　　　　　C. A3　　　　　　　D. A4

3. 参考信号接收质量是(　　)。

A. RSRP　　　　　　B. RSRQ　　　　　　C. RSSI　　　　　　D. SINR

4. LTE 同频测量事件是(　　)同频切换。

A. A1　　　　　　　B. A2　　　　　　　C. A3　　　　　　　D. A4

5. LTE 中的事件触发测量报告中，事件 A3 的定义为(　　)。

A. 本小区优于门限值

B. 邻区优于本小区，并超过偏置值

C. 邻区优于门限值

D. 本小区低于门限值，且邻小区优于门限值

二、多选题

1. 测量报告在 LTE 中触发上报的方式分为(　　)。

A. 事件触发　　　　B. 周期性上报　　　　C. 手动上报　　　　D. 实时上报

2. LTE 的 UE 的小区重选的 S 法则的门限参数包括(　　)。

A. qRxLevMin　　　　　　　　　　　　B. qRxLevMinOffset

C. qQualMin　　　　　　　　　　　　　D. qQualMinOffset

3. 低优先级小区重选判决准则：当同时满足以下条件时，UE 重选至低优先级的异频小区(　　)。

A. UE 驻留在当前小区超过 1 s，高优先级和同优先级频率层上没有其他合适的小区

B. $S_{\text{servingcell}} < \text{Thresh}_{\text{serving, low}}$

C. 低优先级邻区的 $S_{\text{nonservingcell, x}} > \text{Thresh}_{\text{x, low}}$

D. 在一段时间($T_{\text{reselection-E-UTRA}}$)内，$S_{\text{nonservingcell, x}}$ 一直高于该阈值($\text{Thresh}_{\text{x, low}}$)

4. (　　)属于测量控制中的内容。

A. 小区列表　　　　B. 报告方式　　　　C. 测量标识　　　　D. 测量对象

E. GAP

三、简答题

1. LTE 小区搜索的流程是什么？

2. 请简述可能导致 Intra - LTE 无法切换或切换失败的原因。

第 7 章　LTE 信令流程

信令(Signaling)是指通信系统中的控制指令。严格地讲，信令是这样一个系统，它允许网络中的"智能"节点交换呼叫的建立、监控、拆除以及网络管理等信息。也就是说，信令是在无线通信系统中，为使全网有秩序地工作，保证正常通信所需要的控制信号。

信令不同于用户信号，用户信号是通过移动通信网由发信者传输到收信者的，而信令需要在移动通信网的移动台、基站、基站控制中心和移动交换中心之间传输，并对其进行分析、处理来形成一系列操作和控制。为了实现对移动通信网络的控制、状态监测和信道共用，必须要有完善的控制功能。移动通信信令就是用来表示移动通信系统状态信息和完成移动通信系统控制功能的有效途径。

本章重点讲述 LTE 系统的典型信令流程。

7.1　LTE 系统消息

7.1.1　LTE 系统信息概述

为了方便终端的接收，移动通信系统还将同类信息组织在一起，称为一种系统信息 SI(System Information)。系统信息是连接 UE 和网络的纽带，UE 与 E-UTRAN 之间通过系统信息的传递，完成无线通信各类业务和物理过程。它表示的是当前小区或网络的一些特性及用户的一些公共特征，与特定用户无关。通过接受系统的系统信息，移动用户可以得到当前网络、小区的一些基本特征。系统可以在小区中通过特定的系统广播，标识出小区的覆盖范围，给出特定的信道信息。

LTE 系统消息包含 1 个主消息块 MIB(Master Information Block)和多个系统消息块 SIB(System Information Block)。对于 UE，当新接入一个小区或者广播消息发生变化时，都会收到网络发出的系统消息(MIB/SIB)，以帮助更新或纠正 UE 当前的状态，完成相应的通信业务和物理过程。

小区通过广播各种系统信息，可以控制终端相应的处理机制。小区会采用周期性广播系统信息的方式，循环发送系统信息，保证终端都能尽快地接收到系统信息。系统信息广播(System Information Broadcast)是所有移动通信系统必备的功能，LTE 系统也不例外。当然，终端为了省电，只要接收到了有效的系统信息，就不用总是去接收系统信息了。

7.1.2　LTE 系统信息内容

1. 主消息块内容

通过小区搜索获得下行同步后，UE 首先要做的就是寻找 MIB，MIB 中包含着 UE 要从小区获得的至关重要的信息。

MIB 中主要包括以下信息：

（1）下行信道带宽：长 3 bit，对应 6、15、25、50、75 和 100 个 RB 六种带宽，也就是 1.4 MHz、3 MHz、5 MHz、10 MHz、15 MHz 和 20 MHz 的带宽；

（2）物理 HARQ 指示信道（PHICH）配置：PHICH 中包含着上行 HARQ ACK/NACK 信息；

（3）系统帧号（System Frame Number，SFN，帮助同步和作为时间参考）：长 8 bit，代表 SFN 的高 8 位，剩下的低 2 位需要终端自行判断；

（4）eNodeB 通过物理广播信道（PBCH）的循环冗余校验（CRC）掩码通报天线配置数量 1、2 或 4。

2. 系统信息块内容

MIB 中只包含了有限的系统信息。而系统信息的主要部分被包含在通过下行共享信道（DL - SCH）传输的不同系统信息块中。一个子帧中有关下行共享信道的系统信息是否出现，是通过被标记为特别系统信息 RNTI(SI - RNTI)的相关 PDCCH 传输来进行指示的，类似于 PDCCH 提供了对于"普通"下行共享信道传输的调度分配，这个 PDCCH 也指示了系统信息传输所采用的传输格式和物理资源（资源块集合）。

LTE 在其 Rel - 8 中定义了从 SIB1 到 SIB11 的 11 种不同的系统信息块，在 Rel - 9～12 中又定义了 SIB12 至 SIB17，而这些 SIB 的特征是通过包含在其中的信息类型所体现的，如表 7 - 1 所示。

表 7 - 1   系统消息块含义

系统消息块	含 义
SIB1	包含小区运营商的信息，以及关于哪些用户可以接入小区的限制信息等；此外，还包含 LTE - TDD 模式下的上/下行链路子帧分配及特殊子帧配置方面的信息，以及有关其余 SIB(SIB2 及更多)时域调度方面的信息
SIB2	包含终端接入小区所需的信息。其中有上行链路小区带宽、随机接入参数以及上行链路功率控制相关参数方面的信息
SIB3	包含小区重选信息，主要是和服务小区相关的信息
SIB4～8	包含相邻小区的相关信息，其中包含了同载波上相邻小区、不同载波上相邻小区、相邻非 LTE 小区(如 WCDMA/HSPA、GSM)以及 CDMA 2000 小区的相关信息
SIB9	包含居民区或小商业区域的小型基站 Home eNB 名称
SIB10、11	包括地震和海啸警报 ETWS 的主要和次要通知信息
SIB12	包含运营商警告 CMAS 信息
SIB13	用于在 MBSFN 区域发送 MBMS 控制信息
SIB14	包含扩展接入限制 EAB 参数
SIB15	包含当前或者相邻小区的 MBMS 服务区特性(SAI)
SIB16	包含有关 GPS 定时和协同世界时间的消息
SIB17	包含 LTE 和 WLAN 之间通信转换的消息

1）SIB1

SIB1 是最重要的 SIB，它除了包含小区选择相关的系统信息外，还携带了其他 SIB 的调度信息，也就是指明了其他 SIB 会在什么时候出现。

SIB1 承载了如下一些重要内容：

（1）PLMN 标识包括 MCC 和 MNC，LTE 小区可广播多达 6 组 PLMN 标识。

（2）TAC：跟踪区标识。

（3）CID：小区标识，注意这个标识与 PCI 不是一回事，CID 用于核心网，而 PCI 只用于无线网。

（4）小区选择参数：$Q_{RxlevMin}$。

（5）工作频段标识：如果是中国联通和中国电信的 1.8G LTE-FDD 网络，则对应的频段标识就是 3。如果是中国移动的 LTE-TDD 网络，则对应的频段标识是 38、39 或者 40。

（6）SIB 调度信息：其他 SIB 的传输时间和周期。

（7）LTE-TDD 配置参数：包含上下行比例、特殊子帧格式等信息。

2）SIB2

SIB2 包含所有 UE 通用的无线资源配置信息：

（1）上行载频、上行信道带宽用 RB 数量表示（n25、n50）；

（2）无线接入信道（RACH）配置，帮助 UE 开始无线接入过程，如前导码信息（Preamble），用 Frame 表示的传输时间、子帧号（PRACH-ConfigInfo）以及初始发射功率和功率提升的步长（PowerRampingParameters）组合；

（3）寻呼配置，如寻呼周期；

（4）上行功控配置，如 P0-NominalPUSCH/PUCCH；

（5）Sounding 参考信号配置；

（6）物理上行控制信道（PUCCH）配置，支持 ACK/NACK 传输、调度请求和 CQI 报告；

（7）物理上行共享信道（PUSCH）配置，如调频。

3）SIB3

SIB3 包含通用的频率内、频率间、异系统小区重选所需的信息，这个信息会应用在所有场景中。

（1）$S_{IntraSearch}$：开始同频测量的门限，当服务小区的 $S_{ServingCell}$（也就是本小区的小区选择条件）高于 $S_{IntraSearch}$ 时，用户不会进行测量，这样可以节省电池消耗。

（2）$S_{NonIntraSearch}$：开始异频和异系统测量的门限。

（3）$Q_{RxLevMin}$：小区需要的最低信号接收水平。

（4）小区重选优先级：绝对频率优先级 E-UTRAN、UTRAN、GERAN、CDMA 2000 HRPD 或 CDMA 2000 1xRTT。

（5）Q_{Hyst}：计算小区排名标准的本小区磁滞值，用参考信号接收功率（RSRP）计算。

（6）$T_{Reselection\ EUTRA}$：E-UTRA 小区重选计数器。$T_{Reselection\ E-UTRA}$ 和 Q_{Hyst} 可以配置早或者晚出发小区重选。

4）SIB4

SIB4 包含 LTE 同频小区重选的邻区信息，如邻区列表、邻区黑名单、封闭用户群组

（CSG）的物理小区标识号（PCI）。CSG 用于支持 Home eNB。

　　5）SIB5

　　SIB5 包含 LTE 异频小区重选的邻区信息，如邻区列表、载波频率、小区重选优先级、用户从当前服务小区到其他高/低优先级频率的门限等。

　　在 E－UTRAN 中，SIB6、SIB7、SIB8 分别包含网络跳转到 UTRAN、GERAN 和 CDMA 2000 的异系统小区重选信息。SIB1 和 SIB3 也承载异系统相关的信息。

　　6）SIB6

　　SIB6 包含网络到 UTRAN 的异系统切换所需的信息：

　　（1）载频列表：UTRAN 邻区的载波频率列表；

　　（2）小区重选优先级：绝对优先级；

　　（3）$Q_{RxLevMin}$：最小所需接收功率水平；

　　（4）$Thresh_{X-high}$/$Thresh_{X-low}$：从当前服务载频重选到优先级高/低的频率时的门限值；

　　（5）$T_{Reselection\ URTA}$：UTRAN 小区重选的计数器；

　　（6）和速度相关的小区重选参数。

　　在 UTRAN 网络中，在 3GPP R8 中新增与异系统相关的信息除了在 SIB3、SIB4、SIB19 上广播，还会在 SIB6、SIB18、SIB19 上广播。

　　7）SIB7

　　SIB7 包含 GERAN 的异系统切换所需的信息：

　　（1）载频列表：GERAN 邻小区的载波频率列表；

　　（2）小区重选优先级：绝对优先级；

　　（3）$Q_{RxLevMin}$：最小所需接收功率水平；

　　（4）$Thresh_{X-high}$/$Thresh_{X-low}$：从当前服务载频重选到优先级高/低的频率时的门限值；

　　（5）$T_{Reselection\ GETA}$：GERAN 小区重选的计数器；

　　（6）和速度相关的小区重选参数；

　　在 GSM 和 GERAN 中为与 LTE 相关的小区重选参数重新修订了系统消息。

　　8）SIB8

　　SIB8 包含 EHRPD 的异系统小区重选信息：

　　（1）搜寻 EHRPD 的消息：载频、PN 同步的系统时钟、查找窗口大小。

　　（2）EHRPD 的预注册信息（可选）：预注册过程可将服务中断时间最小化，用户在连接 E－UTRAN 网络的时候就可以进行 CDMA 2000 EHRPD 的预注册，从而加快切换时间，反之从 EHPRD 到 E－UTRAN 亦然。预注册在切换之前发生。

　　（3）小区重选门限和参数：$Thresh_{X-high}$、$Thresh_{X-low}$、$T_{Reselection\ CDMA\ 2000}$ 以及其他与速度相关的重选参数。E－UTRAN 可以通过 UE 不同系统的重选优先级来设置小区重选参数。

　　（4）用于检测潜在 EHRPD 目标小区的邻区列表。

　　9）SIB9

　　SIB9 包含 Home eNB 的名称，Home eNB 是微微小区，用于居民区或小商业区域的小型基站。

10) SIB10

SIB10 主要用于公众通知(ETWS,地震海啸预警系统)。

11) SIB11

SIB11 用于 ETWS 的第二次通知,寻呼过程用于装有 ETWS 的手机(处于 RRC 空闲或者 RRC 连接状态)监听 SIB10 和 SIB11。

7.1.3　系统消息的调度

协议规定了 MIB 和 SIB1 的传输时间和周期,确定用户何时去听 MIB 和 SIB1(其他 SIB 的传输时间和周期由 SIB1 定义),每个信息块如何发送、何时发送,这就是系统消息的调度。

1. 主消息块的调度

MIB 的发送基站每 40 ms 产生一个 MIB,经过编码后,将内容映射到四个连续的无线帧上。MIB 的调度如图 7-1 所示。

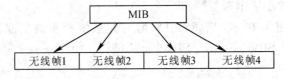

图 7-1　MIB 的调度

MIB 固定映射到无线帧的 PBCH 信道上。MIB 的编码方法冗余性极高,这可以保证终端的接收效果。通常,终端只要接收到一个无线帧上的 PBCH,就足以获得 MIB 了。

2. SIB1 的调度

由于 SIB1 中携带了其他 SIB 的调度信息,因此 SIB1 的发送与 MIB 类似,也是在固定时刻发送的,这样可以方便终端接收。SIB1 每两个无线帧发送一次,固定在无线帧的第 5 个子帧上发送,使用 PDSCH 信道。SIB1 的内容以 80 ms 为一个发送周期。因此在每个发送周期,SIB1 会发送 4 次,每次发送的内容是重复的,这样可以确保接收的可靠性。图 7-2 展示了 SIB1 的发送情况,图中的每个长方格代表一个无线帧,阴影部分代表一个子帧。

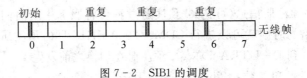

图 7-2　SIB1 的调度

7.2　LTE 信令流程

在通信系统中,接口上传递的信息包括业务信息以及控制信息。信令就是控制信息,它与业务相辅相成,发挥着重要的作用。这些信令必须遵循一定的协议,这样接口两端的设备才能正确理解。由于通信系统功能复杂,因此接口采用了分层结构,每层都采用一种协议，每种协议完成一种特定的功能。

　　通常信令的内容以消息为单位，信息的格式由相应的协议来规定。消息传递的先后顺序也是由协议规定的，这就是信令流程。信令流程就是通信系统不同设备之间信令的交互过程。这些交互过程发生在设备间的接口之上。

　　信令流程在网络优化过程中具有极其重要的作用。移动通信系统的空中接口是开放的，信令流程又发生在接口上，因此很容易被俘获和监听。技术人员不需要与网络设备直接连接，利用测试终端就能方便地获取大量的信令流程，从而在外界获得大量有价值的信息。

　　终端设备的处理机制和运作流程如小区选择、小区重选、寻呼以及切换等，都需要终端与基站的交互，乃至终端与 MME 的交互，这些交互就体现在信令流程上。通过分析信令流程，我们就可以判断设备的运作是否正常，进而定位故障、解决问题。因此，解读信令流程是网优人员的一项必备技能。

　　LTE 系统常见的五大信令流程如下：

　　(1) 终端的附着流程，这个流程通常在开机时执行，从待机状态进入联机状态后，终端往往还会返回待机状态；

　　(2) 位置更新流程与附着流程类似，也是从待机状态开始，多半又返回待机状态；

　　(3) 收发数据的流程，终端会从待机状态进入到联机状态，并且停留在联机状态；

　　(4) 切换流程则发生在终端的联机状态；

　　(5) 释放流程使得终端从联机状态返回待机状态。

　　LTE 常见信令消息含义表如表 7 - 2 所示。

表 7 - 2　常见信令消息含义表

常见信令消息	含　义
RRC Connection Request	连接请求
RRC Connection Setup	建立连接
RRC Connection Setup Complete	连接建立完成
Initial UE Message	初始化 UE 消息
Initial Context Setup Request	初始上下文建立请求
Initial Context Setup Response	初始 UE 上下文建立完成
RRC Security Mode Command	安全模式激活命令
RRC Security Mode Complete	安全模式激活完成
RRC UE Capability Enquiry	查询 UE 能力
RRC UE Capability Information	报告 UE 能力
UE Capability Information Indication	更新 MME 的 UE 能力
RRC Connection Reconfiguration	RRC 进行 UE 资源重配
RRC Connection Reconfiguration Complete	RRC 资源重配置完成
Uplink/UL Information Transfer	上行信息传输
Uplink/UL NAS Transfer	上行链路传输
DL Information Transfer	下行信息传输

续表

常见信令消息	含义
DL NAS Transfer	下行链路传输
Bearer Resource Allocation Request	承载资源分配请求
Activate Dedicated EPS Bearer Context Request	激活专用 EPS 承载上下文请求
Activate Dedicated EPS Bearer Context Accept	激活专用 EPS 承载上下文接受
Handover Request	移交请求
Handover Request Acknowledge	移交请求确认
Mobility Control Info	移动控制信息
SN Status Transfer	状态转移
UE Context Release	上下文释放
Handover Command	移交命令
eNB Status Transfer	eNB 状态转移
MME Status Transfer	MME 状态转移
Handover Notify	交接通知
UE Context Release Request	上下文释放请求
UE Context Release Command	上下文释放命令
UE Context Release Complete	上下文释放完成
Detach Request	分离请求
Detach Accept	分离接受

7.3　附着流程

附着过程完成终端在 PLMN 中注册，并驻留到小区；在 MME 中建立终端上下文；为终端建立默认承载(Default Bearer，也翻译为缺省承载)等操作。该承载是为了实现终端始终在线(Always On)，从而减少处理时延而提供的 EPS 承载。

附着是 LTE 系统的基本信令流程，终端通常会在以下三种情况下进行附着：

(1) 终端开机后需要进行附着，这种附着称为初始附着，这是最常见的一种情况；

(2) 终端从覆盖盲区返回到覆盖区，需要进行附着；

(3) 终端原来没有插 SIM 卡，后来插入 SIM 卡了，就需要进行附着。

附着的过程如图 7-3 所示。

由图 7-3 可以看出，附着过程分为四个步骤：

(1) 小区选择；

(2) 随机接入；

(3) 初始附着 Attach；

(4) 资源释放。

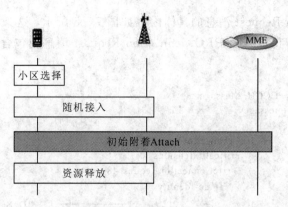

图 7 - 3　附着的过程

在附着过程中，第 3 个步骤即初始附着 Attach 是最重要的，该过程涉及终端、基站和 MME。

7.3.1　小区选择的步骤

附着相关小区的选择过程包含初始小区选择以及普通小区选择两个环节。

开机后，终端进行初始小区选择，通过全频段扫描，得到可用 PLMN 的列表。终端根据可用 PLMN 的列表，进行普通小区选择。

终端在 PLMN 对应的频点上进行测量，如果目标小区的测量结果满足小区选择的 S 算法，终端就与目标小区实现同步，接收目标小区广播的系统信息。终端根据系统信息的内容，决定是否进行 PLMN 注册，并驻留到目标小区。如果终端决定进行 PLMN 注册，就需要进行附着。终端随即进行随机接入的过程。

7.3.2　随机接入过程

附着过程采用的是竞争性随机接入，随机接入过程如图 7 - 4 所示，涉及四条 MAC 信令，分别是 MSG1、MSG2、MSG3 和 MSG4。MSG3 和 MSG4 承载了 RRC 信令，用于建立 RRC 连接。

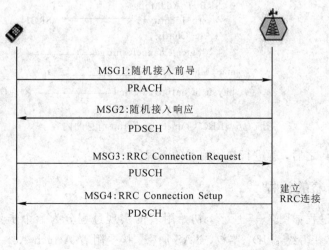

图 7 - 4　随机接入的过程

RRC Connection Request 消息的具体内容如图 7 - 5 所示，这条消息由 MSG3 承载，由终端发出。从图中可以看到，RRC Connection Request 消息中包含了终端的 ID 和建立原因。

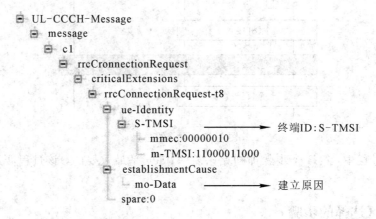

图 7 - 5　RRC Connection Request 消息的内容

RRC Connection Setup 消息的具体内容如图 7 - 6 所示。这条消息由 MSG4 承载，由基站发给终端。从图中可以看到，RRC Connection Setup 消息中包含了 SRB1 的具体配置，也就是相关的逻辑信道、传输信道和物理信道的配置。

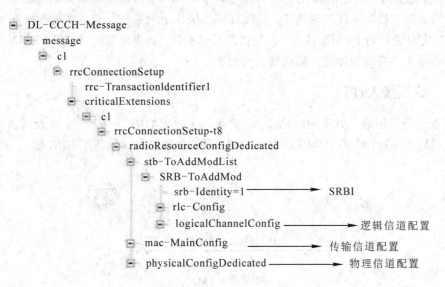

图 7 - 6　RRC Connection Setup 消息的内容

随机接入成功之后，就进行初始附着的流程。

7.3.3　初始附着的流程

初始附着的过程如图 7 - 7 所示。初始附着的实现过程分为七个步骤，包括请求附着 Attach Request、获得终端 ID、鉴权、NAS 加密、接受附着 Attach Accept、建立 SRB2 和默认承载相关 RB 以及完成附着 Attach Complete。

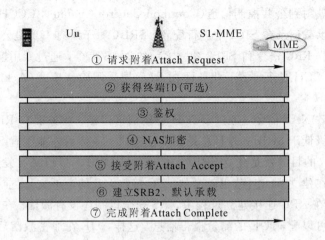

图 7-7 初始附着的过程

初始附着的实现过程涉及的信令流程如图 7-8 所示。

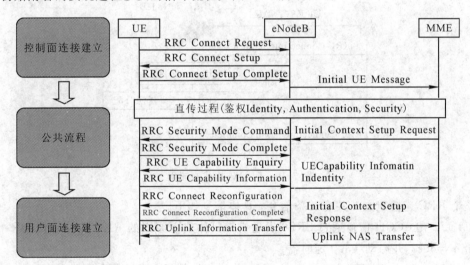

图 7-8 附着信令流程

整个附着流程分为控制面连接建立、公共流程、用户面连接建立三个过程。

1. 控制面连接建立

控制面连接建立包括空口的 RRC 连接建立和 S1 接口的信令连接建立两部分。两个流程有严格的先后顺序,必须在完成 RRC 连接建立之后,才能发起 S1 信令连接的建立。

1) RRC 连接建立

UE 处于空闲模式时,如果 UE 的接入层(Access Stratum,AS)请求建立信令连接,那么 UE 将发起 RRC 连接建立请求。RRC 连接是 UE 和 eNodeB 之间通过 RRC 协议建立起的一条逻辑上的连接,用于承载 RRC 和高优先级的 NAS 层信令。RRC 连接总是由 UE 发起,RRC 释放由 eNodeB 发起,每个 UE 最多只能有一个 RRC 连接。

信令无线承载(Signal Radio Bearers,SRB)定位为只用于传输 RRC 和 NAS 消息的无线承载(Radio Bearers,RB)。LTE 中定义了三个 SRB。

（1）SRB0 被映射到公共控制信道（Common Control Channel，CCCH），用于发送或接收 RRC 消息，所承载信息在 SIB2 中进行配置。SRB0 对于所有 UE 是公共的。

（2）SRB1 承载 RRC 信令和 SRB2 建立之前的 NAS 信令，通过专用控制信道（Dedicated Control Channel，DCCH）进行承载，业务面在 RLC 层采用确认模式（Acknowledged Mode，AM）。

（3）SRB2 承载 NAS 信令，通过 DCCH 逻辑信道传输，业务面在 RLC 层采用 AM 模式。SRB2 的优先级低于 SRB1，并且总是在安全模式下激活后才能配置 SRB2。

RRC 连接建立的目的就是建立 SRB1，也用于 UE 向 E-UTRAN 发送 NAS 层专用信息。E-UTRAN 在建立 S1 连接（也就是从 EPC 接收 UE 的上下文）之前要先完成 RRC 连接的建立，因此，在 RRC 连接建立过程中，AS 安全机制还没有激活。在 RRC 初始建立阶段，E-UTRAN 可以配置 UE 的测量报告信息，这样，UE 在加密激活后就可以接收切换消息了，RRC 连接建立流程如图 7-9 所示。

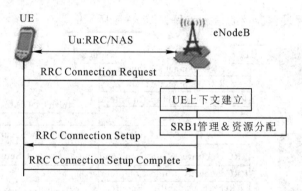

图 7-9　RRC 连接建立流程

整个 RRC 连接建立一共有三条信令，具体信令如下。

（1）UE 在 CCCH 信道通过 SRB0 发送携带具体建立原因的 RRC Connection Request 消息给 eNodeB，并启动 T300 定时器。

（2）eNodeB 收到 RRC Connection Request 消息后，根据无线资源管理（Radio Resource Management，RRM）算法对 UE 进行准入控制。如果允许，则在 CCCH 信道向 UE 回复 RRC Connection Setup 消息，消息中携带 SRB1 资源配置的详细信息，包括默认物理信道配置、半静态调度配置、默认 MAC 层配置和 CCCH 配置。如果 T300 定时器超时，UE 仍未收到 eNodeB 的回复，则重置 MAC，释放 MAC 资源，重建 RLC 资源，并告知上层 RRC 连接建立失败。

（3）UE 收到的 RRC Connection Setup 消息指示的 SRB1 资源信息后，进行无线资源配置，然后发送携带 NAS 消息的 RRC Connection Setup Complete 给 eNodeB。eNodeB 收到 RRC Connection Setup Complete 消息后，RRC 连接建立完成。

2）S1 信令连接建立

RRC 连接建立完成后，eNodeB 在收到 RRC Connection Setup Complete（承载第一条上行 NAS 消息）消息后，应激活 NAS 传输进程，并将此第一条 UL NAS 消息用 Initial UE Message 消息向 MME 发送，触发 S1 信令连接建立，具体流程如图 7-10 所示。

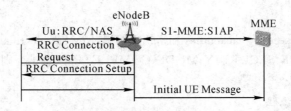

图 7 - 10　S1 信令连接建立流程

Initial UE Message 主要携带两个 NAS 消息：

（1）EPS 移动性管理（EPS Mobility Management，EMM）："ATTACH REQ"消息；

（2）EPS 会话管理（EPS Session Management，ESM）："PDN CONNECTIVITY REQ"消息。

2. 公共流程

1）鉴权加密总体流程

当 MME 收到 UE 初始消息以后，通过跟其他 EPC 设备的交互，启动鉴权以及 NAS 层的加密流程。核心网和 UE 通过四条 NAS 直传消息来完成鉴权和 NAS 安全配置流程，具体流程如图 7 - 11 所示。

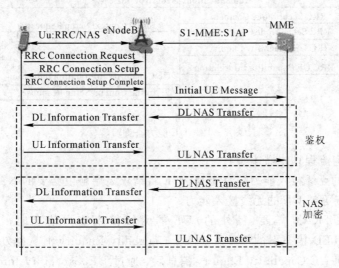

图 7 - 11　鉴权加密总体流程

鉴权加密总体流程具体描述如下。

（1）MME 发起鉴权请求（Authentication Request，AUTH REQ）消息，携带鉴权相关信息随机数（Random Number，RAND）和认证字（Authentication Token，AUTN）。

（2）UE 收到 AUTH REQ 消息后回复鉴权响应（Authentication Response，AUTH RES）消息，消息中携带 RES 参数。

（3）MME 收到 AUTH RES 后，触发安全模式流程；否则，返回鉴权拒绝（Authentication Reject，AUTH REJ）消息。

（4）UE 收到安全模式命令（Security Mode Command，SMC）消息后，进行如下操作。

① 根据 SMC 消息中的 Selected NAS security algorithms 信元计算出 KnasEnc 和

KnasInt 密钥。

②　校验信元 UE security capabilities 和密钥集标识(Key Set Identifier，KSI)是否合法。如果合法，则回复 MME SECURITY MODE COMPLETE 消息；否则，返回 SECURITY MODE REJECT 消息。

2) UE 能力查询流程

当 eNodeB 收到 UE 上下文建立请求后，为了建立空口的承载，网络侧需要获取 UE 的能力信息。

UE 能力传送流程包含两部分：一部分用于 UE 向 E-UTRAN 传递 UE 的无线接入网能力信息；另一部分用于在 E-UTRAN 没有预先通知 MME 的情况下，eNodeB 向 MME 提供和更新 UE 的能力信息。UE 能力查询流程如图 7-12 所示。

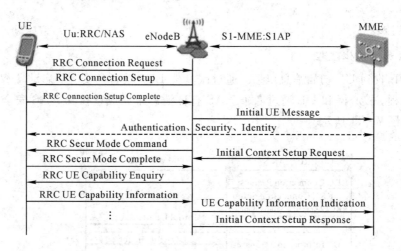

图 7-12　UE 能力查询流程

UE 能力查询流程具体描述如下。

(1) 当 UE 的无线接入能力被改变时，UE 将请求高层触发必要的 NAS 信令流程，通过新的 RRC 连接更新 UE 的无线接入能力。

(2) 当 E-UTRAN 需要(额外的)UE 的无线接入能力信息时，E-UTRAN 向 RRC_CONNECTED 状态下的 UE 发送 UE Capability Enquiry 消息触发此流程。

(3) UE 收到 UE Capability Enquiry 消息后，通过 UE Capability Information 消息上报其能力给 E-UTRAN，包括无线接入能力和支持的特性。

(4) E-UTRAN 收到 UE 上报的能力信息后，通过其控制的相关 UE 的 S1 逻辑连接，发送 UE Capability Information Indication 消息给相关的 MME，MME 收到该消息后，新的 UE 能力信息将覆盖已有的 UE 能力信息。

3. 用户面连接建立

建立对无线侧来讲，用户面连接指的就是演进的无线接入承载(E-RAB 承载)，所以 E-RAB 承载的建立包括 S1 接口的 S1 承载建立和空口的无线承载建立两个流程。

1) S1 承载建立

S1 承载的建立是通过 Initial Context Setup Request 和 Initial Context Setup Response 两条初始上下文建立信令建立起来的，具体流程如图 7-13 所示。

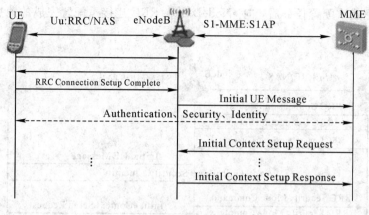

图 7 - 13　S1 承载建立流程

S1 承载建立流程具体描述如下：

（1）核心网 MME 会向 eNodeB 发送 Initial Context Setup Request 消息，其中携带了 S－GW IP 和 S－GW 分配的上行隧道传输协议（GTP）隧道 ID（Tunnel Endpoint Identifier，TEID），由此就打通了上行承载通道，所以 MME 必须在收到 Initial Context Setup Response 消息前准备好接收用户数据。除此之外，消息中还携带有本次承载的 QoS 信息，即 E－RAB ID、标度值（QCI）、聚合最大比特速率（AMBR）等，要求 eNodeB 在无线侧给用户分配承载资源。

（2）eNodeB 收到 Initial Context Setup Request 消息后，根据 RRM 算法及与安全相关的算法，为 UE 分配接入层资源，并通过 Uu 接口相关流程完成 UE 配置。

（3）eNodeB 收到 UE 的配置响应消息后，通过 Initial Context Setup Response 消息向 MME 回复配置结果，其中携带了 eNodeB IP 和 eNodeB 分配的下行 GTP TEID。

至此，S1 承载的上下行通道都打通了，初始附着过程中建立的这个 S1 承载属于 UE 的默认承载。

2）无线承载建立

当 AS 层安全加密完成以后，eNodeB 开始配置空口的信令承载 SRB2 以及业务面的数据无线承载（Data Radio Bearer，DRB）。eNodeB 通过向 UE 发起 RRC 连接重配消息，从而发起 RRC 连接重配置过程。当要求建立、更改、释放无线承载，或执行切换，或建立、更改、释放测量配置时，都使用 RRC 连接重配过程来修改 RRC 连接，具体的无线承载建立流程如图 7 - 14 所示。

无线承载建立流程具体描述如下。

（1）eNodeB 发送 RRC Connection Reconfiguration 消息给 UE，要求 UE 对无线资源进行重配。

（2）UE 接收到 RRC Connection Reconfiguration 消息后，查看消息里面是否携带移动控制信息。如果没有携带移动控制信息，同时 UE 能满足消息中的配置要求，则按照无线资源配置过程进行无线资源的配置。

（3）如果 RRC Connection Reconfiguration 消息中包含了移动控制信息（Mobility Control Information），则认为这是一条切换的重配命令。UE 在收到该命令后，马上进行切换操作。

（4）UE 完成重配置任务后，向 eNodeB 回复 RRC 连接重配置完成的消息，本次 RRC 连接重配结束。

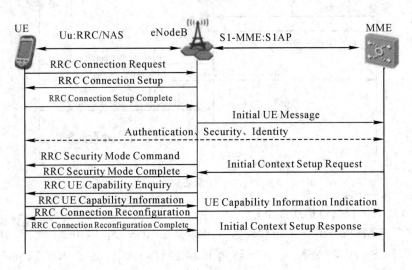

图 7 - 14　无线承载建立流程

7.4　收发数据流程

收发数据是 LTE 终端的主要工作，LTE 系统利用 EPS 承载来传输数据。EPS 承载落实到无线网络就是 E - RAB，因此终端收发数据流程是围绕建立 E - RAB 来展开的。

收发数据分为终端发起和网络侧发起两种情况，我们重点学习终端发起的具体信令流程。

根据终端的状态，终端发起收发数据的信令流程分为以下两种：

（1）如果终端处于待机状态，那么需要先经过随机接入的过程，使终端获得资源，从而建立起 E - RAB，用来承载数据。

（2）如果终端处于联机状态，并且已经有默认承载，但是不满足用户的业务需求，那么这时终端也需要建立新的 EPS 承载。当然，这种情况并不常见，因为通常是由网络侧来发起建立 EPS 承载的。

7.4.1　终端发起收发数据的过程（待机）

1. 整体过程

待机状态下终端发起收发数据的过程如图 7 - 15 所示。终端先进行随机接入过程，之后重建默认承载相关 E - RAB 的过程，信令流程涉及终端、eNB 和 MME。

2. 重建 E - RAB 的过程

重建默认承载相关 E - RAB 的过程如图 7 - 16 所示，这个过程发生在终端随机接入成功之后。

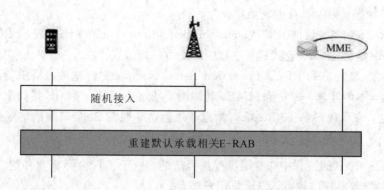

图 7-15　待机状态终端发起收发数据的过程

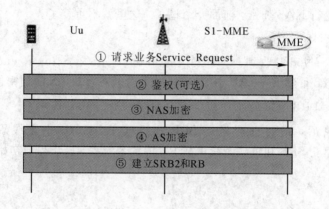

图 7-16　重建 E-RAB 的过程

从图 7-16 可以看到，重建 E-RAB 的过程分为五个步骤，分别是请求业务、鉴权、NAS 加密、AS 加密以及建立 SRB2 和 RB。

3. 请求业务

重建 E-RAB 的第 1 个步骤是终端发送业务的请求，信令流程如图 7-17 所示。

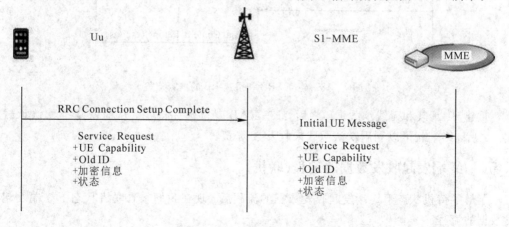

图 7-17　业务请求的信令流程

业务请求称为 Service Request，是一种 NAS 信令。在 Service Request 消息中，包含了

终端的能力、状态、标识以及加密信息。

Service Request 消息借助 RRC Connection Setup Complete 消息来承载，RRC Connection Setup Complete 消息是 RRC 连接建立过程中的最后一条消息。

基站收到终端发出的 RRC Connection Setup Complete 消息后，从中提取出 Service Request 消息，不做处理，转发给 MME。转发时，基站采用 S1-MME 接口上的 Initial UE Message 消息，来承载 Service Request 消息，并建立终端在 S1 接口上的信令连接。

4. 鉴权

在重建 E-RAB 的过程中，鉴权过程是可选的。由于鉴权会影响业务建立的时间，因此 MME 可以配置鉴权的频度，以优化用户体验。

5. NAS 加密

鉴权成功后进行 NAS 加密，前面介绍过了，这里就不重复了。

6. AS 加密

NAS 加密后，eNodeB 收到 MME 发送的 Initial Context Setup Request 消息。eNodeB 根据 MME 的消息，重建 E-RAB 中的 S1 承载部分，并启动 AS 的加密过程。

7. 建立 SRB 和 RB

完成 AS 加密后，最后进行建立 SRB 和重建 E-RAB 中无线承载 RB 的过程。图 7-18 展示了建立 SRB 和重建无线承载 RB 的信令流程，该流程与初始附着过程中的信令流程没有差别。

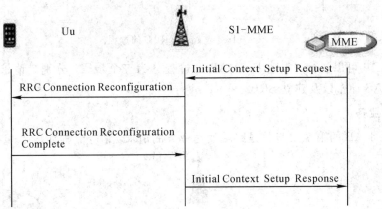

图 7-18　建立 SRB 和重建 RB 的信令流程

重建 S1 承载和无线承载 RB 之后，E-RAB 就重建完毕了，从而恢复了默认承载过程。之后，终端就可以利用默认承载来收发数据了。

7.4.2 终端发起收发数据的过程(联机)

了解了待机状态下终端发起收发数据的流程后，现在我们来看联机状态下终端发起收发数据的流程。

1. 整体过程

联机状态下终端已经建立了 SRB1 和 SRB2，不需要经过随机接入过程，就可以发起建

立 EPS 承载的过程，其过程如图 7 - 19 所示，分为 EPS 承载建立请求、E - RAB 指配和
EPS 承载建立完成三个步骤。

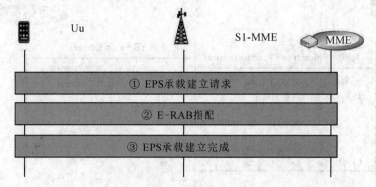

图 7 - 19　联机状态终端发起建立 EPS 承载的过程

2. EPS 承载建立请求

由于默认承载不满足业务需求，因此终端需要向 MME 申请建立新的 EPS 承载，其信
令流程如图 7 - 20 所示。

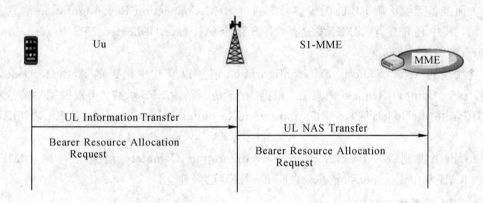

图 7 - 20　终端请求建立 EPS 承载的信令流程

终端利用 SRB2，向基站 eNodeB 发送 UL Information Transfer 消息，其中携带了
NAS 信令 Bearer Resource Allocation Request，在 Bearer Resource Allocation Request 消
息中包含了终端的 QoS 需求等内容。

eNodeB 收到终端发送的 UL Information Transfer 消息后，利用 UL NAS transfer 消
息，将 Bearer Resource Allocation Request 消息转发给 MME。

3. 指配 E - RAB

MME 收到 Bearer Resource Allocation Request 消息后，经过核心网内部的交互，决
定为终端分配资源，建立新的 EPS 承载。于是 MME 启动指配 E - RAB 的信令流程，如图
7 - 21 所示。

MME 向基站发送 E - RAB Setup Request 消息，其中包含了 S1 承载的配置信息。消
息中还携带了 NAS 信令 Activate Dedicated EPS Bearer Context Request，其中包含发给终
端的 EPS 承载的配置信息。

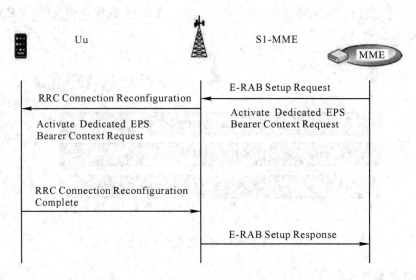

图 7-21　指配 E-RAB 的信令流程

eNodeB 收到 E-RAB Setup Request 消息后，一方面在 S1-U 接口上建立 S1 承载；另一方面准备无线承载 RB 的配置参数，通过 RRC Connection Reconfiguration 消息发送给终端，其中还转发了 MME 发送的 NAS 信令 Activate Dedicated EPS Bearer Context Request。

终端收到 RRC Connection Reconfiguration 消息以及其中携带的 Activate Dedicated EPS Bearer Context Request 消息后，根据 NAS 信令新建 EPS 承载，再根据基站的指示建立起 RB，并向 eNodeB 回复 RRC Connection Reconfiguration Complete 消息，表明 RB 已经建立。

eNodeB 收到 RRC Connection Reconfiguration Complete 消息后，向 MME 回复 E-RAB Setup Response 消息，表明 E-RAB 已经建立。

4. EPS 承载建立完成

最后，终端向 MME 确认 EPS 承载已经建立完毕，其信令流程如图 7-22 所示。

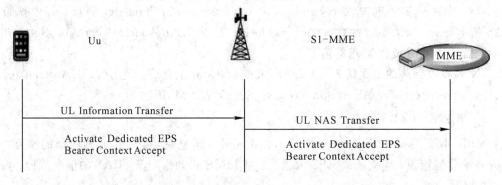

图 7-22　EPS 承载建立完成的信令流程

终端利用 SRB2，向基站 eNodeB 发送 UL Information Transfer 消息，其中携带了 NAS 信令 Activate Dedicated EPS Bearer Context Accept。eNodeB 收到该消息后，利用

UL NAS Transfer 消息，将 Activate Dedicated EPS Bearer Context Accept 消息转发给 MME。

至此，联机状态下新建 EPS 承载的信令流程就结束了，终端可以在新建的 EPS 承载上收发数据了。

7.4.3　网络发起收发数据的过程(待机)

了解了终端发起收发数据的流程后，现在我们来看网络侧发起收发数据的流程。网络侧发起的收发数据的信令流程是根据终端的状态来区别的。

如果终端处于待机状态，那么需要经过寻呼、随机接入的过程，使终端获得资源来重建 E-RAB，从而恢复默认承载，用来承载数据。

如果终端处于联机状态，并且已经有 EPS 承载，但是不足以支持业务需求，这时网络侧需要发起建立新的 EPS 承载。这种情况通常是由于默认承载不满足用户的业务需要。

1. 整体过程

待机状态下网络侧发起收发数据的过程，如图 7-23 所示。

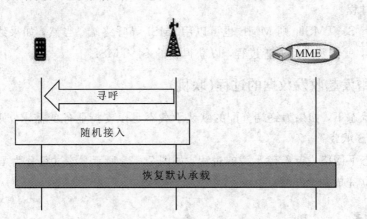

图 7-23　待机状态下网络侧发起收发数据的过程

由于 S-GW 是数据业务的锚点，因此与终端相关的数据包根据终端的 IP 地址来路由，最终会到达 S-GW。S-GW 收到终端相关的数据包后，由于终端处于待机状态，因此需要 MME 通过寻呼来通知终端有数据到达。

终端收到寻呼后，会进行随机接入过程。

最后是终端恢复默认承载的过程，其信令流程涉及终端、eNodeB 和 MME。

2. 寻呼过程

从图 7-23 中可以看到，寻呼过程是网络侧发起的收发数据过程中的关键环节，下面我们来介绍寻呼的过程。

寻呼的信令流程如图 7-24 所示。当网络侧有终端的数据到达后，如果终端处于待机状态，那么 MME 就会根据终端的上下文，找到终端的 TA 跟踪区列表。

MME 首先根据终端的 TA 列表，得到下属 eNodeB 的列表。MME 在列表中所有 eNodeB 的 S1-MME 接口上发送寻呼消息，其中包含终端的 S-TMSI 以及 UE Identity Index Value

等参数,其中 UE Identity Index Value 参数是终端 IMSI 整除 1024 后的余数,也就是 UE_ID,它用来定位寻呼帧,使得 eNodeB 可以在终端相关的寻呼帧上发出寻呼消息。

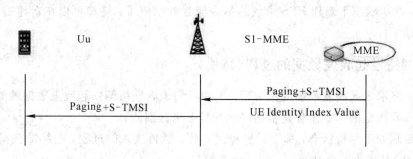

图 7 - 24　寻呼的信令流程

eNodeB 根据 MME 提供的信息,针对每个被寻呼的终端,找到相应的寻呼帧,产生寻呼消息,并且在 LTE 空中接口上广播。

终端在寻呼帧时刻唤醒,在接收到寻呼消息后,如果发现是自己的 S-TMSI,就会发起随机接入过程。

如果没有 S-TMSI,则 MME 也可以用 IMSI 寻呼终端。当然,如果终端收到的寻呼内容是 IMSI,就需要进行附着过程,以获得新的 S-TMSI。

7.4.4　网络发起收发数据的过程(联机)

在联机状态下,如果为终端分配的默认承载不足以支持业务的需求,则网络侧还需要发起新建 EPS 承载。

联机状态下网络发起新建承载的过程,如图 7-25 所示。该过程分为 E-RAB 指配和 EPS 承载建立完成两个步骤。

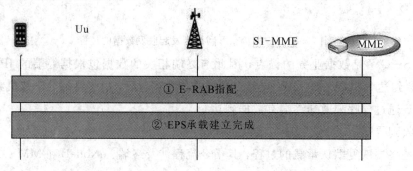

图 7 - 25　联机状态下网络发起新建 EPS 承载的过程

7.5　切换流程

7.5.1　切换基础

切换是 LTE 终端在联机状态经常会遇到的信令流程,切换信令流程的种类如图 7-26

所示。

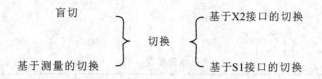

图 7 - 26　LTE 系统切换信令流程的种类

在 LTE 系统中，切换可以分为盲切和基于测量的切换。盲切一般是应急切换，速度快，但是效果没有保障；而基于测量的切换能根据无线环境的特点进行切换，耗时虽然比较长，但是切换效果比较好。通常情况下，我们会尽可能地采用基于测量的切换，因此我们重点学习的切换流程都是基于测量的切换。

从切换涉及的无线网络接口来看，LTE 系统的切换分为基于 X2 接口的切换和基于 S1 接口的切换两种类型，其中基于 X2 接口的切换的信令流程简洁，处理延时更少，是优选的切换方式。只有源基站与目标基站之间没有建立 X2 接口的情况下，我们才会考虑采用基于 S1 接口的切换。

无论是基于哪种接口，切换过程都是类似的，如图 7 - 27 所示，分为测量和切换过程两个步骤。

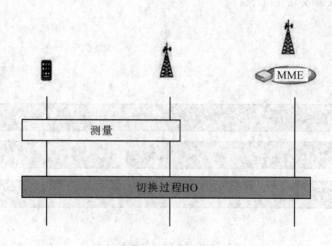

图 7 - 27　切换过程

值得注意的是，在图 7 - 27 的右上角，有 MME 和基站两种网元，这就对应了两种不同类型的切换方式。

7.5.2　测量

测量过程如图 7 - 28 所示，分为基站下发测量配置、终端按测量配置进行测量以及终端发送测量报告三个步骤。

由于测量报告通常采用触发的方式生成，因此测量配置与测量报告之间的时间间隔并不固定。

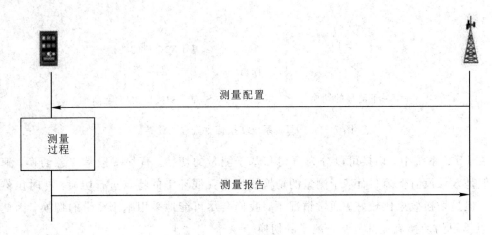

图 7 - 28　测量的过程

7.5.3　基于 X2 接口的切换

1. 整体过程

基于 X2 接口的切换过程如图 7 - 29 所示。切换过程分为三个步骤，分别是切换启动、非竞争性随机接入以及切换完成。

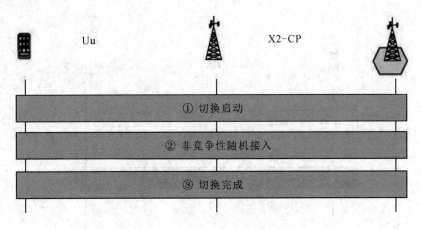

图 7 - 29　X2 接口的切换过程

2. 切换启动

切换启动是切换过程的第一个步骤。在同频切换中，基站收到终端 A3 事件的测量报告后，将启动切换，这个信令流程如图 7 - 30 所示。在图中最右边的设备是目标基站，中间的是源基站。

启动信令流程，源基站收到终端发出的 A3 事件的测量报告后，根据测量报告中的 PCI，得到目标基站的信息。

图 7 - 31 展示了一个典型的测量报告的内容，终端在测量报告中反馈了服务小区和两个邻区的 RSRP 和 RSRQ 的测量结果。

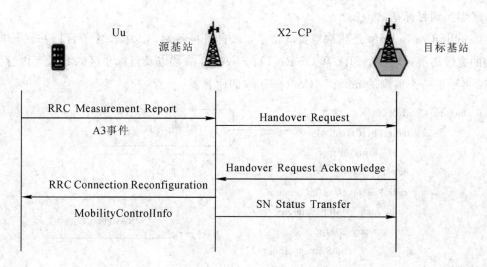

图 7 - 30 基于 X2 接口的切换

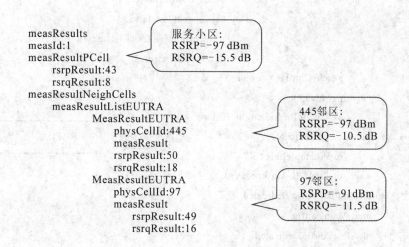

图 7 - 31 一个典型的测量报告

源基站收到终端发出的测量报告后，发现其中 PCI＝445 的邻区信号最好。于是源基站检查邻区配置，发现已经与 PCI＝445 的邻区所在的目标基站之间建立了 X2 接口，因此切换相关的信令可以利用其中的 X2 - CP 逻辑接口来传输。

于是，源基站在 X2 - CP 接口上向目标基站发出 Handover Request 消息，其中包含了目标小区标识、UE 上下文以及转发数据相关的信息，用于准备切换。

目标基站收到源基站发出的 Handover Request 消息后，判断可以接纳终端的切入，在准备好小区无线网络临时标识（C - RNTI）和随机接入前导等资源后，向源基站回复 Handover Request Acknowledge 消息，其中携带了切换过程的相关控制信息，这样就完成了切换准备工作。

源基站收到目标基站发出的 Handover Request Acknowledge 消息后，向终端发出 RRC Connection Reconfiguration 消息，其中包含 mobilityControlInfo 的内容，用来通知终

端如何切换到目标基站。

mobilityControlInfo 是非常重要的信息，来自目标基站，其中包含了目标基站分配给终端的宽带集群系统（RAPID）和 C－RNTI、PRACH 参数以及目标小区的 PCI 等内容。图 7－32 展示了一个典型的 mobilityControlInfo 的内容。

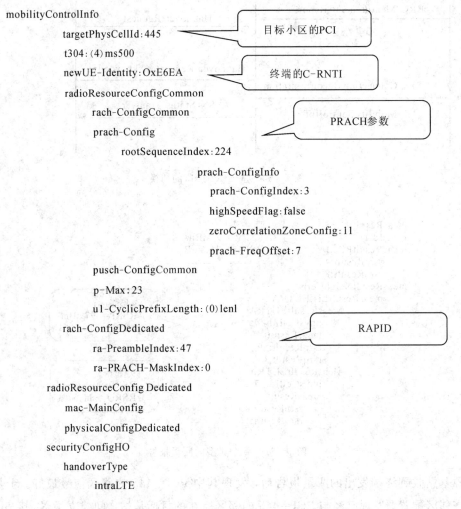

图 7－32　一个典型的 mobilityControlInfo 的内容

终端收到 mobilityControlInfo 后，就可以根据其中的参数向目标基站发起随机接入过程。

源基站在向终端发送 RRC Connection Reconfiguration 消息的同时，还向目标基站发送 SN Status Transfer 消息，其中包含 PDCP 子层加密的参数，这样可以让终端的业务能够在目标基站中继续进行。源基站同时还把收到的终端数据包转发给目标基站。

3. 非竞争性随机接入

终端在切换过程中进行的是非竞争性随机接入，信令流程如图 7－33 所示。在非竞争性随机接入流程中，终端使用 RAPID 已经指定，不需要竞争了。

图 7 - 33 非竞争性随机接入的信令流程

终端首先发出随机接入前导，也就是 MSG1，使用目标基站分配的 RAPID。目标基站收到 RAPID 后，由于这个 RAPID 专用于切换，而且与特定的终端之间已经绑定，因此目标基站知道是特定的终端切换过来了。

于是目标基站用随机接入响应 MSG2 为终端分配上行资源，同时为终端分配 C - RNTI。

4. 切换完成

终端收到 MSG2 后，向目标基站发送 RRC Connection Reconfiguration Complete 消息，表明切换已经完成，信令流程如图 7 - 34 所示。

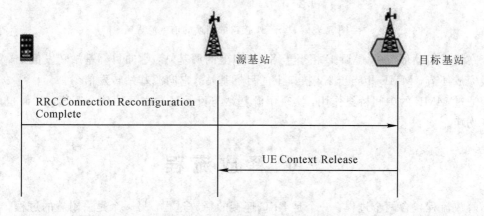

图 7 - 34 切换完成的信令流程

不过虽然终端已经顺利切换过来了，但是目标基站还有许多收尾的任务需要完成。

第一项任务是通过 MME 通知 S - GW，将终端的 S1 承载从源基站变更到目标基站。这个任务需要目标基站向 MME 发送 Path Switch 消息。

这个任务完成后，目标基站向源基站发送 UE Context Release 消息，通知源基站可以释放终端相关的上下文了。

至此，基于 X2 接口切换的信令流程结束，终端可以通过目标基站继续收发数据。

7.5.4　基于 S1 接口的切换

在源基站与目标基站之间没有建立 X2 接口时，才会发生基于 S1 接口的切换。

图 7-35 展示了基于 S1 接口的切换的信令流程，图中这两个基站连接在同一个 MME 下。基于 S1 接口的切换过程与基于 X2 接口的切换过程大同小异，只是多了 MME 这样一个中间环节而已。

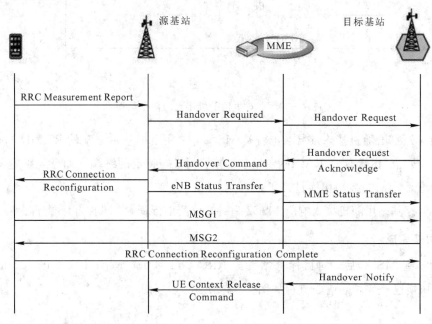

图 7-35　基于 S1 接口的切换的信令流程

在切换启动环节中，MME 相当于 X2 接口上的源基站，它向目标基站转发信令；而在切换完成环节，MME 相当于 X2 接口上的目标基站，它向源基站转发信令。

通过 MME 的中间桥梁作用，实现了源基站与目标基站之间的信令互通，从而也就实现了切换。

7.6　释　放　流　程

释放流程包含两个过程，一个是 RRC 连接的释放过程，另一个是去附着的过程。

7.6.1　RRC 连接释放

终端从联机状态转入待机状态，就需要释放 RRC 连接，当然在释放 RRC 连接的同时，S1 接口上的承载和信令连接也需要释放掉，这样可以节省系统的资源。不过，核心网还是保留了终端的默认承载，这样恢复默认承载的过程能更快捷一些。

释放 RRC 连接可以由 eNodeB 发起。如果终端服务小区所在的基站发现终端长期没有数据传输，那么为了节省系统资源，它将发起释放的信令流程，信令流程如图 7-36 所示。

基站首先向 MME 发出 UE Context Release Request 消息，要求释放终端相关的资源。

MME 收到该消息后, 通知 S - GW 需要在释放 S1 承载后, 向服务小区所在的基站发出 UE Context Release Command 消息, 用来启动释放终端相关的上下文, 这条消息与图 7 - 36 中 MME 在切换完成后发出的消息一模一样。

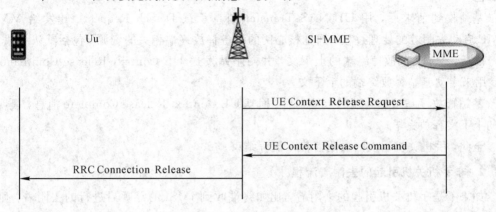

图 7 - 36　RRC 连接释放的信令流程

基站收到 UE Context Release Command 消息后, 释放 S1 承载, 并向终端发出 RRC Connection Release 消息, 通知终端释放 RRC 连接, 终端收到消息后, 从联机状态转入待机状态。

最后基站释放终端的上下文以及无线承载 RB, 完成 RRC 连接释放的过程。

7.6.2　去附着

去附着是附着过程的逆过程, 去附着执行后, 终端的默认承载会被清除。去附着可以由终端发起, 也可以由网络发起, 最常见的是手机关机引起的去附着。

1. 手机关机引起的去附着流程

手机关机引起的去附着信令流程如图 7 - 37 所示, 这个信令流程在随机接入成功后进行。

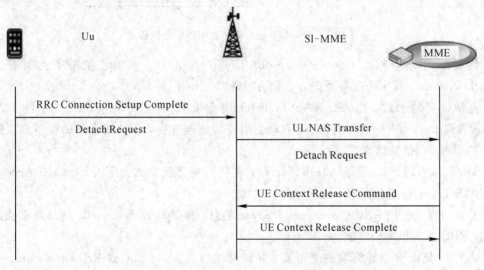

图 7 - 37　手机关机引起的去附着信令流程

　　手机关机将会触发终端发送去附着请求 Detach Request，其中去附着类型为关机（Switch Off）。这个请求由 RRC Connection Setup Complete 消息来承载，之后终端进入关机状态。

　　基站收到请求后，用 UL NAS Transfer 消息承载 Detach Request，转发给 MME。MME 启动去附着的处理过程，通知核心网的设备释放终端相关的资源，包括默认承载。

　　之后，MME 释放掉终端的上下文，并向基站发送 UE Context Release Command 消息，用来启动基站释放终端的上下文。

　　基站释放了基站侧终端的上下文后，回复 UE Context Release Complete 消息，表明终端的上下文释放完毕。

　　至此，手机关机引发的去附着信令流程结束。

2. 非手机关机引起的去附着流程

　　如果不是手机关机引起的去附着，比如终端收到 IMSI 的寻呼后进行的去附着，则信令流程如图 7-38 所示，这个信令流程在随机接入成功后进行。

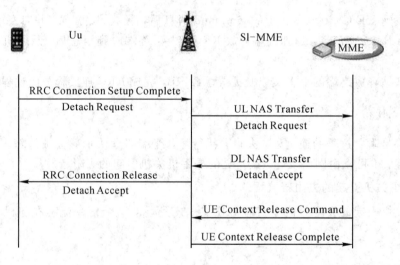

图 7-38　非手机关机的去附着信令流程

　　终端首先发送 RRC Connection Setup Complete 消息，该消息携带了去附着请求 Detach Request，其中去附着类型为正常去附着（Normal Detach）。

　　基站收到请求后，用 UL NAS Transfer 消息承载 Detach Request，转发给 MME。MME 收到 Detach Request 消息后，启动去附着的处理过程，通知核心网的设备释放终端相关的资源，包括默认承载。

　　MME 接着向终端反馈 Detach Accept，表明终端已经完成去附着。Detach Accept 由 DL NAS Transfer 消息承载，发给基站。

　　基站向终端发出 RRC Connection Release 消息，携带 Detach Accept，通知终端去附着成功，RRC 连接也需要释放。

　　之后，MME 释放掉终端的上下文，并向基站发送 UE Context Release Command 消息，用来启动基站释放终端的上下文。

基站释放了基站侧终端的上下文后，回复 UE Context Release Complete 消息，表明终端的上下文释放完毕。

至此，去附着的信令流程结束，之后终端可以重新发起附着的流程。

习　题

一、单选题

1. 寻呼由网络向（　　）下的 UE 发起。

A. 仅空闲态　　　　　　B. 仅连接态　　　　C. 空闲态或连接态 D. 以上说法都不对

2. 系统消息（　　）包含小区重选相关的其他 E - UTRA 频点和异频邻小区信息。

A. SIB1　　　　　　　B. SIB3　　　　　　C. SIB4　　　　　　D. SIB5

3. 小区更新属于（　　）的流程。

A. RRC 连接管理过程　　　　　　　　　B. RB 控制过程

C. RRC 连接移动性管理　　　　　　　　D. S1 口全局过程

4. UE 在（　　）情况下不会发起小区选择过程。

A. 开机　　　　　　　　　　　　　　　B. 从连接模式回到空闲模式

C. 从空闲模式进入连接模式　　　　　　D. 连接模式过程中失去小区信息

5. UE 在 IDLE 模式下，当网络需要给该 UE 发送数据（业务或者信令）时，发起（　　）过程。

A. 小区选择　　　　　B. RRC 重建立　　C. 随机接入　　　　D. 寻呼

二、多选题

1. LTE 系统中，RRC 的状态有（　　）。

A. RRC_IDLE　　　　　　　　　　　　B. RRC_DETACH

C. RRC_CONNECTED　　　　　　　　　D. RRC_ATTACH

2. UE 去附着过程会发生在（　　）。

A. 关机时

B. 需要恢复时（例如 S - TMSI 不可用），收到 eNodeB 的 IMSI 寻呼后

C. 非关机时

D. UE 的 E_UTRAN 无线能力信息发生改变时

3. UE 发起的 Service Request 流程可能遇到（　　）的异常流程。

A. RRC 连接建立失败　　　　　　　　　B. 核心网拒绝

C. RRC Reconfiguration 消息丢失　　　　D. eNodeB 建立专用承载失败

4. Service Request 过程是可以有（　　）过程的。

A. 鉴权　　　　　　　B. 寻呼　　　　　　C. NAS 安全　　　D. 随机接入

三、填空题

1. 在开机附着过程中，如果 RRC 重配消息丢失或者没收到 RRC 重配完成消息，再或者 eNB 内部配置 UE 的安全参数等失败，那么 eNB 会通知（　　）初始上下文建立失败，然后（　　）发送 UE 上下文释放命令，然后 eNodeB 给 （　　）发送 RRC Connection Release。

2. LTE 系统消息中，邻区重选关系的系统消息是（　　），异频重选信息包含在（　　）中。

3. 随机接入过程分为（　　）随机接入过程和（　　）随机接入过程。

4. MIB 的调度周期为（　　）ms，LTE 系统使用（　　）信道来承载系统消息当中的MIB 信息，SIB 消息在（　　）信道上进行传输。

四、判断题

1. UE 开机选择 PLMN 后，进行小区选择，最后进行位置注册。　　　　　　（　　）

2. 除开机时进行初始化小区搜索外，UE 还周期性地对相邻小区进行搜索，为小区重选和切换做准备。　　　　　　　　　　　　　　　　　　　　　　　　（　　）

3. 小区选择的实现和决策由 UE 和核心网一起完成。　　　　　　　　　　（　　）

4. UE 从 RRC_CONNECTED 状态回到 RRC_IDLE 状态后，按小区选择标准选择合适小区驻留。　　　　　　　　　　　　　　　　　　　　　　　　　　　　（　　）

5. UE 从接收到网络发来的寻呼消息一直到 E - RAB 指派完成，完成了一个完整的呼叫流程，包括主叫流程和被叫流程。　　　　　　　　　　　　　　　　　（　　）

第 8 章　华为 4G 基站设备

华为 3900 系列基站产品形态分为宏基站、分布式基站、Micro 基站和 Pico 基站,不同产品形态适用于不同场景,来满足客户快速、低成本建网的需要。3900 系列基站采用通用化部件设计,不同形态的基站可由基本模块和不同机柜组合而成。3900 系列基站满足多制式应用,并支持从 GSM→UMTS→LTE 的演进。

BBU3900 通过插入支持不同制式的工作单板,可实现 GSM/UMTS/LTE 任意两种制式共享一个 BBU3900,还可以通过两个 BBU 支持 GSM/UMTS/LTE 三模应用。SRAN 8.0 版本支持 GSM/UMTS/LTE 三种制式共享一个 BBU3900。

射频模块采用软件定义无线电(Software Defined Radio,SDR)技术,通过不同的软件配置,可以支持在 GSM&UMTS 双模(GU)、GSM&LTE 双模(GL)、UL 双模制式下工作。SDR 射频模块还可以与 GSM/UMTS/LTE 制式的射频模块混插在同一个机柜中,以实现多频段多制式应用。

8.1　基本模块

3900 系列基站采用模块化设计,由两种基本模块组成:基带控制单元 BBU 和射频模块(射频单元 RFU、射频拉远单元 RRU、AAS)。基带控制单元与射频模块之间采用通用公共无线电接口(CPRI 接口),通过光纤或电缆相连,传输 CPRI 信号,以适应无线网络建设的要求。

8.1.1　BBU3900

BBU3900 是基带控制单元,其主要功能包括:

(1) 集中管理整个基站系统,包括操作维护、信令处理和系统时钟;

(2) 提供基站与传输网络的物理接口,完成信息交互任务;

(3) 提供与 OMC 连接的维护通道;

(4) 完成上、下行数据基带处理功能,并提供与射频模块通信的 CPRI 接口;

(5) 提供和环境监控设备的通信接口,接收和转发来自环境监控设备的信号。

BBU3900 单板包括:主控传输板 UMPT、基带处理板 LBBP、星卡时钟单元 USCU、防雷板 UELP(UFLP 或 USLP2)、电源模块 UPEU、环境接口板 UEIU、风扇模块 FAN。图 8-1 为 BBU3900 采用 LTE 制式时单板的典型配置。

8.1.2　RFU

RFU 主要完成基带信号和射频信号的调制解调、数据处理、合分路等功能。MRFU 采用 SDR 技术,通过不同的软件配置可以支持手机在 GU、GL 双模制式下工作。

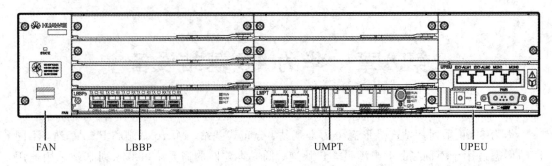

图 8-1　BBU3900(LTE)典型配置

RFU 采用创新设计，它具备双发双收的射频能力，进一步提升了输出功率和载波容量。PHICH 中包含着上行 HARQACK/NACK 信息。RFU 外观如图 8-2 所示。

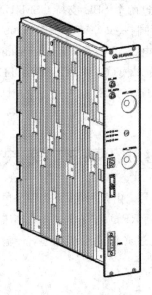

图 8-2　RFU 外观

RFU 物理接口如表 8-1 所示。BBU3900 与 MRFU 之间采用 CPRI 接口，通过光纤/电缆相连接，传输 CPRI 信号。

表 8-1　RFU 物理接口

接口类型	连接器类型	数量	说　明
射频接口	DIN	2	用于连接天馈系统
射频接收信号互联接口	QMA 母型	2	用于射频模块互联
CPRI 接口	SFP 母型	2	用于连接 BBU3900
电源接口	3V3	1	用于－48 V 电源输入
监控接口	RJ45	1	监控和维护接口

8.1.3　RRU3929

　　RRU3929 为室外型射频拉远单元，是分布式基站的射频部分，可靠近天线安装，通过电源柜提供电源输入。RRU3929 主要完成基带信号和射频信号的调制解调、数据处理、合分路等功能。RRU3929 采用 SDR 技术，通过不同的软件配置可以同时支持 GU、GL 双模工作。

　　RRU3929 采用创新设计，它具备双发双收的射频能力，进一步提升了输出功率和载波容量。RRU3929 外观如图 8 - 3 所示。

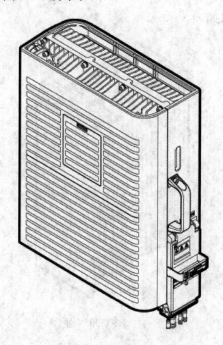

图 8 - 3　RRU3929 外观

　　RRU3929 采用模块化结构，其对外接口分布在模块底部和配线腔中。其物理接口如表 8 - 2 所示。

表 8 - 2　RRU3929 物理接口

接口类型	连接器类型	数量	说　明
射频接口	DIN	2	用于连接天馈系统
射频互联接口	DB2W2	1	用于射频模块互联
CPRI 接口	DLC	2	用于连接 BBU3900
电源接口	快速安装型母端(压接型)	1	用于 -48 V 电源输入
RET 接口	DB9	1	用于连接 RCU
告警接口	DB15	1	用于引入外部设备的告警信号

8.1.4　RRU3939

　　RRU3939 为室外型射频拉远单元，是分布式基站的射频部分，可靠近天线安装，通过电源柜提供电源输入。RRU3939 主要完成基带信号和射频信号的调制解调、数据处理、合分路等功能。RRU3939 采用 SDR 技术，通过不同的软件配置可以同时支持 GL 双模工作。

　　RRU3939 采用创新设计，它具备双发双收的射频能力，进一步提升了输出功率和载波容量。RRU3939 外观如图 8-4 所示。RRU 采用模块化结构，其对外接口分布在模块底部和配线腔中。其物理接口如表 8-3 所示。

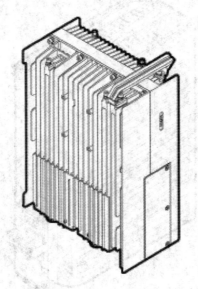

图 8-4　RRU3939 外观

表 8-3　RRU3939 物理接口

接口类型	连接器类型	数量	说　　明
射频接口	DIN	2	用于连接天馈系统
CPRI 接口	DLC	2	用于连接 BBU3900
电源接口	快速安装型母端（压接型）	1	用于 -48 V 电源输入
RET 接口	DB9	1	用于连接 RCU
告警接口	DB15	1	用于引入外部设备的告警信号

8.1.5　RRU3935

　　RRU3935 为室外型射频拉远单元，是分布式基站的射频部分，可靠近天线安装。RRU3935 主要完成基带信号和射频信号的调制解调、数据处理、合分路等功能。

RRU3935 采用 SDR 技术，RRU3935 可以在 GU、GL 双模制式下工作。

　　RRU3935 模块软件为 SRAN 8.0 版本，该射频模块软件版本对于双模基站收发台（MBTS）、双模基站控制器（MBSC）和运营支撑系统（OSS）配套网元向前兼容 N-1 和 N-2 版本，因此 RRU3935 模块可在 SRAN 6.0、SRAN 7.0 和 SRAN 8.0 版本下使用，以上三个产品版本中均包含 RRU3935 模块软件组件。RRU3935 模块在这三个产品版本下使用，对产品的关键性能指标（KPI 指标）无影响。RRU3935 外观如图 8-5 所示。RRU 采用模块化结构，其对外接口分布在模块底部和配线腔中。其物理接口如表 8-4 所示。

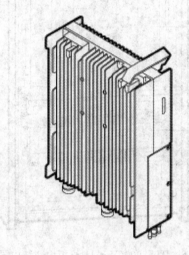

图 8-5 RRU3935 外观

表 8-4 RRU3935 物理接口

接口类型	连接器类型	数量	说　明
射频接口	DIN	2	用于连接天馈系统
射频互联接口	DB2W2	1	用于射频模块互联
CPRI 接口	DLC	2	用于连接 BBU3900
电源接口	快速安装型母端（压接型）	1	用于-48 V 电源输入
RET 接口	DB9	1	用于连接 RCU
告警接口	DB15	1	用于引入外部设备的告警信号

8.2 BTS3900 (Ver. D)机柜

　　BTS3900(Ver. D)机柜用于室内宏基站，具有容量大、扩展性好、占用空间小等优点。机柜支持-48 V DC 和 AC 电源输入。下面以-48 V DC 电源输入为例介绍 BTS3900（Ver.

D)机柜结构，AC 电源输入的机柜结构与−48 V DC 电源输入的机柜结构相同，仅电源模块配置不同。

BTS3900 机柜内部结构如图 8−6 所示。

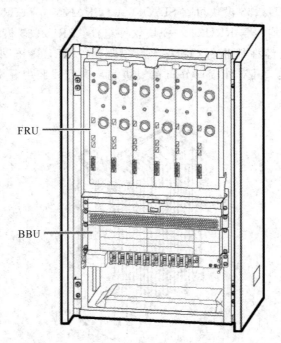

图 8−6　BTS3900(Ver. D)机柜内部结构图

BTS3900（Ver. D）单机柜（单制式）典型配置如表 8−5 所示。

表 8−5　BTS 3900(Ver. D)单机柜典型配置

制式	典型配置	模块	每载波输出功率
LTE	3×20 MHz（MIMO）	6 MRFU/3 MRFUd	80W（2×40W）/120W（2×60W）

8.3　DBS3900 单板介绍

分布式基站 DBS3900 是为了解决运营商获取站址的困难，以方便网络规划和优化，加快网络建设速度，降低对人力、电力、空间等资源的占用，降低整体拥有成本（Total Cost of Ownership，TCO），从而快速经济地建设一个高质量的 GSM/UMTS/LTE 网络。

DBS3900 由 BBU3900 和 RRU 组成。BBU3900 占用空间小、易于安装、功耗低，便于与现有站点共存；而 RRU 体积小、重量轻，可以靠近天线安装，减少了馈线损耗，提高了系统覆盖能力。

DBS3900 典型安装场景 1：对于 DBS3900 室外站点，当站址提供交流电源输入时，配置 APM（Ver. D）电源柜；当站址提供−48 V 直流电源输入时，配置 TMC11H（Ver. D）机柜，具体应用场景如图 8−7 所示。

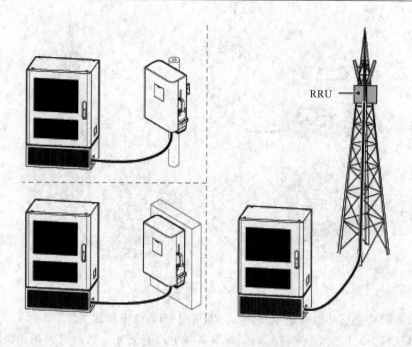

图 8 - 7　DBS3900 典型安装场景 1

　　DBS3900 典型安装场景 2：对于 DBS3900 室外站点，如果站址要求广播信号覆盖区（Ofootprint），则当站址提供交流电源输入时，配置 OMB（Ver. C）AC 电源柜；当站址提供 −48 V 直流电源输入时，配置 OMB（Ver. C）DC 机柜。具体应用场景如图 8-8所示。

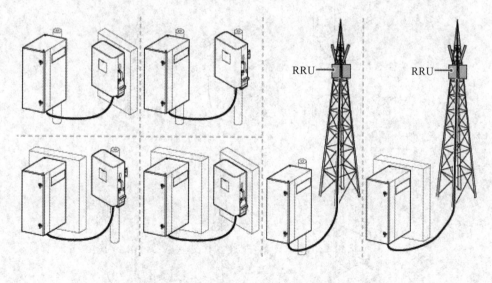

图 8 - 8　DBS3900 典型安装场景 2

　　DBS3900 典型安装场景 3：对于 DBS3900 室内站点，RRU 拉远，BBU 和配电单元在室内落地安装时，可以用 19inch 开放式机架。具体应用场景如图 8-9 所示。

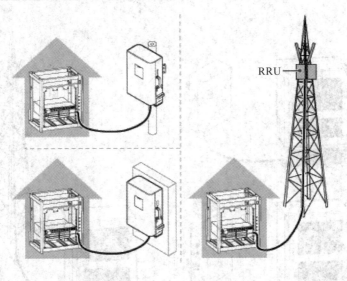

图 8-9　DBS3900 典型安装场景 3

当 RRU 需要在室外地面集中安装时，可采用 OPS-06 解决方案。

当 RRU 和 BBU 之间距离较远时，如果对备电没有要求，则可以采用 AC RRU 解决方案。AC RRU 从客户提供的 AC 配电界面上取电，AC RRU 安装在室外时还需选配 SPD（交流防雷器），1 个 AC RRU 配套 1 个 SPD。

DBS3900 典型安装场景 4：对于 DBS3900 室内站点，RRU 拉远，BBU 和配电单元在室内挂墙安装时，可以用 IMB03。具体场景如图 8-10 所示。对于 DBS3900 室内站点，当要求 RRU 集中安装时，可以采用 L 型立架安装方式。具体场景如图 8-10 所示。

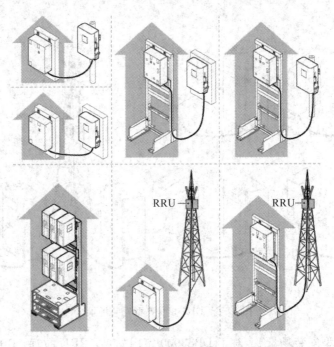

图 8-10　DBS3900 典型安装场景 4

8.4　BBU3900 单板介绍

BBU3900 单板包括：主控传输板 UMPT、基带处理板 LBBP、星卡时钟单元 USCU、防雷板 UELP(UFLP 或 USLP2)、电源模块 UPEU、环境接口板 UEIU 和风扇模块 FAN。其外观和尺寸如图 8-11 所示。

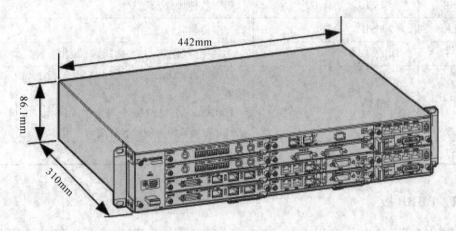

图 8-11　BBU3900 设备外观

8.4.1　UMPT 板

UMPT (Universal Main Processing & Transmission unit) 是通用主控传输单元。UMPTb2 面板如图 8-12 所示。

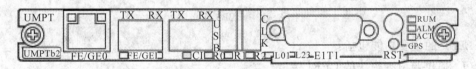

图 8-12　UMPTb2 面板图

UMPT 的主要功能包括：

（1）完成配置管理、设备管理、性能监视、信令处理、无线资源管理、主备切换等操作维护(OM)功能；

（2）提供基准时钟、传输接口以及与操作维护中心系统 OMC(本地维护终端 LMT 或 M2000)连接的维护通道；

（3）与窄带业务接入(UCIU)单板互联，提供 BBU3900 间互联功能，传递控制数据、传输数据和时钟信号。

UMPT 单板接口如表 8-6 所示。

表 8－6　UMPT 单板接口

面板标识	连接器类型	接口数量	说　　明
FE/GE0	RJ45	1	FE/GE 电接口
FE/GE1	SFP	1	FE/GE 光接口
CI	SFP	1	用于与 UCIU 级联的接口
USB	USB	1	用于软件加载、调试
CLK	USB	1	用于传输时钟信号
E1/T1	DB26 母型	1	支持 4 路 E1/T1 信号的输入、输出
GPS	SMA	1	UMPTa1、UMPTa2、UMPTb1 单板上的 GPS 接口预留 UMPTa6、UMPTb2 单板上的 GPS 接口，用于传输天线，把接收的射频信息传递给星卡
RST	—	1	复位按钮

8.4.2　LBBP 板

LBBP（LTE BaseBand Processing unit）是 LTE 基带处理板，包括 LBBPd1 和 LBBPd3。LBBPd1 和 LBBPd3 的面板相同，如图 8－13 所示。

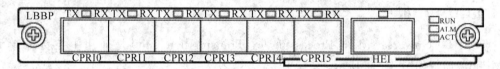

图 8－13　LBBP 面板图

LBBP 的主要功能包括：
（1）提供与射频模块的 CPRI 接口；
（2）完成上下行数据的基带处理功能。
LBBPd1 和 LBBPd3 单板接口如表 8－7 所示。

表 8－7　LBBP 单板接口

面板标识	连接器类型	接口数量	说　　明
CPRI0～CPRI5	SFP 母型	6	BBU3900 与射频模块互连的数据传输接口，支持光、电传输信号的输入、输出
HEI	QSFP	1	预留

8.4.3　USCU 板

USCU（Universal Satellite card and Clock Unit）是通用星卡时钟单元，包括 USCUb11、USCUb12 和 USCUb21。USCUb11 和 USCUb12 面板如图 8－14 所示，USCUb21 面板如图 8－15 所示。

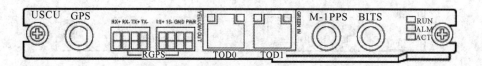

图 8-14　USCUb11 和 USCUb12 面板图

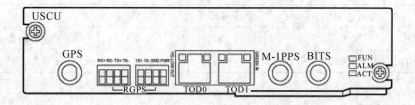

图 8-15　USCUb21 面板图

USCU 的主要功能包括：

(1) USCUb11 提供与外界相对全球定位系统（RGPS）和建筑综合定时供给系统（BITS）设备的接口，不支持 GPS；

(2) USCUb12 实现时间同步或从传输获取准确时钟，不支持 RGPS；

(3) USCUb21 支持 GPS、全球卫星导航系统（GLONASS），提供与 BITS 设备、绝对时间（TOD）输入的接口，不支持 RGPS。

USCUb11、USCUb12 和 USCUb21 单板的接口相同，具体接口及功能如表 8-8 所示。

表 8-8　USCU 单板接口

面板标识	连接器类型	接口数量	说　明
GPS	SMA 同轴	1	USCUb12 和 USCUb21 的 GPS 接口用于接收 GPS 信号 USCUb11 上 GPS 接口预留，无法接收 GPS 信号
RGPS	PCB 焊接型接线端子	1	USCUb11 上 RGPS 接口，用于接收 RGPS 信号 USCUb12 和 USCUb21 上 RGPS 接口预留，无法接收 RGPS 信号
TOD0	RJ45	1	接收或发送 1PPS+TOD 信号
TOD1	RJ45	1	接收或发送 1PPS+TOD 信号，接收 M1000 的 TOD 信号
M-1PPS	SMA 同轴	1	接收 M1000 的 1PPS 信号
BITS	SMA 同轴	1	外接 BITS 时钟，支持 2.048M 和 10M 时钟参考源自适应输入

8.4.4　UFLP 板

UFLP（Universal FE Lightning Protection unit）是通用 FE 防雷单元，UFLPb 是通用 FE/GE 防雷单元。UFLPb 支持两路 FE/GE 信号的防雷功能，面板如图 8-16 所示，单板接口和功能如表 8-9 所示。

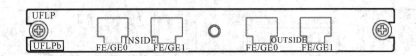

图 8-16　UFLPb 面板图

表 8-9　UFLPb 单板接口

面板标识	连接器类型	接口数量	说　明
INSIDE	FE/GE0、FE/GE1	RJ45	2	连接基站传输单板
OUTSIDE	FE/GE0、FE/GE1	RJ45	2	连接外部传输设备

8.4.5　USLP2 板

USLP2 (Universal Signal Lightning Protection unit 2)是干节点防雷单元，提供监控信号的防雷功能。USLP2 面板如图 8-17 所示，单板接口和功能如表 8-10 所示。

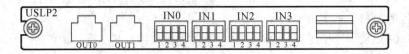

图 8-17　USLP2 面板图

表 8-10　USLP2 单板接口

面板标识	连接器类型	接口数量	说　明
IN0、IN1、IN2、IN3	4-pin	4	输入接口，连接自定义告警设备
OUT0、OUT1	RJ45	2	输出接口，连接机柜内 UPEU 或 UEIU 的 EXT-ALM 接口

8.4.6　UPEU 模块

UPEU (Universal Power and Environment Interface Unit)是 BBU3900 的电源模块。

UPEUc 将－48 V DC 输入电源转换为＋12 V 直流电源。一块 UPEUc 的输出功率为 360 W，两块 UPEUc 可以提供 650 W 供电能力。UPEU 面板如图 8-18 所示，单板接口功能如表 8-11 所示。

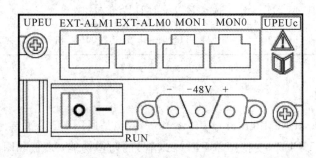

图 8-18　UPEU 面板图

表 8－11　UPEU 单板接口

面板标识	连接器类型	接口数量	说　明
UPEUa、－48 V UPEUb、＋24 V	7W2	1	＋24 V DC 或－48 V DC 电源输入
UPEUc、－48 V UPEUd、－48 V	3V3	1	－48 V DC 电源输入
EXT－ALM0	RJ45	1	0～3 号开关量信号输入端口
EXT－ALM1	RJ45	1	4～7 号开关量信号输入端口
MON0	RJ45	1	0 号 RS485 信号输入端口
MON1	RJ45	1	1 号 RS485 信号输入端口

8.4.7　UEIU 板

UEIU (Universal Environment Interface Unit，通用环境接口单元)是 BBU3900 的环境接口板，主要用于将环境监控设备信息和告警信息传输给主控板。

UEIU 的主要功能包括：

(1) 提供 2 路 RS485 信号接口；

(2) 提供 8 路开关量信号接口，开关量输入只支持干接点和组织协同(OC)输入；

(3) 将环境监控设备信息和告警信息传输给主控板。

UEIU 面板如图 8－19 所示，单板接口功能如表 8－12 所示。

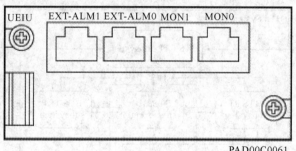

图 8－19　UEIU 面板图

表 8－12　UEIU 单板接口

面板标识	连接器类型	接口数量	说　明
EXT－ALM0	RJ45	1	0～3 号开关量信号输入端口
EXT－ALM1	RJ45	1	4～7 号开关量信号输入端口
MON0	RJ45	1	0 号 RS485 信号输入端口
MON1	RJ45	1	1 号 RS485 信号输入端口

8.4.8　FAN 模块

FAN 是 BBU3900 的风扇模块，它主要用于风扇的转速控制及风扇板的温度检测，上报风扇和风扇板的状态，并为 BBU 提供散热功能。FANc(FAN 的一个具体系列)面板如图 8 - 20 所示。

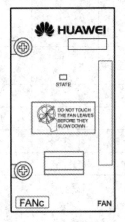

图 8 - 20　FANc 面板图

8.5　3900 基站的逻辑架构

从 3900 系列基站内部实现视角来看，基站由控制子系统、传输子系统、基带子系统、射频子系统、时钟子系统和电源环境监控子系统构成，其逻辑结构如图 8 - 21 所示。

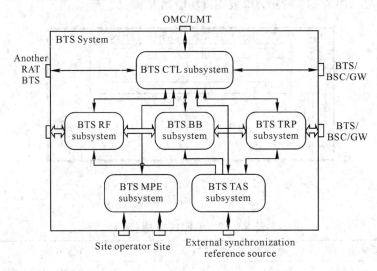

图 8 - 21　3900 系列基站逻辑结构图

图中的各子系统说明如下：

(1) 控制子系统(BTS CTL subsystem)：完成基站内部资源的控制和管理功能，提供基站与 OMC 的管理面接口、基站与其他网元的控制面接口、多模基站内公共设备控制协商接口。

(2) 传输子系统(BTS TRP subsystem)：完成传输网络和基站内部数据转发功能，提供基站与传输网络的物理接口、基站与其他网元的用户面接口。

（3）基带子系统（BTS BB subsystem）：完成上下行基带数据处理功能。

（4）射频子系统（BTS RF subsystem）：完成无线信号的收发处理功能，提供基站与天馈系统的接口。

（5）时钟子系统（BTS TAS subsystem）：完成基站时钟同步功能，提供基站与外部时钟源的接口。

（6）电源环境监控子系统（BTS MPE subsystem）：完成基站供电、散热、环境监控功能，提供基站与站点设备的接口。

8.6 3900 基站的运维系统架构

3900 系列基站提供基于 MML（Man Machine Language）和 GUI（Graphic User Interface）相结合的操作维护系统，提供与硬件无关的通用操作维护机制，多方面考虑客户在设备运行和维护方面的需求，为客户提供强大的设备操作维护功能。

SRAN 7.0 及之前版本的 3900 系列基站运维系统提供了多种操作平台，包括 GBTS SMT、BSC LMT、NodeB LMT、eNodeB LMT 和 M2000，实现了基站的近端和远端维护，如图 8-22 所示。

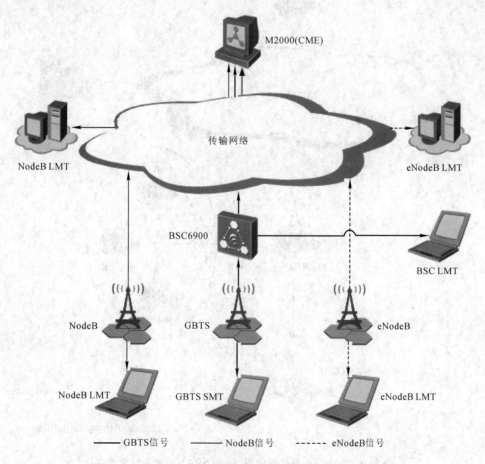

图 8-22 3900 系列基站运维系统（SRAN 7.0 及之前版本）

（1）GBTS SMT：本地维护终端，用于维护单个基站。维护人员可以在近端通过网线直连基站维护网口进行维护操作。

（2）BSC LMT：BSC 近端维护终端，维护人员可以在远端通过维护通道集中维护多个基站。

（3）NodeB LMT：本地维护终端，用于维护单个基站。维护人员可以在近端通过网线直接连接基站维护网口进行维护操作，也可以远程通过维护通道连接到基站进行维护操作。

（4）eNodeB LMT：本地维护终端，用于维护单个基站。维护人员可以在近端通过网线直接连接基站维护网口进行维护操作，也可以远程通过维护通道连接到基站进行维护操作。

（5）M2000：华为集中操作维护系统，可以远程集中维护多个基站，提供数据配置（CME）、告警监控、性能监控、软件升级、存量管理等功能。

SRAN 8.0 及后续版本 3900 系列 SRAN 基站操作维护系统提供了两种操作平台，包括 SRAN LMT 和 M2000，实现了共主控基站的近端和远端维护，如图 8-23 所示。

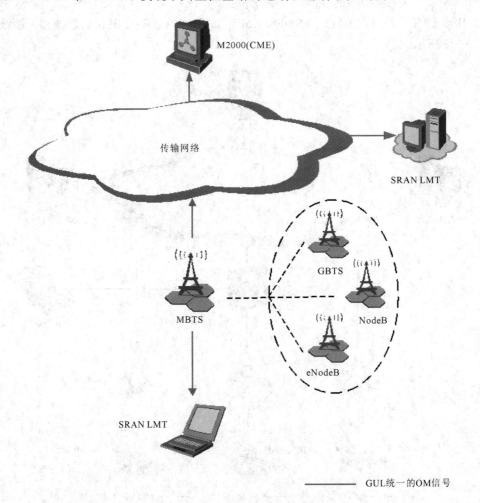

图 8-23　3900 系列基站运维系统（SRAN 8.0 及后续版本）

图中的 SRAN LMT 是本地维护终端，用于配置和维护 GSM/UMTS/LTE 的基站业务。维护人员可以在近端通过网线直接连接基站维护网口进行维护操作，也可以远程通过维护通道连接到基站进行维护操作。

8.7　技术指标

8.7.1　频段

3900 系列基站支持的频段如表 8 - 13 所示。

表 8 - 13　3900 支持频段

射频模块	频段/MHz	接收频段/MHz	发射频段/MHz
MRFUd	1800	1710~1755	1805~1850
		1730~1785	1825~1875
MRFUe	1800	1710~1785	1805~1880
RRU3929	1800	1710~1785	1805~1880
RRU3939	1800	1730~1785	1825~1875
RRU3936	1800	1730~1785	1825~1875
RRU3932	1800	1730~1785	1825~1875
RRU3935	1800	1730~1785	1825~1875

8.7.2　模块容量

3900 系列基站单制式下模块容量如表 8 - 14 所示。

表 8 - 14　单制式下模块容量

射频模块	制式	容　　量
MRFUd	LTE	每个支持 2 载波，LTE 带宽为 1.4/3/5/10/15/20 MHz
MRFUe	LTE	每个支持 2 载波，LTE 带宽为 1.4/3/5/10/15/20 MHz
RRU3929	LTE	每个支持 2 载波，LTE 带宽为 1.4/3/5/10/15/20 MHz
RRU3939	LTE	每个支持 2 载波，LTE 带宽为 1.4/3/5/10/15/20 MHz
RRU3936	LTE	每个支持 2 载波，LTE 带宽为 1.4/3/5/10/15/20 MHz
RRU3932	LTE	每个支持 2 载波，LTE 带宽为 1.4/3/5/10/15/20 MHz
RRU3935	LTE	每个支持 2 载波，LTE 带宽为 1.4/3/5/10/15/20 MHz

8.7.3　接收灵敏度

3900 系列基站单制式下模块灵敏度情况如表 8 - 15 所示。LTE 的接收灵敏度是依据 3GPP TS 36.104 建议的测试方法，基于 5 MHz 带宽，FRC A1 - 3 in Annex A.1(QPSK,

R＝1/3，25RB)标准测得的。

表 8－15　单制式下模块灵敏度情况

射频模块	制式	频段/MHz	单天线接收灵敏度/dBm	双天线接收灵敏度/dBm	四天线接收灵敏度/dBm
MRFUd	LTE	1800	−106.7	−109.4	−112.1
MRFUe	LTE	1800	−106.7	−109.4	−112.1
RRU3929	LTE	1800	−106.7	−109.4	−112.1
RRU3939	LTE	1800	−106.7	−109.4	−112.1
RRU3936	LTE	1800	−106.7	−109.4	−112.1
RRU3932	LTE	1800	−106.7	−109.4	−112.1
RRU3935	LTE	1800	−106.7	−109.4	−112.1

8.7.4　载波功率

　　射频滤波器单元(MRFUd)工作在 UMTS、LTE、MSR 场景，900 MHz/1800 MHz 顺从 ETSI EN 301 908 V5.2.1 及 3GPP TS 37.104 标准。

　　MRFUd 在海拔 3500～4500 m 时，功率值回退 1 dB；MRFUd 在海拔 4500～6000 m 时，功率值回退 2 dB。

　　站间距、频率复用因子、功控算法、流量模型等因素会影响动态功率分配的增益，但是大多数情况下，网络规划可以基于动态功率分配的功率指标进行设计。

　　具体载波功率如表 8－16、表 8－17 和表 8－18 所示。

表 8－16　RRU3929 典型配置(900 MHz/1800 MHz，单制式)

LTE 载波数	LTE 每载波输出功率/W
1	5/10/15/20 MHz：2×60 5/10/15/20 MHz (SRAN8.0，1800MHz)：2×80 1.4/3 MHz：2×40
2	2×40

表 8－17　RRU3939 典型配置(1800 MHz，单制式)

LTE 载波数	LTE 每载波输出功率/W
1 (MIMO)	5/10/15/20 MHz：2×60 1.4/3 MHz：2×40
2 (MIMO)	2×30
2 (MIMO)	Carrier1：2×20 Carrier2：2×40

表 8-18 RRU3935 典型配置(1800 MHz,单制式)

LTE 载波数	LTE 每载波输出功率(W)
1(MIMO)	5/10/15/20 MHz:2×60 1.4/3 MHz:2×40
2(MIMO)	2×40

8.7.5 整机容量

MRFUd 工作在 UMTS、LTE、MSR 场景,900 MHz/1800 MHz 顺从 ETSI EN 301 908 V5.2.1 及 3GPP TS 37.104 标准,整机容量如表 8-19 所示。

表 8-19 LTE 单制式整机容量指标

LTE 单制式整机容量	对应的指标
单小区最大吞吐量(20 MHz)	下行 MAC 层速率:150 Mb/s(2×2 MIMO,64 QAM) 上行 MAC 层速率:70 Mb/s(2×2 MU-MIMO,2×4 MU-MIMO,16 QAM)
单 eNodeB 最大吞吐量 (数据包大小,550 byte)	UMPT 上行+下行 MAC 层速率、1500Mb/s
单 eNodeB 最大连接用户数 (RRC-connected)(3 LBBPd1/3)	带宽 5 MHz,5400 个 带宽 10 MHz/15 MHz/20 MHz,10800 个
单 eNodeB 最大连接用户数 (RRC-connected)(1 LBBPd3)	带宽 5 MHz/10 MHz/15 MHz/20 MHz,3600 个
单 eNodeB 最大连接用户数 (RRC-connected)(3 LBBPd3)	带宽 5 MHz/10 MHz/15 MHz/20 MHz,10800 个
单 LMPT 最大连接用户数 (RRC-connected)	5400 个
单 UMPT 最大连接用户数	10 800 个
单 LBBP 最大吞吐量	LBBPd1,下行 450 Mb/s;上行 225 Mb/s LBBPd3,下行 600 Mb/s;上行 300 Mb/s
单 eNodeB 最大 BHCA (Busy Hour Call Attempts)	配置 1 块 UMPT,864000
数据无线承载(DRB)	每用户 8 个 DRB 同时工作
RRU 拉远能力	40 km

8.7.6 电源

RRU3929/RRU3939/RRU3936/RRU3932/RRU3935 通过外置 AC/DC 电源模块来支持交流应用场景,输入电源要求如表 8-20 所示。

表 8 - 20　输入电源

项目	指　　标
BTS3900	−48 V DC,电压范围：−38.4 V DC～−57 V DC 200 V AC～240 V AC 单相,电压范围：176 V AC～290 V AC 220/346 V AC～240/415 V AC 三相,电压范围：176/304 V AC～290/500 V AC
DBS3900	BBU3900（UPEUc)/室外型 BBU3900 −48V DC,电压范围：−38.4 V DC～−57 V DC RRU、−48 V DC,电压范围：−36 V DC～−57 V DC

8.7.7　功耗

典型功耗和最大功耗均指环境温度为 25℃时的功耗值。LTE 典型功耗是负荷 50% 的功耗值,最大功耗是负荷 100% 的功耗值。LTE 功耗数据基于 2×2 MIMO 配置计算,带宽为 10 MHz,具体功耗如表 8 - 21 和表 8 - 22 所示。

表 8 - 21　BTS3900（Ver. D) (−48 V)功耗(1800 MHz)

制式	配置	每载波输出功率/W	典型功耗/W	最大功耗/W
LTE	3×10 MHz (MRFUd)	20	739	867

表 8 - 22　DBS3900 功耗(1800 MHz)

制式	配置	每载波输出功率/W	典型功耗/W	最大功耗/W
LTE	3×10 MHz(RRU3929)	20	687	836
LTE	3×10 MHz(RRU3939)	20	687	836
LTE	3×10 MHz(RRU3936)	20	505	606
LTE	3×10 MHz(RRU3932)	20	697	834
LTE	3×10 MHz(RRU3935)	20	587	690

8.7.8　整机规格

BTS3900 (Ver. D)机柜整机规格如表 8 - 23 所示。

表 8 - 23　整机规格

项目	机柜	指　　标
尺寸 (高×宽×深)	BTS3900 (Ver. D)机柜	900 mm×600 mm×450 mm
	BBU3900	86 mm×442 mm×310 mm
	室外型 BBU3900	400 mm×300 mm×100 mm
	RRU3929	480 mm×356 mm×140 mm(不含外壳)
	RRU3939	400 mm×300 mm×150 mm(不含外壳)
	RRU3936	400 mm×300 mm×100 mm(不含外壳)
	RRU3932	400 mm×300 mm×100 mm(不含外壳)
	RRU3935	400 mm×300 mm×150 mm(不含外壳)

项目	机柜	指　标
重量	BTS3900（Ver. D）机柜 BBU3900 室外型 BBU3900 RRU3929 RRU3939 RRU3936 RRU3932 RRU3935	满配置≤135 kg（含 1 个 BBU，6 个 RFU，不含 AC 电源） BBU3900≤12 kg（满配置） BBU3900≤7 kg（典型配置） BBU3900≤13 kg 23.5 kg 20 kg 13.5 kg 14 kg 20 kg（不含外壳）
机柜散热能力	APM30H（Ver. D）/TMC11H（Ver. D）	50℃@1500W

8.7.9　环境指标

BTS3900（Ver. D）机柜整机和 RRU 的环境指标分别如表 8 - 24 和表 8 - 25 所示。短期工作时间含义：在一年内累计工作时间不超过 15 天，连续工作时间不超过 72 小时。

表 8 - 24　3900 环境指标

项目		指　标
工作温度/℃	BTS3900	－20～＋55（长期工作） ＋55～＋60（短期工作）
相对湿度/%RH	BTS3900	5～95
气压/kPa		70～106

表 8 - 25　RRU 环境指标

项目	指　标
工作温度/℃	－40～＋55（长期工作） ＋55～＋60（短期工作）
相对湿度/%RH	5～100
绝对湿度/(g/m³)	1～30
气压/kPa	70～106
运行环境	遵循标准： 3GPP TS 45.005 3GPP TS 25.141 3GPP TS 36.141 3GPP TS 37.141
防震保护	NEBS GR63 zone4
保护级别	IP65

习　题

一、单选题

1. ZBBU3900 能容纳的小区数是(　　)。
A. 5　　　　　　　B. 10　　　　　　　C. 15　　　　　　　D. 18

2. 不属于 BBU3900 的逻辑功能划分的是(　　)。
A. 控制子系统　　　　　　　　　　B. 传输子系统
C. 基带子系统　　　　　　　　　　D. 物理子系统

3. BTS3900 中的(　　)单板提供告警监控接口。
A. UPEU　　　　　　B. LBBP　　　　　　C. USCU　　　　　　D. UELP

4. LBBP 单板功能不包括(　　)。
A. 完成上下行数据系带处理功能　　　B. 提供与 RRU 通信的 CPRI 接口
C. 实现跨 BBU 系带资源共享能力　　　D. 提供与 RRU 通信的 Uu 接口

5. BBU3900 控制子系统的功能包含信令处理,下列哪个信令不是在 BBU3900 中完成的(　　)。
A. Uu 口 PDCP 信令　　　　　　　　B. Uu 口 RRC 信令
C. X2 接口 SCTP 信令　　　　　　　D. S1 接口 SCTP 信令

6. 下列单板中为 BBU 提供电源环境监控单元的是(　　)。
A. LBBP　　　　　　　　　　　　　B. LMPT/UMPT
C. UPEU　　　　　　　　　　　　　D. UTRP

二、多选题

1. USCU 单板支持下列哪种时钟信号(　　)。
A. GPS　　　　　　B. RGPS　　　　　　C. 线路时钟　　　　D. BITS 时钟

2. LBBP 单板功能包括(　　)。
A. 完成上下行数据系带处理功能　　　B. 提供与 RRU 通信的 CPRI 接口
C. 实现跨 BBU 系带资源共享能力　　　D. 提供与 RRU 通信的 Uu 接口

3. BBU3900 的逻辑功能划分为(　　)。
A. 控制子系统　　　B. 传输子系统　　　C. 基带子系统　　　D. 控制系统

第 9 章　中兴 4G 基站设备

软件定义的无线电（SDR）是无线电广播通信技术，它基于软件定义的无线通信协议而非通过硬连接实现。频带、空中接口协议和功能可通过软件下载和更新来升级，而不用完全更换硬件。SDR 针对构建多模式、多频和多功能无线通信设备的问题，提供有效而安全的解决方案。

9.1　中兴 SDR 基站概述

中兴 SDR 基站是基于软件无线电（Software Defined Radio，SDR）技术设计和开发的基站系统。它与传统基站最大的不同之处在于其射频 RU 单元具备软件可编程和重新定义的能力，进而实现了智能化的频谱分配和对多标准的支持。

基站设备采用 BBU＋RRU 分布式基站解决方案，如图 9-1 所示，两者配合共同完成 LTE 基站业务功能。

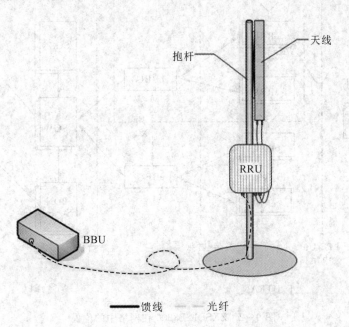

图 9-1　中兴分布式基站解决方案示意图

BBU＋RRU 分布式基站设备体积小、重量轻，可以上铁塔、置于楼顶、壁挂；站点选择灵活，不受机房空间限制；易于运输和工程安装；可帮助运营商快速部署网络，节约机房租赁费用和网络运营成本。

BBU 采用面向 3G 和 4G 设计的平台，同一个硬件平台能够实现不同的标准制式，多种标准制式能够共存于同一个基站。这样可以简化运营商管理,把需要投资的多种基站合并为一种基站(多模基站),使运营商能更灵活地选择未来网络的演进方向,终端用户也将感受到网络的透明性和平滑演进。

　　RRU 可以尽可能地靠近天线安装,节约馈缆成本,减少馈线损耗,提高天线口输出功率,增加覆盖面。

9.2　中兴 BBU 设备 B8200

9.2.1　8200 概述

　　ZXSDR B8200 实现 eNodeB 的基带单元功能,与射频单元 eRRU 通过基带-射频光纤接口连接,构成完整的 eNodeB。该设备采用 SDR 平台,该平台广泛应用于 CDMA、GSM、UMTS、TD‑SCDMA、LTE 等大规模商用项目,技术成熟、性能稳定,其在网络中的位置如图 9‑2 所示。系统通过 S1 接口与 EPC 相连,与其他 eNodeB 间通过 X2 接口连接。ZXSDR B8200 设备完成 UE 请求业务的建立,也完成 UE 在不同 eNodeB 间的切换。BBU 与 RRU 之间通过标准 OBRI/Ir 接口连接,BBU 与 RRU 系统配合,通过空中接口完成 UE 的接入和无线链路传输功能。

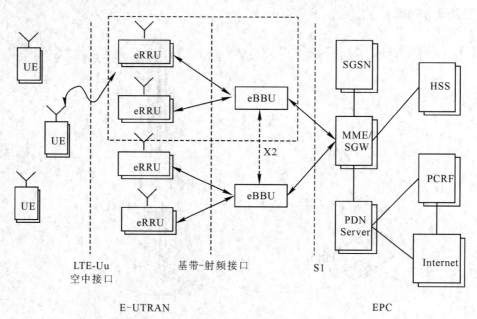

图 9‑2　ZXSDR B8200 在网络中的位置

　　ZXSDR B8200 采用 IP 交换,提供 GE/FE 外部接口,适应当前各种传输场合,满足各种环境条件下的组网要求。

　　ZXSDR B8200 L200 支持多种配置方案,其中每一块 BPL 可支持三个 2 天线 20 M 小区,或者一个 8 天线 20 M 小区。上下行速率最高分别可达 150 Mb/s 和 300 Mb/s。

　　ZXSDR B8200 L200 采用 19 英寸标准机箱,产品外观如图 9‑3 所示。

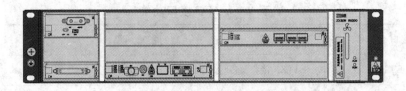

图 9 - 3　ZXSDR B8200 L200 产品外观

　　ZXSDR B8200 L200 的硬件架构基于标准 MicroTCA 平台，为 19 英寸宽，2U 高的紧凑式机箱，设计深度仅 197 mm，可以独立安装和挂墙安装。

9.2.2　8200 设备模块组成

　　ZXSDR B8200 TL200 设备主要由机框、电源、主控板、基带板、风扇等模块组成。它的典型配置如图 9 - 4 所示。

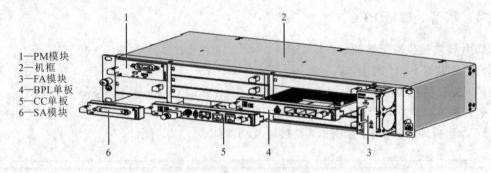

1—PM模块
2—机框
3—FA模块
4—BPL单板
5—CC单板
6—SA模块

图 9 - 4　8200 设备模块组成

　　ZXSDR B8200 TL200 的功能模块包括：控制与时钟板（CC 单板）、基带处理板（BPL 单板）、环境告警板（SA 模块）、电源模块（PM 模块）和风扇模块（FA 模块）。

9.2.3　控制与时钟单板 CC

　　CC 模块提供以下功能，其面板外观如图 9 - 5 所示。
　　（1）支持主备倒换功能。
　　（2）支持 GPS、bits 时钟、线路时钟，提供系统时钟。
　　（3）支持 GE 以太网交换，提供信令流和媒体流交换平面。
　　（4）支持机框管理功能。
　　（5）支持时钟级联功能。
　　（6）支持配置外置接收机功能。
　　CC 面板的接口及功能如表 9 - 1 所示。

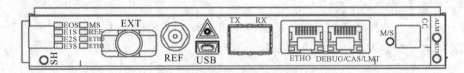

图 9 - 5　CC 面板外观

表 9-1　CC 接口功能

接口名称	说　明
ETH0	S1/X2 接口，GE/FE 自适应电接口
DEBUG/CAS/LMT	级联、调试或本地维护接口，GE/FE 自适应电接口
TX/RX	S1/X2 接口，GE/FE 光接口（ETH0 和 TX/RX 接口互斥使用）
EXT	外置通信口，连接外置接收机，主要是 RS485、1PPS＋TOD 接口
REF	外接 GPS 天线
USB	数据更新

9.2.4　基带处理板 BPL

BPL 模块提供以下功能：

（1）提供与 RRU 的接口。

（2）提供用户面协议处理和物理层协议处理，包括 PDCP、RLC、MAC、PHY。

（3）提供智能平台管理接口（IPMI）。

BPL 面板外观如图 9-6 所示，其接口及功能如表 9-2 所示。

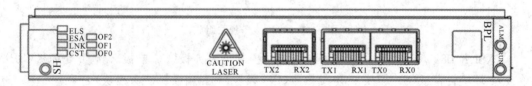

图 9-6　BPL 面板外观

表 9-2　BPL 接口功能

接口名称	说　明
TX0/RX0 ～ TX2/RX2	2.4576 G/4.9152 G OBRI/Ir 光接口，用于连接 RRU

9.2.5　现场告警扩展板 SE

SE 面板外观如图 9-7 所示。

SE 模块提供以下功能：

（1）支持 8 路 E1/T1 接口。

（2）为外挂的监控设备提供扩展的全双工 RS232 与 RS485 通信通道。

（3）提供 6 路输入干结点和 2 路双向干节点。

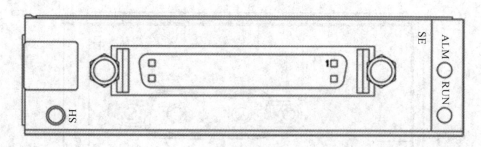

图 9 - 7 SE 面板外观

9.2.6 风扇模块 FA

FA 面板外观如图 9 - 8 所示。

FA 模块提供以下功能：

（1）风扇控制功能和接口。

（2）空气温度检测。

（3）风扇的状态显示。

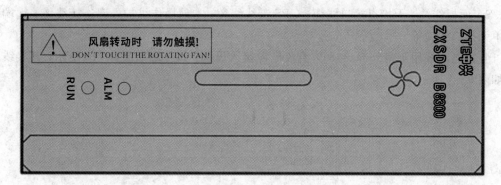

图 9 - 8 FA 面板外观

9.2.7 电源模块 PM

PM 面板外观如图 9 - 9 所示，接口功能如表 9 - 3 所示。

PM 模块提供以下功能：

（1）输入过压、欠压测量和保护功能；

（2）输出过流保护和负载电源管理功能。

表 9 - 3 PM 接口功能

接口名称	说 明
MON	调试用接口、RS232 串口
−48V/−48VRTN	−48V 电源/−48V 地线

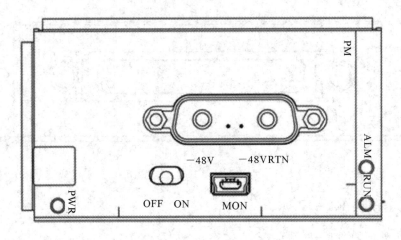

图 9 - 9   PM 面板外观

9.2.8   设备线缆

8200 设备线缆包括直流电源线缆、设备保护地线缆、S1/X2 接口千兆以太网通信光纤、SA 面板线缆、干接点接口线缆、GPS 天线线缆、本地操作维护外部连接线缆、远端射频单元接口线缆等。

直流电源线用于将外部−48 V 直流电源接入设备，其外观如图 9 - 10 所示，其接线关系如表 9 - 4 所示。

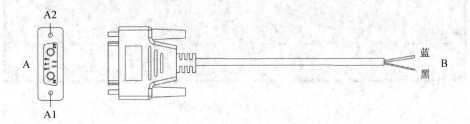

图 9 - 10   直流电源线缆

表 9 - 4   电源线接线关系

名称	信号说明	A 端引脚	B 端引脚
−48 V GND	电压 0 V DC	A1	黑色 2.5 mm² 阻燃多股导线
−48 V	电压−48 V DC	A2	黑色 2.5 mm² 阻燃多股导线（蓝色套管）
设备端	PM 板上的电源接口	对端	电源设备

保护地线缆连接设备与地网提供对设备以及人身安全的保护。保护地线为 6 mm² 黄绿线，两头压接电涌保护（TNR）端子，外观如图 9 - 11 所示，其接线关系如表 9 - 5 所示。

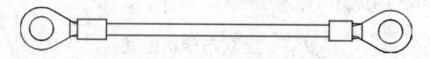

图 9-11　接地线缆

表 9-5　保护地线接线关系

设备端	对　端
机箱上的保护地接口	接地排

S1/X2 接口千兆以太网通信光纤用于连接 ZXSDR B8200 TL200 核心网、eNodeB 及传输设备。线缆 BBU 侧的一端为 LC 型接头，另一端常见的有 LC 型接头、SC 型接头和 FC 型接头。

GPS 天线线缆用于将 GPS 卫星信号引入 ZXSDR B8200 L200 设备。

GPS 连接线为 SMA(M)－SMA(M)，75Ω 同轴电缆，一端连接在 CC 板的 REF 接口，另外一端线缆用于连接功分器/防雷器，其外观如图 9-12 所示。

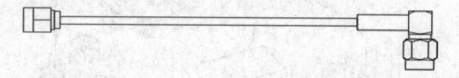

图 9-12　GPS 天线线缆

远端射频单元(RRU)接口线缆用于传输 ZXSDR B8200 TL200 和 RRU 之间的数据。RRU 接口线缆外观如图 9-13 和图 9-14 所示。其中，图 9-13 的 A 端为 LC 型光接口，B 端为防水型光接口(接 RRU)；图 9-14 为双纤双向光接口，一端连接至 BPL 单板的光接口，另外一端连接至 RRU。

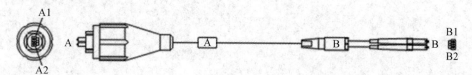

图 9-13　RRU 接口线缆示意图

图 9-14　RRU 接口线缆

本地操作维护的外部连接线缆是以太网线，用于连接 ZXSDR B8200 TL200 和本地操作维护终端 LMT。

干接点接口线缆用于连接外部环境监控设备。干接点输入端线缆为 DB26 直式电缆插头，与 RS232/RS485 接口共用一个线缆接头。

9.3　组网与单板配置

9.3.1　星型组网

星型组网是将 N 个 RRU 分别通过光纤连接在一个 BBU 的不同光口上，实现 1：N 的接入。该组网方式可扩展性好。RRU 的连接极限取决于 BBU 提供的光口数量，需要占用大量的裸纤资源，适用于光纤资源丰富的区域。

在 ZXSDR B8200 L200 星型组网模型中，6 对光纤接口连接 6 个 RRU。星型组网模型如图 9 - 15 所示。BBU 在中心节点位置，与 RRU 直接相连。

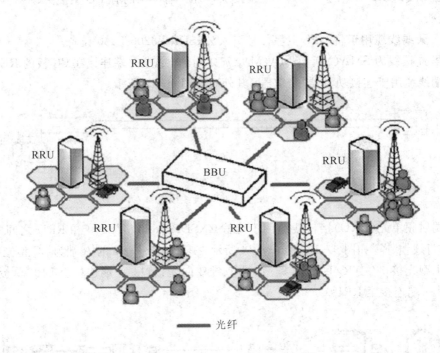

——光纤

图 9 - 15　8200 星型组网

9.3.2　链型组网

链型组网是指 N 个 RRU 采用光纤和自身的光口一一级联，最后再串联到 BBU 的一个光口上的方式。该组网方式可节约光纤资源，RRU 连接极限取决于 RRU 连接所用光纤所能提供的带宽，此组网方式安全性较差，一旦链条前端的光纤连接出现故障，就会引起后端一连串 RRU 服务中断。链型组网方式适用于呈带状分布的场景，用户密度较小的地区，可以大量节省传输设备。

在 ZXSDR B8200 L200 的链型组网模型中，RRU 通过光纤接口与 B8200 或者级联的 RRU 相连，组网模型示意图如图 9 - 16 所示。ZXSDR B8200 L200 支持最大 4 级 RRU 的链型组网。

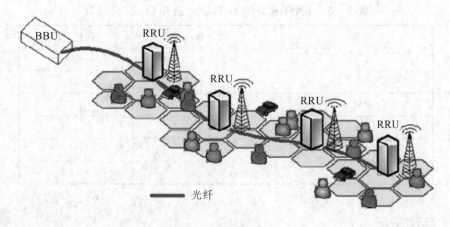

图 9-16 8200 链型组网

另外，还有环型组网的组网方式。环型组网是指 RRU 和 BBU 之间的两对光纤采用不同的物理路径，两路光纤同时出现问题的概率极低，既提高了组网的可靠性，又比完全星型连接所需的光纤数量少。环型组网目前只停留在理论层面，实际场景中未见到相应的产品及应用。

9.4 8200 设备技术指标

9.4.1 物理指标

8200 设备尺寸为 88.4 mm×482.6 mm×197 mm(高×宽×深)，重量小于 8 公斤。

9.4.2 容量指标

ZXSDR B8200 TL200 支持多种配置方案，其中每一块 BPL 单板可支持 3 个 2 天线 20 M 小区或 1 个 8 天线 20 M 小区。最大可支持 300 Mb/s DL＋150 Mb/s UL 的上下行速率。

9.4.3 供电指标

ZXSDR B8200 TL200 正常工作的供电要求如下：
(1) 直流供电：−48 V DC，正常工作范围是−57 V DC～−40 V DC；
(2) 交流额定输入电压 220 V AC(外置)：90～290 V，频率是 50 Hz、43～67 Hz。

9.4.4 接地指标

ZXSDR B8200 TL200 设备安装机房的接地电阻应≤5 Ω，对于年雷暴日小于 20 日的少雷区，接地电阻应小于 10 Ω。

9.4.5 单板功耗指标

ZXSDR B8200 TL200 设备各单板/模块的功能如表 9-6 所示。

表 9-6   ZXSDR B8200 TL200 各单板/模块功耗

名称	数量	功耗/W
BPL	1	45
CC	1	20
PM	1	54
SA	1	4
SE	1	4
FA	1	45

9.4.6 环境指标

ZXSDR B8200 TL200 设备环境指标要求如表 9-7 所示。

表 9-7   ZXSDR B8200 环境要求

项目		指标
环境温度/℃	贮存	−55～＋70
	运输	−40～＋70
	室内运行	−10～＋55
环境湿度	贮存	10%～100%
	室内运行	5%～95%

9.4.7 接口指标

ZXSDR B8200 TL200 设备各接口的线缆要求如表 9-8 所示。

表 9-8   ZXSDR B8200 接口线缆要求

接口	描述
基带-射频接口	连接 BBU 和 RRU，使用 SFP 线缆
本地维护接口	本地维护，使用以太网线缆
S1/X2 接口	连接 EPC 或相邻 eNodeB，光口和电口互斥使用
GPS 接口	连接 GPS 天线
SA 接口	RS485/RS232 接口，6＋2 干接点接口(6 路输入，2 路双向)

习　　题

一、单项选择题

1. ZXSDR B8200 的 CC 板 REF 接口是(　　　)。

A. GPS 天线接口　　　B. 外部通信端口　　　C. 时钟扩展口　　　D. 调试端口

2. 关于链型组网和星型组网说法错误的是(　　)。

A. 星型组网方式的可靠性较高，也比较节约传输资源

B. 星型组网适合在密集城区组网

C. 链型组网的可靠性不如星型组网，但是它比较节约传输资源

D. 链型组网适合在用户密度较小的地区实施

3. 用于安装 ZXSDR B8200 L200 的机房接地电阻应(　　)。

A. ＜5 Ω　　　　　　B. ≤10 Ω　　　　　　C. ≤5 Ω　　　　　　D. ＜10 Ω

4. ZXSDR B8200 L200 支持最大(　　)级 RRU 的链型组网。

A. 2　　　　　　　　B. 4　　　　　　　　C. 6　　　　　　　　D. 8

5. 关于 BPL 单板的 TX/RX 接口，下列说法不正确的是(　　)。

A. 一块 BPL 板有三个 TX/RX 接口

B. BPL 单板 TX/RX 接口的速率为 2.4576G/4.9152G

C. BPL 单板 TX/RX 接口用于连接 RRU

D. BPL 单板 TX/RX 接口可与核心网相连

6. CC 板没有提供下面哪个外部接口(　　)。

A. S1/X2 接口　　　　　　　　　　　　B. GPS 天线

C. 环境监控接口　　　　　　　　　　　D. 本地操作维护接口

二、多选题

1. 关于 SDR 说法正确的是(　　)。

A. SDR 是软件定义无线电

B. SDR 是多制式公用硬件

C. SDR 的基带同时处理多无线制式信号

D. SDR 消除模拟射频前端

2. 关于 CC 单板的 ETH0 端口，下列说法正确的是(　　)。

A. 用于 BBU 与 EPC 之间连接的以太网电接口

B. 用于连接 LMT 或者 BBU 级联的以太网电接口

C. 该接口为电口，与 TX/RX 光接口互斥

D. 该接口为 10M/100M/1000M 自适应

3. CC 单板为 BBU 的时钟和控制板，有如下功能(　　)。

A. 实现主控功能，完成 RRC 协议处理，支持主备功能

B. GE 以太网交换，提供信令流和媒体流交换平面

C. 内(外)置 GPS/BITS/E1(T1)线路恢复时钟/1588 协议时钟

D. 提供系统时钟和射频基准时钟 10M 和 61.44M，FR/FN

4. CC 板提供的外部接口有(　　)。

A. S1/X2 接口　　　　　　　　　　　　B. GPS 天线

C. 环境监控接口　　　　　　　　　　　D. 本地操作维护接口

5. BPL 板的功能有(　　)

A. 完成物理层的相关处理　　　　　　　B. 提供与 RRU 之间的光纤接口

C. 支持 IPMI 机框管理　　　　　　　　D. 提供传输信道到物理信道的映射

第 10 章　4G LTE 仿真软件实训

10.1　实训项目一：认知 LTE - FDD 系统仿真软件

实训目的：

(1) 了解仿真软件的界面及功能；

(2) 掌握仿真软件的基本操作；

(3) 掌握数据备份和恢复的方法；

(4) 掌握网络规划界面的基本功能；

(5) 掌握 IP 数据和系统关键参数的查询和记录方法。

实训内容：

(1) LTE - FDD 系统仿真软件界面认知；

(2) 数据备份、恢复和网络规划。

实训要求：

(1) 学生根据实训内容，使用仿真软件，熟悉基本操作并完成数据备份与恢复、核心网设备部署、关键参数和 IP 数据查询与记录等操作，达到实训目的；

(2) 教师负责实训指导和答疑；

(3) 实训时注意遵守实训纪律。

10.1.1　任务 1: LTE - FDD 系统仿真软件界面认知

(1) 选择桌面上的 ZXSLFVBOX 图标，双击该图标打开软件，进入如图 10 - 1 所示界面。

图 10 - 1　软件首页

（2）单击页面的中间位置，进入如图 10 - 2 所示的网络拓扑界面。

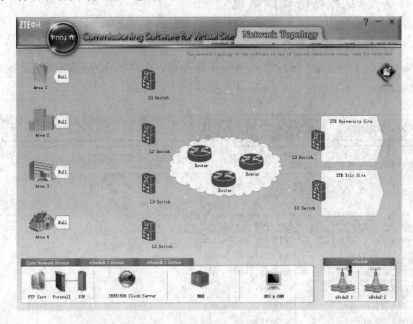

图 10 - 2　网络拓扑界面

本仿真软件细分成五个界面，具体的界面功能如表 10 - 1 所示。

表 10 - 1　仿真软件界面功能

界面名称	图　标	界面功能
主界面	HOME	返回初始界面
网络拓扑	Network Topology	为仿真软件系统配置相应的网络拓扑，不同的网络拓扑会产生不同的参数 实际的数据配置根据对应的参数灵活配置
天线连接	Antenna Connection	本界面在本次仿真实训中应用不多，但是本界面的天线连接方式等内容，是对实际工程中各种天馈系统连接的仿真演示
机房管理	Virtual eNodeB	eNodeB 的硬件安装、线缆布放及 LMT 本端调试。实训中根据设备选型的不同，可以灵活地进行组网
网管中心	Virtual OMC	模拟中兴 NetNumen 网管软件进行数据配置、版本激活升级、信息查询等功能，同时本界面也可以进行业务验证、FTP 测试等功能

10.1.2　任务2：数据备份和网络规划

1. 仿真软件数据备份与恢复

单击 Network Topology 图标进入网络拓扑界面，在此界面中，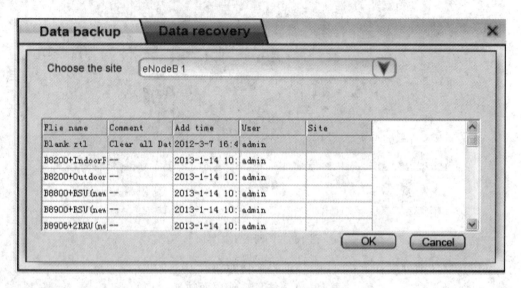按钮是数据备份/恢复按钮。单击按钮，进入如图 10 - 3 所示界面。

图 10 - 3　数据备份与恢复

单击"Data recovery"，选择第一项 Blank. ztl，单击"OK"按钮确认后，就可以恢复到初始的空配置模式。弹出窗口里面还有一些数据配置存档，以方便初学者参考学习。

单击"Data backup"，可以保存当前所做的仿真配置数据。也可以在 Data recovery 界面选择所保存的配置文件并将其恢复到存档的配置节点。

在进行仿真实训时，可以根据需要，随时进行数据备份和恢复操作。同时，教师也可以要求学生完成某个实训任务或步骤之后，将数据备份，并将备份文件上交，用来作为布置的作业，以检验实训效果。

2. 网络拓扑界面介绍

打开网络拓扑界面，在恢复到初始的空配置之后，进入如图 10 - 4 所示界面。

该界面中左侧圈注部分为 4 个机房场景，每个机房对应一个圈注的三层交换机，鼠标放在 4 个不同的实训区域(Area)的上面，就会出现该区域的一些参数配置信息，其中MCC、MNC、TAC 这几个参数尤为重要。

界面的中间圈注部分为路由区，本次仿真软件默认里面的网络是互通的，右侧标注部分为两个中兴的虚拟基站，每个基站配置一台 3 层交换机。

鼠标放在每个 3 层交换机上面，就会出现相应的 IP 分配信息。界面的底部圈注部分为各个核心网设备以及服务器的模拟设备。

本仿真软件提供的核心网网元一共有四种，其图标和具体功能如表 10 - 2 所示。

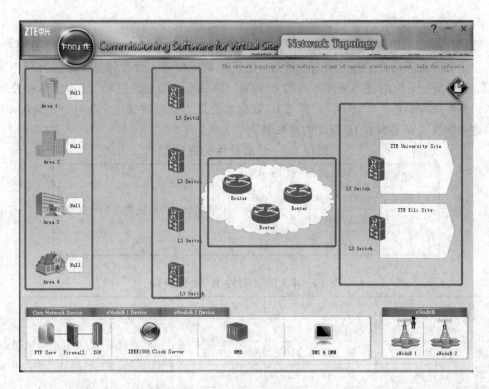

图 10 - 4　网络拓扑示意图

表 10 - 2　核心网网元及其功能

网元	功能说明
FTP Serv　Firewall　XGW	在本仿真软件中,包含三种设备:XGW 集成、S - GW 和 P - GW 功能,完成用户面数据的处理。FTP Serv 应用服务器用于业务验证;防火墙起到防护作用
IEEE1588 Clock Server	时钟服务器 IEEE1588 可以同时实现频率同步和时间同步,本仿真软件在使用 LTE - FDD 时可以不配置简单网络时间协议(SNTP)时钟
MME	控制面信令处理
EMS & OMM	无线侧网管,用于无线侧数据配置和业务验证

　　以上设备详细的功能在原理部分已经讲述,这里不再赘述。至于 eNodeB Device 的功能,需要硬件安装 eNodeB 设备之后再做配置。

3. 数据规划记录

在软件界面中把鼠标悬浮在某个区域位置的上方，就会出现该位置的对接关键参数，我们在做仿真配置时，需要记录这些参数，便于配置时使用。当我们把设备部署到不同的区域时，系统会分配给这些网元不同的 IP 地址，鼠标悬浮在相关位置，就会出现相关的 IP 数据信息。设备部署的区域不同，网元 IP 数据也会发生一定的变化。表 10 - 3 和表 10 - 4 就是这些配置关键参数和 IP 数据的对照表。

表 10 - 3　仿真软件关键参数

关键参数	参数解释	参数值	说　明
MCC	移动国家码	460	无线全局参数配置及小区配置
MNC	移动网络码	11	
TAC	跟踪区码	171	小区配置

表 10 - 4　仿真软件 IP 数据参数

IP 参数对应网元	网元 IP	网关地址	说　明
XGW	10.192.X.100	10.192.X.1	网元设备 IP 及对应的网关 IP 中的 X 与网元所部署在哪个 Area 有关，不同位置的 X 不同
MME	10.192.X.110	10.192.X.1	
IEEE1588	10.192.X.158	10.192.X.1	
EMS&OMM	10.192.X.50	10.192.X.1	
FTP Sever	10.33.33.33		用户名为 lte，密码为 lte

10.2　实训项目二：硬件安装

实训目的：
(1) 掌握 ZXSDR BS8800 设备部署和内部线缆布放的方法；
(2) 掌握电源线缆和地线的选型和布放的方法；
(3) 掌握信号线缆的布放方法；
(4) 掌握天馈系统的线缆选型和布放的方法。

实训内容：
(1) BS8800 设备安装；
(2) 电源线和地线的布放；
(3) 信号线缆的布放；
(4) 天馈线布放。

实训要求：
(1) 学生根据实训内容，使用仿真软件，完成设备部署和各种线缆的类型选择布放，达到实训目的；
(2) 教师负责实训指导和答疑；
(3) 实训时注意遵守实训纪律。

10.2.1　任务 1：BS8800 机柜安装

本仿真软件使用的 ZXSDR BS8800 机柜，其外观、单板型号和设备功能与 ZXSDR BS8800 设备一致，在当前正在运行的实际网络中大量被使用。

（1）选择进入基站。

鼠标右键单击网络拓扑界面中的 eNodeB 1 Device 按钮，选择 eNodeB 1；单击鼠标右键，选择 Virtual eNodeB 1 就可以进入 ZTE University Site 基站，进行硬件部署和 OMC 配置等仿真实训。

同理，也可以选择 eNodeB 2，进入 ZTE Xili Site 基站内进行仿真实训。两个虚拟基站的天馈系统和 IP 数据都是不同的，进行基站 2 配置时需要注意差别。

选择 Virtual eNodeB 1，进入 ZTE University Site 基站，出现如图 10 - 5 所示的界面。

图 10 - 5　eNodeB 1 界面

界面中佩戴安全帽的小人即为虚拟的施工人员。如果需要对某部分设备施工或者到某地去，则需要鼠标单击相应的箭头标注位置，然后小人就会进入该区域。

鼠标单击小人上方圈注的箭头，进入基站机房进行 8800 设备的安装。

单击其他圈注的箭头，就会分别进入 α、β、γ 三个扇区进行虚拟施工。

（2）单击圈注位置，进入机房，机房平面如图 10 - 6 所示。

该界面有五个指示箭头，即具有五个施工位置。单击相应位置的箭头，就会进入该位置进行安装。界面正下方有椅子的箭头位置是我们网络规划和硬件安装完成之后进行 LMT 本端调试的位置。

机房右上角位置的图标为退出图标。单击该图标就会退出当前界面并返回至上一层界面。

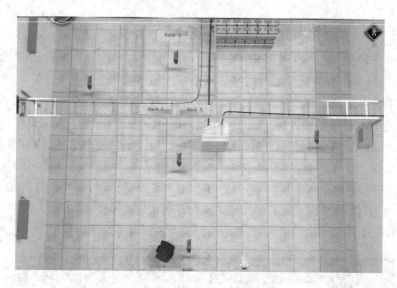

图 10 - 6　机房平面

（3）机柜安装。

BS 8800 设备需要安装在 RACK 2 位置，RACK 2 位置还需要安装一个利旧使用的 19 英寸传输机柜，并使用微波传输设备 NR 8250 与核心网设备之间完成通信。当前实训环境中，电源柜和电池组已经安装完毕，市电也已经引入。

单击 RACK 2 进入机柜安装位置，在右侧设备列表中选择圈注的设备，如图 10 - 7 所示，将其拖动到界面提示位置，即可完成设备机柜安装。

图 10 - 7　机柜安装示意图

（4）BS8800 内部模块安装。

单击机柜门的箭头，就会打开机柜门，从而可以进行机柜内部界面的操作与维护。机柜内部界面如图 10 - 8 所示。依次选择右侧资源池中圈注的模块，按照软件位置提示，完成 BBU 8200 设备、FAN 风扇模块和 PDM 电源模块的安装。

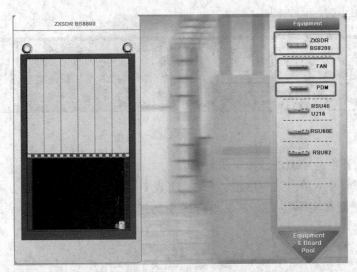

图 10 - 8　安装 BS8200 示意图

安装完上述模块后，接下来完成射频处理单元 RSU 的安装，ZXSDR BS8800 基站设备可选的 RSU 模块有三种，在实训中选择任意一种即可，本次实训选择 RSU40U216 型号的 RSU 设备，选择后安装在对应的位置(本次实训选择 Rack 2、Rack 4 和 Rack 6)。安装完的 RSU82 模块，如图 10 - 9 所示。

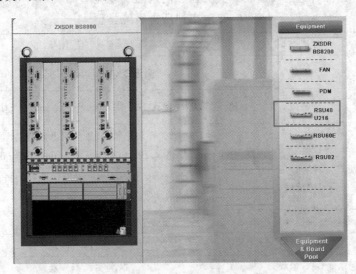

图 10 - 9　RSU 模块安装

在仿真实训过程中，如果模块/单板选择错误或者型号不一致，可以在该模块/单板上单击鼠标右键，选择 Delete the board，删除该模块/单板即可。

(5) BS8200 单板安装。

单击 BS8200 面板，进入 BBU 配置场景，添加板卡，分别添加控制与时钟板、基带处理板、电源模块和现场告警板。板位图可以根据规划灵活地配置。模块和单板的位置不同，在后续的数据配置过程中就会有差异，但是不影响业务功能。

本次实训使用的位图如图 10-10 所示。

图 10-10　BS8200 板位图

（6）仿真软件中的线缆资源池说明。

在本仿真软件中，单击某一单板、模块或者设备上箭头的位置，就会出现线缆资源池，我们根据工程规范和实际需要，完成相应线缆的选择。线缆资源池的样式如图 10-11 所示。

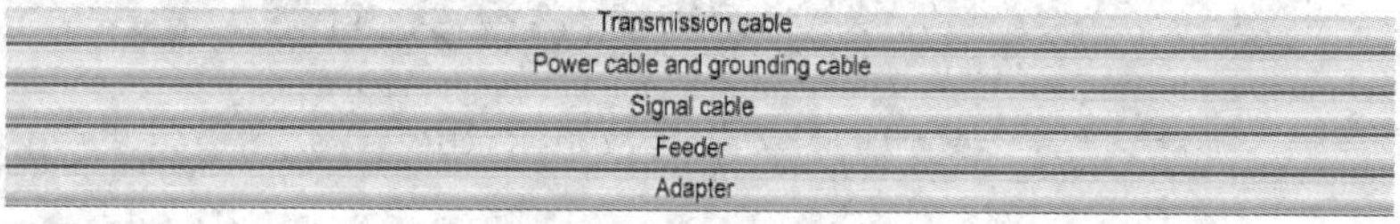

Transmission cable
Power cable and grounding cable
Signal cable
Feeder
Adapter

图 10-11　线缆资源池示意图

仿真软件中的线缆与实际通信建设中常用的线缆类型一致。在实训中，根据设备接口和设备技术指标选择合适的线缆。本次实训所使用的线缆类型如表 10-5 所示。

表 10-5　实训所需线缆类型

线缆分类	可选类型	实 训 使 用
传输线	光纤	高速线（High Speed Cable）
	网线	超 5 类以太网线（CAT5E Straight-through　Ethernet Cable）
电源线和地线	电源线	25 平方毫米蓝/黑色阻燃绞合电缆 （25mm² Blue /Black Flame-Retardant Stranded Cable）
	接地线	16 或 25 平方毫米黄绿色阻燃绞合电缆 （16 mm²/25 mm² yellow-green flame-retardant stranded cable）
信号线	监控线	本次实训不涉及
	电调天线	本次实训不涉及
馈线	GPS 馈线	本次实训不涉及
	主馈线	RRU 侧英寸二分之一超柔软跳线 （1/2" ultra flexible jumper RRU side） 八分之七英寸馈线类型 2 （7/8" main feeder 2） RSU 侧二分之一英寸超柔软跳线 （1/2" ultra flexible jumper RSU side）

线缆分类	可选类型	实 训 使 用
适配器	ALPD 防雷器（ALPD）	电调天线接口组织（AISG）天线安装界面使用，本次实训不涉及
	天线侧 T 型接头偏置器（ASBT）	
	基站侧 T 型接头偏置器（NSBT）	

本仿真软件的虚拟基站界面也分很多场景，每个场景所选设备也各不相同，因此需要根据规划选择合适的线缆和设备。大家在做其他场景或设备的仿真实训时，从资源池选择对应的线缆即可。

10.2.2　任务 2：BS8800 机柜线缆布放

1. 电源线布放

返回 BS8800 机柜界面，单击 PDM 机框，进入 PDM 面板界面，就会出现如图 10 - 12 所示的 PDM 模块。

图 10 - 12　PDM 模块

中兴 BS800 机柜使用直流 - 48 V 供电。PDM 模块有两个接线柱：- 48 V 和 -48 V 回路。-48 V 回路是 -48 V 的电源回路，即 0V，也就是工作地。在通信安装规范里面，-48V 通常使用蓝色直流电源线，黑线做保护地线。

在下方线缆资源池中单击"Power cable and grounding cable"图标，在界面单击"Power Cable"标题栏，如图 10 - 13 所示，在出现的下拉菜单中单击选择"25 mm² blue/black flame-retardant stranded cable"，如图 10 - 14 所示。

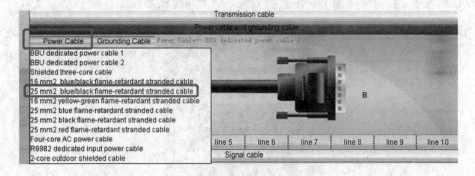

图 10 - 13　选择电源线

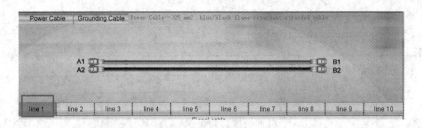

图 10 - 14　蓝黑电缆

单击选择 line 1 的线缆的 A1 端(B1 端也可以),在 PDM 位置出现提示箭头,将其拖动至 -48 的接线柱,完成线缆的选择和连接操作。按照上面的步骤完成工作地线缆的连接操作。完成后的界面如图 10 - 15 所示。

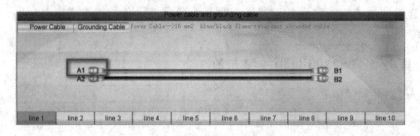

图 10 - 15　电缆安装示意图

查询电缆接头连接信息,如图 10 - 16 所示。鼠标放在 A1 或 A2 上,会显示该端的占用信息,圈注部分显示线缆 1 已经被使用,但是是否接线都被占用,要查看线缆的接头信息。

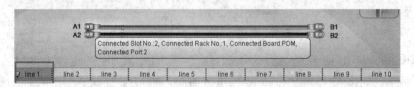

图 10 - 16　查询电缆接头连接信息

接下来将线缆连接到电源柜。

退出 BS8800 机柜,选择右侧的电源柜进入如图 10 - 17 所示界面,单击箭头进入空气开关或接地端子,将 line 1 的 B1 端接空气开关,B2 端接接地端子。

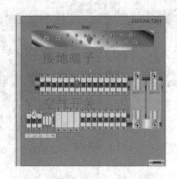

图 10 - 17　电源柜接线端子

电源线布放完成。

电源线布放检查：返回 BS8800 机柜，进入 BBU8200，单击 PM 模块，若电源线正确布放，则 RUN 灯变亮，如图 10-18 所示。

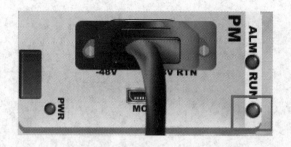

图 10-18　电源安装正常示意图

2. 地线布放

设备保护接地是指设备在正常情况下，其不带电的金属外壳以及与它连接的金属部分与接地装置做良好的金属连接。我们要对 BS8800 设备进行接地。如果 BS8800 设备安装在非中兴机柜上，则要对 BS8800 设备单独接地。

退出至机柜选择界面，单击 BS8800 机柜上方的箭头，进入如图 10-19 所示界面。

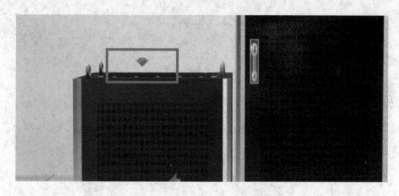

图 10-19　机柜顶端

在线缆选择界面选择接地线，选择 25 mm² yellow-green flame-retardant stranded cable，将 A 端安装在图 10-20 中标注的位置。

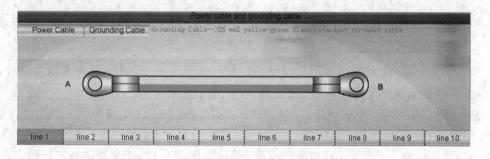

图 10-20　机柜地线安装

接下来将 B 端连接至室内接地铜排。退出 RACK2 位置，单击如图 10 - 21 所示进入圈注位置，单击馈窗下方的室内接地铜排进入接地铜排界面（如图 10 - 22 所示），将 25 mm^2 接地线 B 端连接至室内接地铜排，如图 10 - 23 所示。

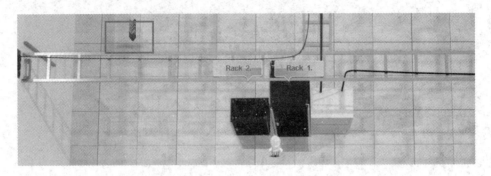

图 10 - 21　接地铜排安装位置

图 10 - 22　接地铜排示意图

图 10 - 23　机柜地线接入接地铜排

BS8800 机柜设备接地完成。

3. 传输线缆布放

实训一共需要布放两根 CAT5E Straight-through Ethernet cable 超 5 类以太网线，从 CC 板分别连接至微波传输设备 NR8250 和本端 LMT 调测终端。

选择 BS8200 设备，单击选择 CC 板，进入设备单板界面，CC 板提供 1 个光口和 2 个 ETH 口对外通信，如图 10 - 24 所示。其中光口和 ETH0 口均可以提供 ENB 设备至核心网设备的通信连接，但是两个接口是互斥的，只能选择一个，本次实训选择 ETH0。DEBU 接口提供 ENB 至本地调试终端 LMT 的连接。

图 10-24　CC 板接口示意图

CC 板至 NR8250 设备的连接：在线缆选择界面选择传输线，如图 10-25 所示，选择 CAT5E Straight-through Ethernet cable，将 Line 1 的 A 口连接至 ETH0 接口，退出机柜，进入利旧的传输柜，找到 NR8250 设备，单击选择 RTUME 板，进入设备单板界面，将 Line 1 的 B 端插入 FE1 接口，如图 10-26 所示。

图 10-25　CC 板传输线连接

图 10-26　NR8250 设备传输线连接

CC 板至本地 LMT 调测终端的连接：由于 Line 1 已经被占用，因此我们选择 Line 2 进行连接，如图 10-27 所示。

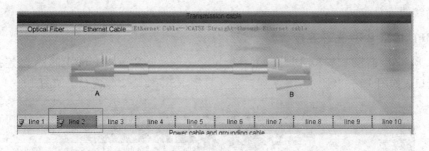

图 10-27　线缆选择

将 Line 2 的 A 端连接至 CC 板 DEBU/CAS/LMT 口，如图 10-28 所示。

图 10-28　DEBUG 口网线连接

退出机柜界面，如图 10-29 所示，单击圈注位置，进入本端维护区域，单击如

图 10 - 30 所示笔记本电脑的圈注位置，进入网线电缆连接界面，将 Line 2 的 B 端连接至
笔记本电脑的网线接口，如图 10 - 31 所示。

图 10 - 29　操作维护区域进入示意图

图 10 - 30　网线安装位置

图 10 - 31　网线连接示意图

传输线缆布放完成。

4. BPL 板至 RSU 光纤连接

进入 BS8200 面板，选择 BPL 板，将 High Speed cable 高速线 Line 1 的 A 端连接至 BPL
板 0 号光口，如图 10 - 32 所示；B 端连接至 2 号框 RSU 模块 1 号光口，如图 10 - 33 所示。

图 10 - 32　BPL 板光口连接示意图

图 10 - 33　RSU 光口连接

根据上述步骤，依次用 Line 2 完成 BPL 板 1 号光口与 4 号示意图框 RSU 模块 1 号光口之间的连接；依次用 Line 3 完成 BPL 板 2 号光口与 6 号框 RSU 模块 1 号光口之间的连接。这样 BPL 与 RSU 的连线完成。

5. 天馈线连接

本仿真软件的天馈系统比较简单，不涉及避雷器，只需要用 1/2 跳线和 7/8 馈线将 RSU 和天线连接即可。连接顺序为天线→1/2 室外超柔馈线→7/8 馈线→1/2 超柔跳线→RSU。

进入虚拟 eNodeB 界面的机房顶部，单击进入相应位置（如图 10-34 所示）的箭头，完成对 α、β 和 γ 三个小区天馈系统的安装。

图 10-34　基站天面示意图

首先进入 α 小区，点击天线设备进入天线连接界面，如图 10-35 所示，在馈线资源池里面选择 1/2" ultra flexible jumper（RRU side）RRU 侧 1/2 超柔跳线，将 Line 1 的 A 端连接至空余两个天线口中的一个。

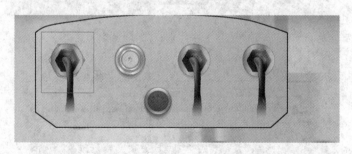

图 10-35　天线安装接口

接下来完成 1/2 超柔跳线与 7/8 馈线的连接。首先在线缆资源池里选择 7/8" main feeder 2，选择 Line 1。在线缆池中的线缆图案上单击鼠标右键，选择 Be Used for connectting，如图 10-36 所示，7/8 馈线就出现在资源池上方了，如图 10-37 所示。

图 10-36　馈线选择

图 10-37　天馈线使用示意图

选择 1/2" ultra flexible jumper（RRU side）线缆 Line 1 的 B 端连接至 7/8 馈线的一端。在馈线资源池中选择 1/2" ultra flexible jumper（RSU side）线缆，选择 Line 1，将其 A 端连接至 7/8 馈线的另一端，分别如图 10-38 和图 10-39 所示。

图 10-38　RRU 侧跳线与馈线连接

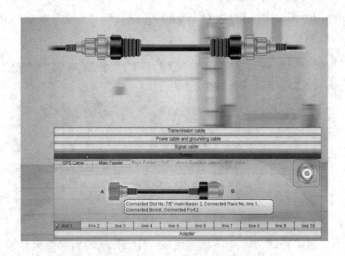

图 10-39　馈线与 RSU 跳线连接示意图

最后完成 1/2" ultra flexible jumper（RSU side）线缆与 RSU 模块的连接：进入机房 BS8800 机柜安装位置，单击 RSU 模块，在资源池里面选择 1/2" ultra flexible jumper（RSU side）线缆，将 Line 1 的 B 端连接至 2 号框 RSU 的 ANT1 口（TX/RX 口），如图 10-40 所示。这样 α 小区天馈系统安装完成。

图 10-40　RSU 跳线连接图

完成上述操作后，α 小区天馈系统安装完成。

按照 α 小区的天馈安装步骤，完成 β 和 γ 小区天馈线的安装。在仿真时，注意线缆的选择，注意线序，避免小区接反的状况出现，4 号框 RSU 连接 β 小区，6 号框 RSU 连接 γ 小区。

至此，硬件安装完成，为后续的数据规划和数据配置实训提供了设备的硬件连接和物理接口。

10.3　实训项目三：网络拓扑与数据规划

实训目的：

（1）掌握网络拓扑设备的部署方法；

（2）掌握参数查询方法；

（3）掌握系统参数和 IP 数据规划的方法。

实训内容：

（1）核心侧设备部署；

（2）参数和 IP 数据规划。

实训要求：

（1）学生根据实训内容，使用仿真软件，完成网络拓扑界面设备部署以及生成系统参数和 IP 数据规划表；

（2）教师负责实训指导和答疑；

（3）实训时注意遵守实训纪律。

进入网络拓扑界面，按照图 10-41 所示的拓扑图，完成网络拓扑设计。

在核心网设备选项中，拖动相关设备，依次放入相应的区域；在 eNodeB 1 的资源池，先将 RACK2 拖入至 eNodeB 1 中，再将 eNodeB 1 拖入到 ZTE University Site 基站位置。

网络拓扑设备部署完成之后，鼠标放在相应的位置，就会出现相对应的数据，使用表格记录这些数据，为后续的网络配置提供相应的数据和参数。相应的数据如表 10-6 和表 10-7 所示。

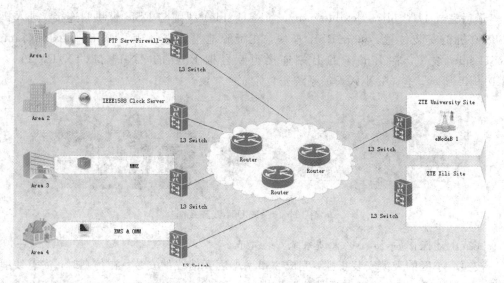

图 10-41　网络部署拓扑图

表 10-6　系统参数规划表

序号	参数类型	参数值	配置应用
1	TAC	171	无线全局参数 配置及小区配置
2	MCC	460	
3	MNC	11	

表 10-7　IP 数据规划表

设备	IP 地址	网关	参数说明
XGW	10.192.10.100/24	10.192.100.1/24	S1-U 接口数据配置
MME	10.192.30.110/24 Port:60	10.192.30.1/24	S1-MME 接口数据配置
FTP Sever	10.33.33.33		用户名是 lte；密码是 lte 使用 FTP Sever 进行业务验证
OMM	10.192.40.50/24	10.192.40.1/24	OMC 操作维护数据配置
eNodeB	20.20.60.10 Port:1060	20.20.60.1/24 Vlan ID:60	S1-U 和 S1-MME 接口数据对接
	20.20.70.10	20.20.70.1/24 Vlan ID:70	IEEE 时钟配置
	20.20.100.10	20.20.100.1/24 Vlan ID:1000	OMC 相关对接参数

　　系统参数规划表和 IP 数据规划表十分重要，在后续的本端调试和数据配置时，都要参考已经规划好的数据，因此，我们在记录参数及 IP 规划时，一定要确保数据的准确性。

10.4 实训项目四：LMT本端数据调测

实训目的：

(1) 掌握 LMT 本端的配置方法；

(2) 掌握电子运行维护系统(EOMS)软件数据的配置方法和流程；

(3) 掌握数据规划表的使用方法；

(4) 掌握 IP 数据和关键参数的查询和记录方法。

实训内容：

(1) 调试终端 IP 修改；

(2) LMT 本端调试。

实训要求：

(1) 学生根据实训内容，使用仿真软件，完成终端 IP 修改和 LMT 本端数据配置等操作，达到实训目的；

(2) 教师负责实训指导和答疑；

(3) 实训时注意遵守实训纪律。

本仿真软件 LMT 本端调测的目的就是在 eNodeB 与 OMC 之间建立操作维护的 IP 通道。

进入硬件安装时进度的操作维护区域，这是仿真系统中的一台操作维护用的笔记本电脑(如图 10-42 所示)，按下右下角圈注部分的电源开关，就可以离开此界面。数据配置的时候用到的功能即为电脑屏幕上圈注的部分，分别是：

(1) cmd 程序，用于检验网络是否正常；

(2) 网卡设置程序，用于设置本机电脑的 IP 地址；

(3) LMT 软件，做 eNodeB 本端参数配置用。

图 10-42 本地调测终端

10.4.1　任务 1：调测笔记本电脑 IP 修改

中兴 ZXSDR BS8800 设备默认的 DEBUG 口的 IP 地址是 192.254.1.16，因此我们要把调测用的笔记本电脑的 IP 改成与 DEBUG 口的 IP 同一网段，如图 10 - 43 所示，有两种方法可以进入修改界面。

图 10 - 43　笔记本 IP 修改操作

进入如图 10 - 44 所示的 IP 修改界面，双击 Properties，选择 Internet Protocol(TCP/IP)(如图 10 - 45 所示)，单击"Properties"按钮，进入如图 10 - 46 所示界面进行 IP 修改，将 IP 修改成与 DEBUG 口同一网段。

图 10 - 44　进入 IP 修改界面

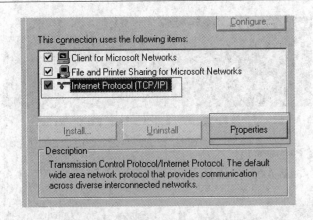

图 10 - 45　选择 TCP/IP 修改

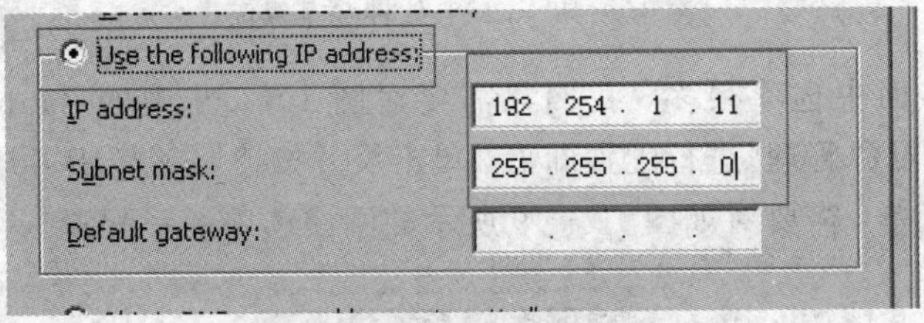

图 10 - 46　IP 修改示意图

　　修改完 IP 之后，可以对修改的正确性加以检查：双击虚拟电脑桌面的 cmd. exe 图标，输入 ping 192.254.1.16 命令，如果可以 ping 通（如图 10 - 47 所示），则说明 IP 修改正确。如果出现网络不通的情况，则检查网卡 IP 设置及检查电脑至 BBU DEBUG 端口的网线是否正确布放。

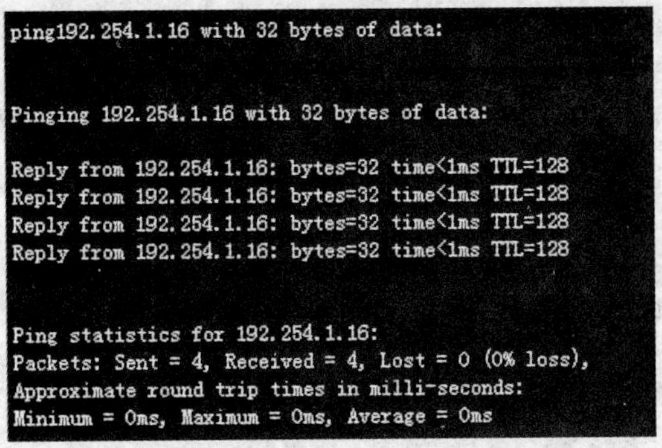

```
ping192.254.1.16 with 32 bytes of data:

Pinging 192.254.1.16 with 32 bytes of data:

Reply from 192.254.1.16: bytes=32 time<1ms TTL=128
Reply from 192.254.1.16: bytes=32 time<1ms TTL=128
Reply from 192.254.1.16: bytes=32 time<1ms TTL=128
Reply from 192.254.1.16: bytes=32 time<1ms TTL=128

Ping statistics for 192.254.1.16:
Packets: Sent = 4, Received = 4, Lost = 0 (0% loss),
Approximate round trip times in milli-seconds:
Minimum = 0ms, Maximum = 0ms, Average = 0ms
```

图 10 - 47　ping 命令检测

10.4.2　任务 2：LMT 本端调测

　　双击虚拟电脑桌面的 EOMS 图标，进入如图 10 - 48 所示的配置软件登录界面，在用户名中填入 root，密码为空，在"eNodeB IP"中输入 192.254.1.16，单击"OK"按钮进入配置软件。

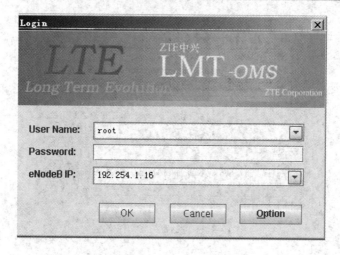

图 10-48　LMT 软件登录界面

　　EMOS 配置界面中选项很多,我们只需要对图 10-49 中的 Transmission Resource Management(传输资源管理)进行配置即可,单击展开按钮,进入 IP Bearing Configuration (IP 承载配置)子菜单,需要对如图 10-49 所示的圈注选项逐一配置。

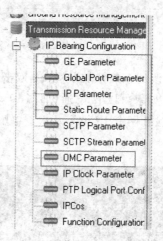

图 10-49　LMT 配置选项

1. GE Parameter(以太网参数)设置

　　单击 IP 承载配置,进入子菜单,双击"GE Parameter"选项进行设置。在修改区单击右键,如图 10-50 所示,选择"Add(添加)"选项,参数默认,如图 10-51 所示,单击"OK"按钮,完成添加。GE Parameter 配置完毕。

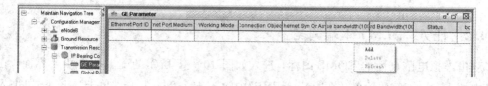

图 10-50　添加以太网参数

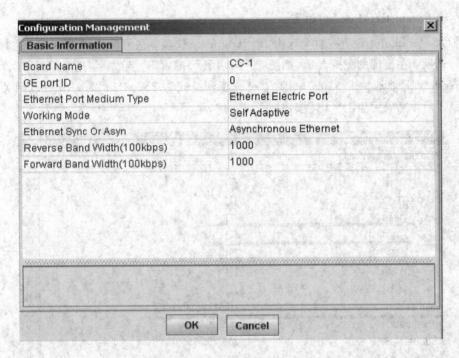

图 10 - 51 以太网参数配置

2. Global Port Parameter(全局端口参数)设置

同 GE Parameter 设置一样，双击"Global Port Parameter"选项，在修改区单击右键，选择"Add(添加)"选项，根据 IP 规划获取参数表，将 VLAN ID 更改为 100，如图 10 - 52 所示，单击"OK"按钮，添加完成。

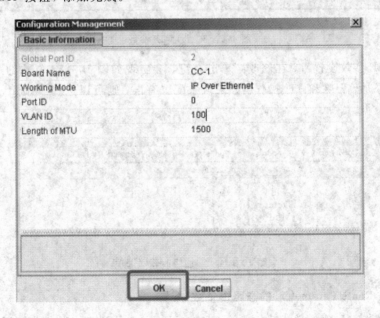

图 10 - 52 全局端口参数配置

3. IP Parameter(IP 参数)设置

同 GE Parameter 设置一样，双击 IP Parameter 选项，在修改区单击右键，选择"Add（添加）"选项，在出现的完成界面（如图 10-53 所示）配置 IP 参数。勾选 LTE-FDD 模式；更改 eNodeB IP 地址为 20.20.100.10；更改子网掩码为 255.255.255.0；更改网关 IP 为 20.20.100.1。完成后单击"OK"按钮，完成添加。

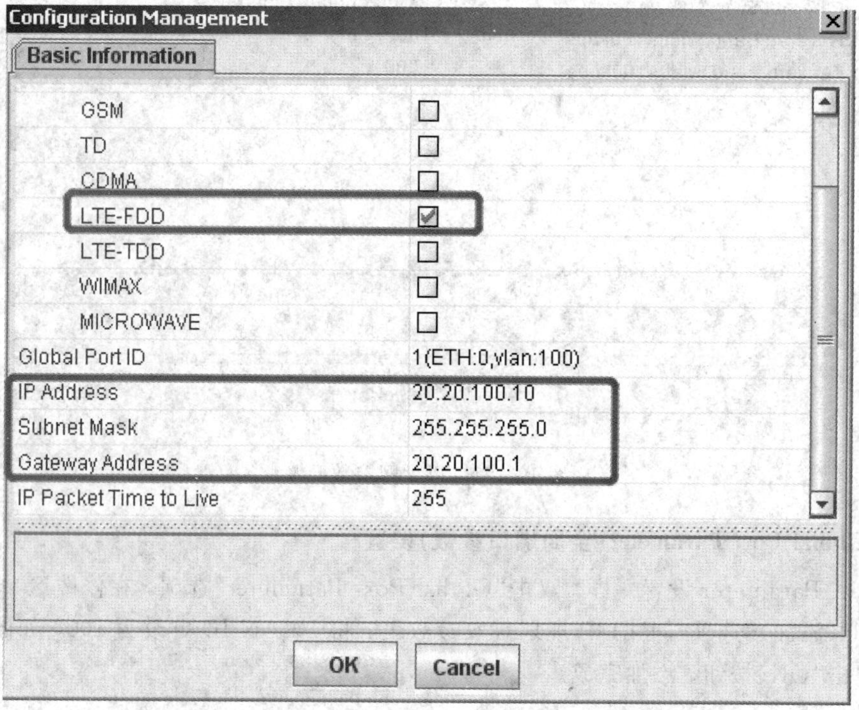

图 10-53　设置 IP 参数

在完成 IP 参数设置后，在修改区单击右键，会出现如图 10-54 所示的三个选项，分别可以进行添加、删除和修改操作。如果该条配置有误，则可以选择"Modify（修改）"选项来更改配置数据。

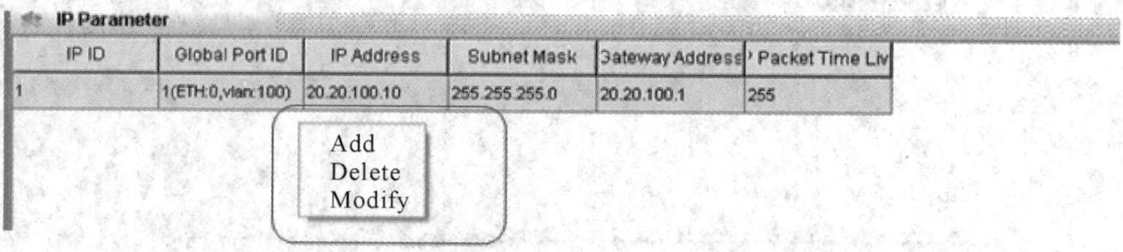

图 10-54　添加修改删除选项

4. Static Route Parameter(静态路由参数)配置

跟之前的操作步骤一样，双击"Static Route Parameter"选项，根据实际网络拓扑参数，按图 10-55 所示设置静态路由、OMM 网络地址、子网掩码及下一跳地址（eNodeB 的网关)，配置完成后单击"OK"按钮确认，完成配置。

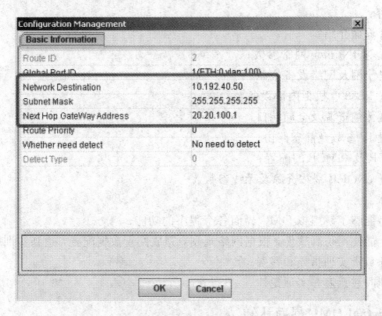

图 10 - 55 静态路由配置

5. OMC Parameter（操作维护参数）配置

OMC Parameter 配置是配置 eNodeB 和 OMM 服务器 IP 地址。与之前的操作步骤一样，双击"OMC Parameter"选项，在如图 10 - 56 所示界面中，选择 SIGIP 选项，根据实际参数填写 IP 信息，单击"OK"按钮确认，完成配置。

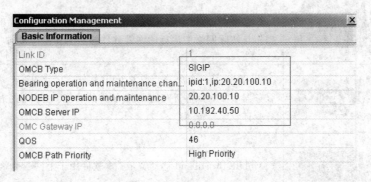

图 10 - 56 操作维护参数配置

至此，LMT 网管参数配置完毕。EMOS 软件配置后，数据配置不需要进行同步，配置或修改确认后直接生效。

10.5 实训项目五：NetNumen 网管数据配置

实训目的：

（1）了解虚拟 OMC 界面各个程序的功能；

（2）掌握 NetNumen 网管数据配置的方法和流程。

实训内容：

（1）网管界面介绍；

（2）配置 NetNumen 网管参数；

（3）创建子网及网络设备资源；

（4）配置 BS8800 机柜内部设备及参数；

（5）配置传输资源及全局端口；

（6）配置 IP 参数及静态路由；

（7）SCTP 及 OMCB 的配置；

（8）配置 eNodeB 基站资源及无线参数。

实训要求：

（1）学生能够了解虚拟 OMC 界面各个程序的功能；

（2）学生能使用仿真软件，根据网络规划，完成网管数据配置，达到实训目的；

（3）教师负责实训指导和答疑；

（4）实训时注意遵守实训纪律。

10.5.1　Virtual OMC 界面认知

单击 Virtual OMC 进入 Virtual OMC 界面，OMC 操作主要用到的程序和功能如表 10 - 8 所示。

表 10 - 8　虚拟 OMC 界面功能

序号	图标	功 能 说 明
1		NetNumen Client 是中兴网管软件系统。仿真系统的功能和操作与实际网络中运行的网管软件的功能和操作相同
2		FileZilla 是一个免费开源的 FTP 软件，它分为客户端版本和服务器版本，具备所有的 FTP 软件的功能。仿真软件用来做业务验证
3		Mobile Broadband 移动宽带，本软件用于上网业务验证

10.5.2　任务 1：配置网管参数

本仿真系统所采用的 NetNumen 软件与实际网络中运行的中兴网管软件名称一致，操作和功能也相同。实际网络中，工程及操作维护人员也通过该软件对网内的 eNodeB 设备进行操作维护和管理。

双击 NetNumen 软件的图标，弹出如图 10 - 57 所示的界面。登录用户名为 admin、密码为空、IP 地址默认，单击“OK”按钮确认，进入软件界面。

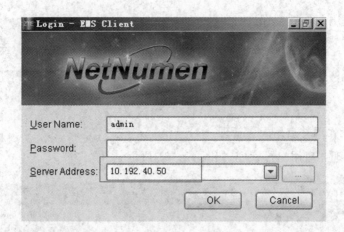

图 10 - 57　NetNumen 登录界面

1. 创建网元代理

如图 10 - 58 所示，在界面中左侧空白处单击鼠标右键，在弹出菜单中依次选择"Creat Object（创建对象）""V4 Radio Network Controller Product（无线网络控制产品）""NE Agent（网元代理）"。

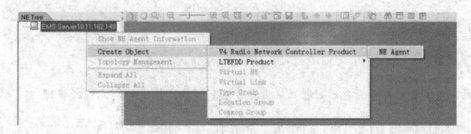

图 10 - 58　创建网元代理

在弹出的窗口中填写代理参数，如图 10 - 59 所示。网元名称任意；时区选择东八区；IP 地址根据 IP 规划表中的 OMM 服务器 IP 即 10.192.40.50 填写。

图 10 - 59　配置网管代理

2. 启用代理

在网管软件窗口中选择网元管理选项，根据图 10 - 60 所示启动网元代理。

图 10 - 60　启用网元代理

3. 进入网元代理并启用配置管理

进入网元代理并启用配置管理，如图 10 - 61 所示。

图 10 - 61　启用配置管理

4. 代理配置完成

代理配置完成后会出现如图 10 - 62 所示界面。

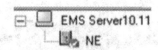

图 10 - 62　启用网元代理成功示意图

每一次网管软件重启之后，都要从步骤 2 重新开始操作进行网元配置管理。

10.5.3　任务 2：创建子网及网络设备资源

1. 创建子网

在创建选项中创建子网，如图 10 - 63 所示。

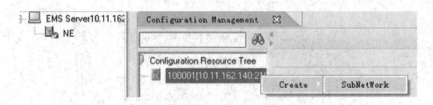

图 10 - 63　创建子网

2. 配置子网信息

在弹出的窗口中修改配置信息，如图 10 - 64 所示，完成后单击"OK"按钮确认完成配置。

仿真软件修改配置信息 🔲 ◔ ◼ 🗗 ❌ ◈ 。在配置区域上方有一排按钮，分别是修改、撤回（返回）、保存修改、关闭配置界面、批量关闭配置界面和帮助，单击"修改"按钮，在修改完成之后，需要单击保存按钮才能生效，单击返回按钮，会返回上一步骤。

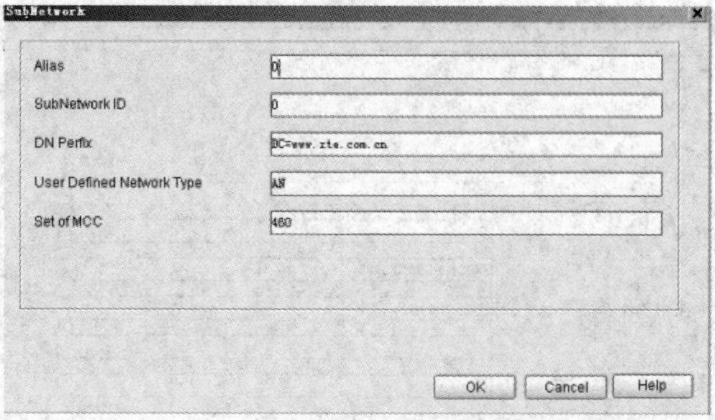

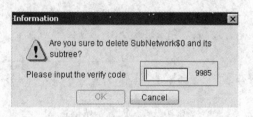

图 10 - 64 配置子网信息

仿真软件删除配置信息：选择需要删除的配置信息，选择"Delete（删除）"选项，在弹出的界面中，输入验证码，如图 10 - 65 所示，单击"OK"按钮确认配置信息删除成功。

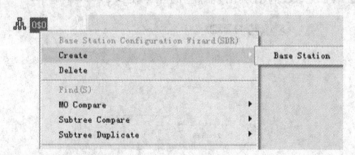

图 10 - 65 删除子网

3. 在子网下添加基站

选择子网图标并单击鼠标右键，在图 10 - 66 所示界面中选择"Create（创建）"选项，在菜单中选择"Base Station（基站）"。

图 10 - 66 添加基站

4. 填写基站信息

在弹出的窗口中（如图 10 - 67 所示）完成基站信息的填写，需要修改基站类型和基站IP 地址。

基站名称可以自定义。型号选择与安装的 eNodeB 型号一致，本次仿真选择 BS8800 L200。基站 IP 地址填写数据规划表中 eNodeB 对应 OMM 的 IP 地址，单击"OK"按钮确认之后会出现 ENB1$ZXSDR BS8800。

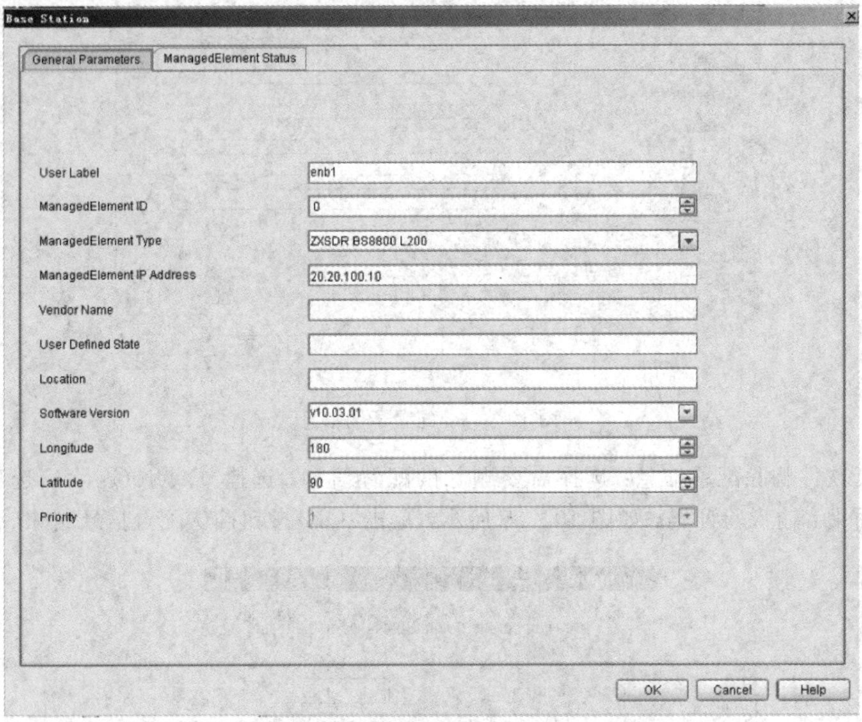

图 10 - 67　配置基站信息

5. 申请互斥权限（Apply Mutex Right）

右键单击 ENB1$ZXSDR BS8800 按钮，在如图 10 - 68 所示的弹出菜单中选择
"Apply Mutex Right（互斥权限）"，在弹出的对话框中选择 yes，互斥权限申请成功。在
ENB1$ZXSDR BS8800 位置会出现绿色的互斥锁 ENB1$ZXSDR BS 。

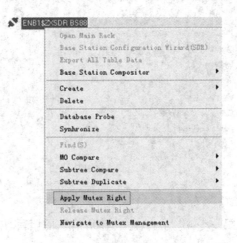

图 10 - 68　申请基站互斥权限

6. 添加平台设备资源（Platform Equipment Resource）

双击"Platform Equipment Resource"选项，在配置区上方单击添加按钮，在弹出的界

面单击圈注位置,在下拉菜单中选择如图 10-69 所示选型:

(1) Radio mode：LTE-FDD。

(2) Transmission Mode：All IP。

(3) Transmission Medium：FE GE。

单击"OK"按钮确认。

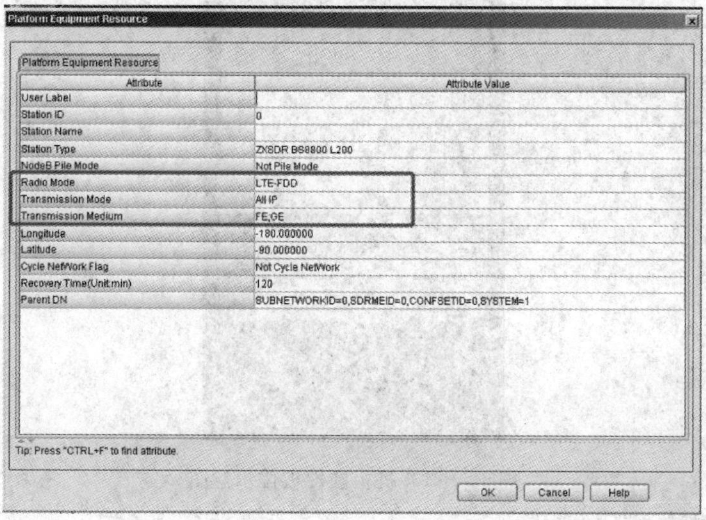

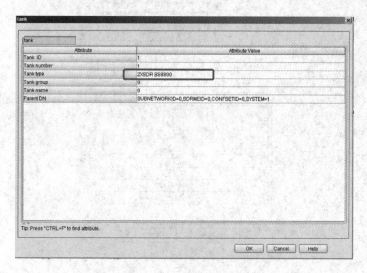

图 10-69　配置设备资源

10.5.4　任务 3：配置 BS8800 机柜内部设备及参数

1. 配置机柜参数

在配置子树中双击"Tank"按钮,在配置区上方单击添加按钮添加机柜,机柜类型选择 ZXSDR BS8800,单击"OK"按钮确认,如图 10-70 所示。

图 10-70　配置机柜参数

2. 添加 BS8800 机柜模块和单板

　　在配置子树中双击"Rack"按钮，在出现界面单击配置区上方的第 6 个按钮，在弹出如图 10 - 71 所示界面后，根据之前 BS8800 机柜硬件安装时的板位，添加 BBU 及 RSU 对应位置的模块和单板（顺序不分先后）。

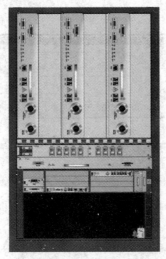

图 10 - 71　机柜硬件板位示意图

3. 创建 SA 板

　　单击对应的 SA 单板位置，鼠标右键单击选择"Create Board"。单板类型选择 SA，工作模式选择 Load Sharing（负荷分担），如图 10 - 72 所示，单击"OK"按钮确认。

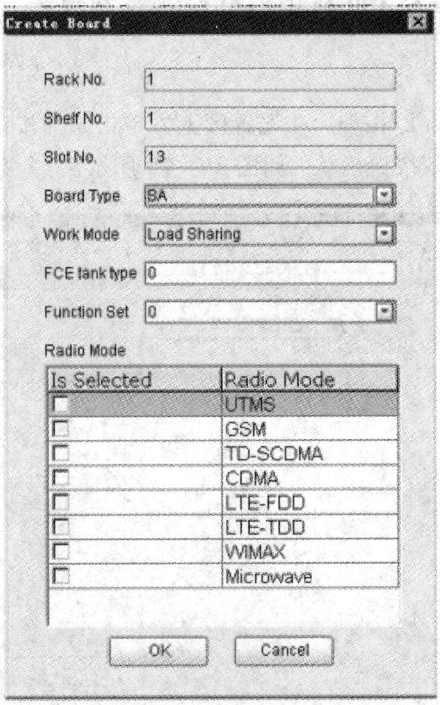

图 10 - 72　创建 SA 板

4. 添加 BPL 板

单击单板位置，鼠标右键选择 Create Board，需更改工作模式和无线模式，如图 10 - 73 所示，单板类型选择 BPL，工作模式选择 Load Sharing(负荷分担)，配置完成后单击"OK"按钮确认。

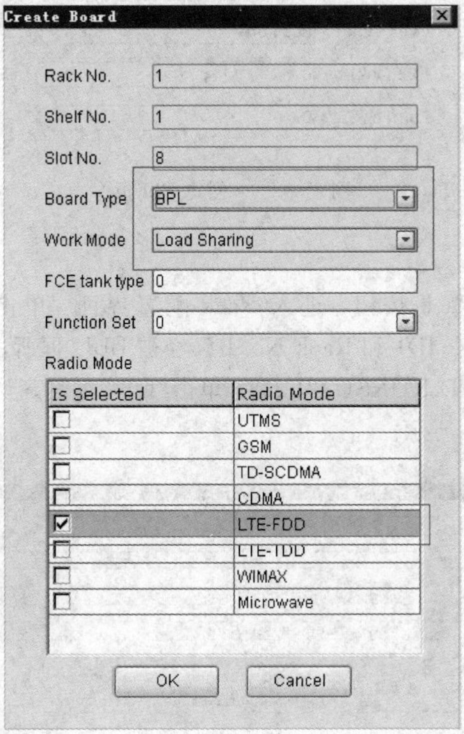

图 10 - 73　创建 BPL 板

5. 添加 CC 板和 PM 板

CC 板和 PM 板已有设备，如果板位与实际位置不一样，那么也需要对这两块板进行添加，添加方式与 BPL 板和 SA 板一致。如图 10 - 74 所示，CC 板单板类型选择 CC16，工作模式选择 Master/Slave(主从、主备)；如图 10 - 75 所示，PM 工作模式选择 Load Sharing(负荷分担)。

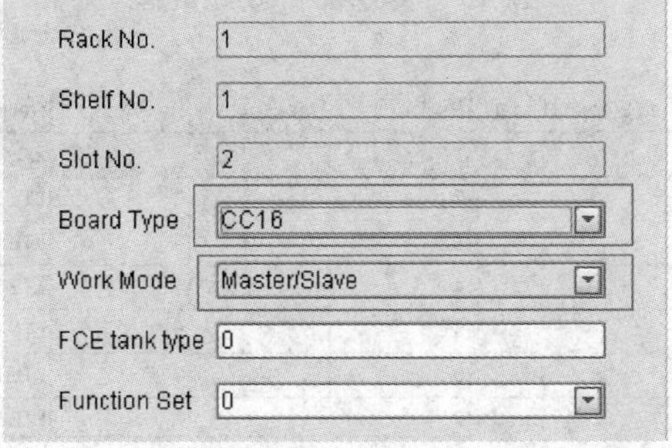

图 10 - 74　创建 CC 板

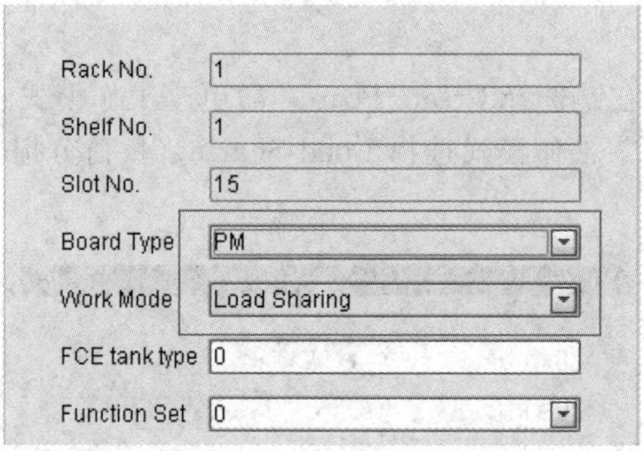

图 10 - 75　创建 PM 板

6. 增加 RSU 机框

在配置子树中双击 Rack 按钮，进入 Rack 配置界面，单击添加按钮添加机框，如图 10 - 76 所示。由于 Rack ID1 和 Rack No.1 已经被 BBU 框所占用，因此需更改为 2 框，Rack type 选择 LTE - FDD RURSU82L268，单击"OK"按钮确认，就会将 6 个 RSU 机框都添加完成，如图 10 - 77 所示。

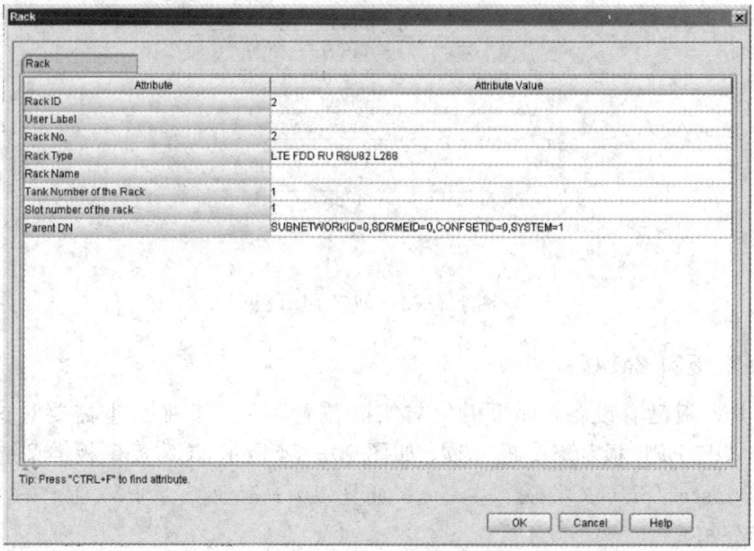

图 10 - 76　增加 RSU 机框

SubNet Label	Managed Element Label	Rack ID	User Label	Rack No.	Rack Type
0	ENB1	1		1	ZXSDR BS8800
0	ENB1	2		2	LTE FDD RU RSU82 L268
0	ENB1	3		3	LTE FDD RU RSU82 L268
0	ENB1	4		4	LTE FDD RU RSU82 L268
0	ENB1	5		5	LTE FDD RU RSU82 L268
0	ENB1	6		6	LTE FDD RU RSU82 L268
0	ENB1	7		7	LTE FDD RU RSU82 L268

图 10 - 77　eNodeB 设备机框示意图

7. 添加 RSU 模块

进入机柜逻辑板位图，添加 RSU，如图 10 - 78 所示，根据之前的 8800 机柜的安装情况，在对应的位置(2、4、6 号框)添加三个 RSU 模块，单板类型选择 TRMFZ - L，工作模式选择 Load Sharing(负荷分担)。

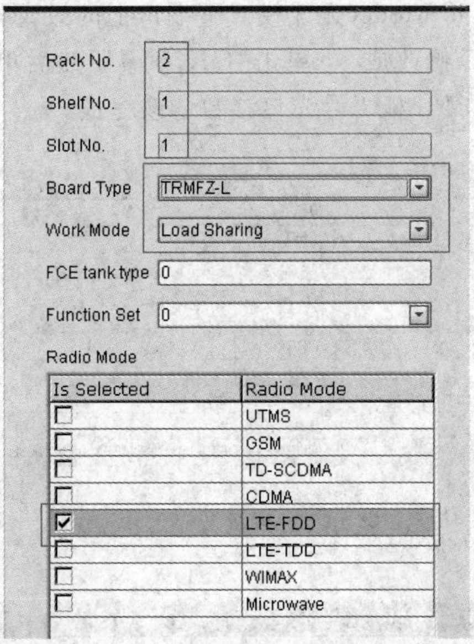

图 10 - 78　添加 RSU 模块

完成上述操作后，机框逻辑板位图配置完成。

8. 添加 BPL 单板供电关系

在配置子树中双击"Board Power Supplying Relation(单板供电关系)"按钮，如图 10 - 79 所示，选择 PM 供电模块板位和对应的 BPL 单板板位，单击"OK"按钮确认。

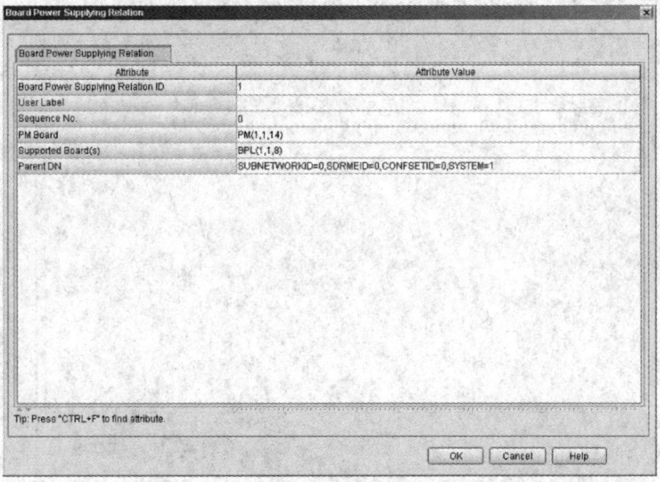

图 10 - 79　BPL 板供电关系配置

9. 修改 BPL 光口参数

在配置子树中双击"Optical Fiber Port(光纤端口)"按钮,选取光口 ID 是 1 的端口,在配置界面上方找到 ⬚⬚⬚⬚⬚⬚ 修改按钮,进入如图 10 - 80 所示的界面修改光口 1 的参数。将 Fiber Speed Type(光纤速度类型)选择为 2G,然后单击"MAX Carrier Number on the Port in Radio Mode(无线模式下端口上的最大载波数)",进入如图 10 - 81 所示的界面,将 LTE - FDD 修改成 4,单击"OK"确认。然后单击配置界面上方的保存按钮,保存刚才的修改内容,BPL 板 1 号光口参数修改完成。

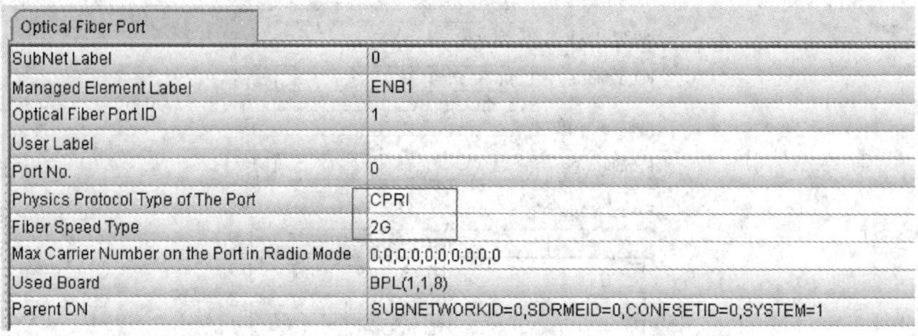

Optical Fiber Port	
SubNet Label	0
Managed Element Label	ENB1
Optical Fiber Port ID	1
User Label	
Port No.	0
Physics Protocol Type of The Port	CPRI
Fiber Speed Type	2G
Max Carrier Number on the Port in Radio Mode	0;0;0;0;0;0;0;0;0;0
Used Board	BPL(1,1,8)
Parent DN	SUBNETWORKID=0,SDRMEID=0,CONFSETID=0,SYSTEM=1

图 10 - 80 修改光口速率

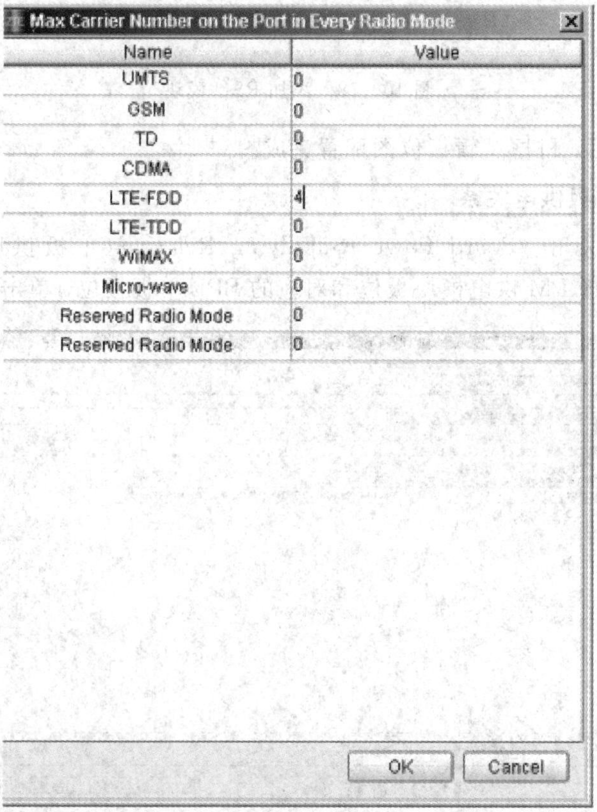

Max Carrier Number on the Port in Every Radio Mode	
Name	Value
UMTS	0
GSM	0
TD	0
CDMA	0
LTE-FDD	4
LTE-TDD	0
WiMAX	0
Micro-wave	0
Reserved Radio Mode	0
Reserved Radio Mode	0

OK   Cancel

图 10 - 81 修改最大载波数

按照光口 1 的修改步骤，完成 2 号和 3 号光纤端口参数的修改工作。

10. 添加光口拓扑关系

双击"Topo"按钮，选择添加选项，添加 BPL 板与 RSU 模块的光口对应关系，光口的逻辑对应关系要与硬件安装时高速线缆的连接关系一一对应，分别如图 10 - 82、图 10 - 83 和图 10 - 84 所示，否则会出现小区接错的情况。

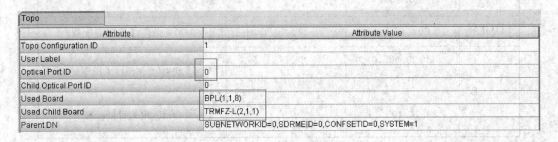

图 10 - 82　BPL 光口 0 拓扑关系

图 10 - 83　BPL 光口 1 拓扑关系

图 10 - 84　BPL 光口 2 拓扑关系

10.5.5　任务 4：传输资源及全局端口配置

本任务需要配置 eNodeB 到 EPC 各个设备之间的 IP 资源及端口数据，完成 eNodeB 到各 EPC 设备之间的通信连接。

在之前的实训中，通过网络拓扑规划和 IP 数据规划，我们获取了 eNodeB 到 EPC 各个设备之间的 IP 资源及端口参数，如表 10 - 9 所示，接下来的实训中，按照此表，完成传输资源参数配置。

表 10 - 9　IP 参数规划表

设备	IP 地址	网关	参数说明
XGW	10.192.10.100/24	10.192.100.1/24	S1 - U 接口数据配置
MME	10.192.30.110/24 Port:60	10.192.30.1/24	S1 - MME 接口数据配置
OMM	10.192.40.50/24	10.192.40.1/24	OMC 操作维护数据配置
eNodeB	20.20.60.10 Port:1060	20.20.60.1/24 Vlan ID:60	S1 - U 和 S1 - MME 接口数据对接
	20.20.100.10	20.20.100.1/24 Vlan ID:100	OMC 相关对接参数

1. 添加设备物理信息

在 Platform transmission resources(平台传输资源)子树中双击"Physical Bearer(物理信息)",在展开的配置子树中双击"Ethernet Parameters(以太网参数)"选项,单击配置界上方的添加按钮,选择 CC 板的型号和板位,如图 10 - 85 所示,单击"OK"按钮确认。

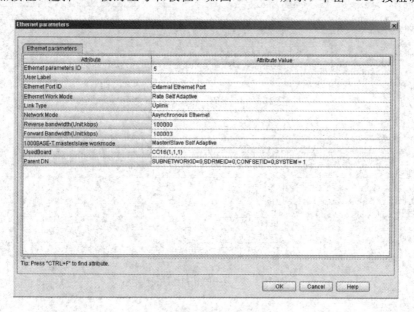

图 10 - 85　传输资源配置

2. 全局端口配置

在配置子树中双击"Link Protocol(链路协议)"选项,在展开的配置子树中双击"Global Port Parameters(全局端口参数)"按钮,添加全局端口号。

本次实训一共配置两个全局端口即可,一个是 S1 接口的全局端口,另外一个是 OMCB 网管的全局端口。

1) 添加 S1 接口全局端口

在 Link Protocol 的配置界面中单击添加按钮，根据 IP 参数规划表，配置相应的信息，如图 10 - 86 所示，单击"OK"按钮确认。

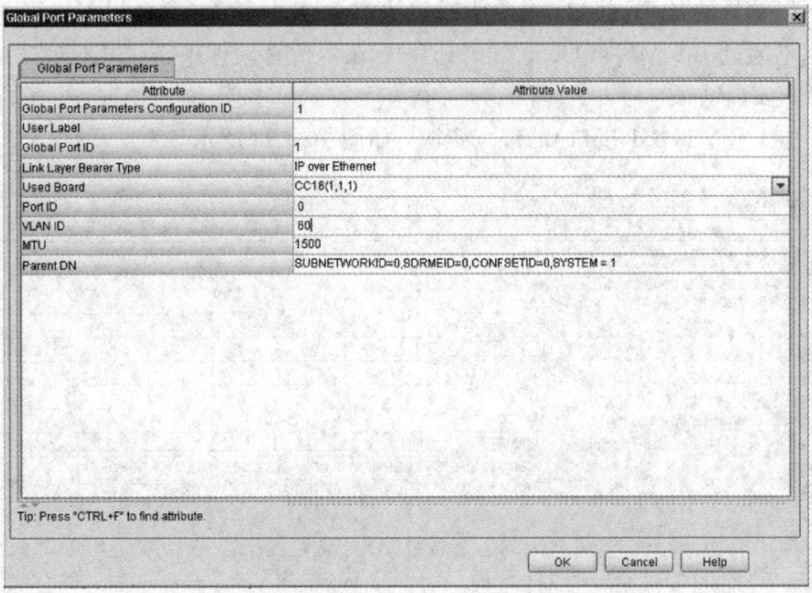

图 10 - 86　S1 全局端口配置

2) 添加 OMCB 网管系统全局端口

在 Link Protocol 的配置界面中单击添加按钮，根据 IP 参数规划表，配置相应的信息，如图 10 - 87 所示，单击"OK"按钮确认。

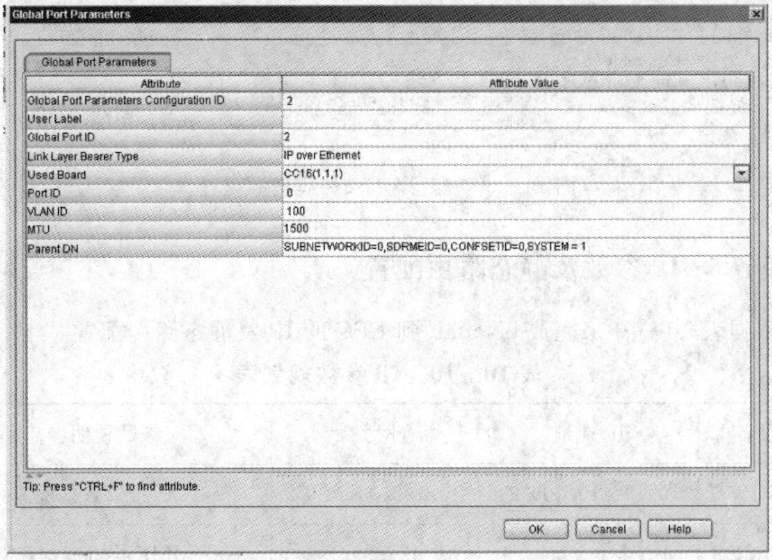

图 10 - 87　OMCB 全局端口配置

3. 添加 IP 带宽资源组

全局端口添加完成后，单击"IP Bandwidth Resource Group(IP 带宽资源组)"按钮，单击添加选项，为刚刚配置的两个全局端口配置最大带宽资源。在硬件安装实训时，NR8250 微波设备网口选择的是 FE 接口，其最大带宽为 100 Mb/s(1 000 000 kb/s)，因此我们配置的最大带宽不超过 100 Mb/s(1 000 000 kb/s)。在本仿真软件中，可以不对该参数进行修改，并不影响实训结果。

(1) 添加 1 号端口(S1 接口)的带宽资源，如图 10 - 88 所示。

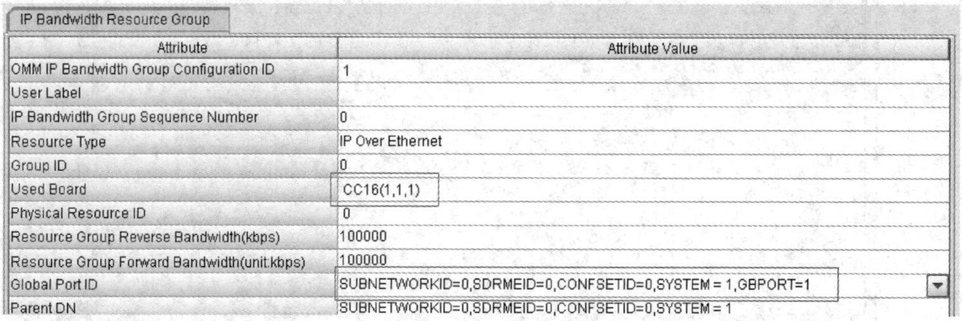

IP Bandwidth Resource Group	
Attribute	Attribute Value
OMM IP Bandwidth Group Configuration ID	1
User Label	
IP Bandwidth Group Sequence Number	0
Resource Type	IP Over Ethernet
Group ID	0
Used Board	CC16(1,1,1)
Physical Resource ID	0
Resource Group Reverse Bandwidth(kbps)	100000
Resource Group Forward Bandwidth(unit:kbps)	100000
Global Port ID	SUBNETWORKID=0,SDRMEID=0,CONFSETID=0,SYSTEM = 1,GBPORT=1
Parent DN	SUBNETWORKID=0,SDRMEID=0,CONFSETID=0,SYSTEM = 1

图 10 - 88　全局端口 1 带宽资源配置

(2) 添加 2 号端口(OMCB)的带宽资源，如图 10 - 89 所示，IP 带宽资源组添加完成。

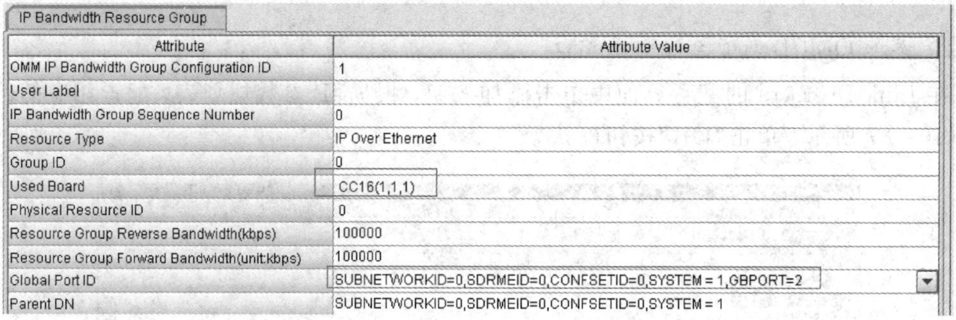

IP Bandwidth Resource Group	
Attribute	Attribute Value
OMM IP Bandwidth Group Configuration ID	1
User Label	
IP Bandwidth Group Sequence Number	0
Resource Type	IP Over Ethernet
Group ID	0
Used Board	CC16(1,1,1)
Physical Resource ID	0
Resource Group Reverse Bandwidth(kbps)	100000
Resource Group Forward Bandwidth(unit:kbps)	100000
Global Port ID	SUBNETWORKID=0,SDRMEID=0,CONFSETID=0,SYSTEM = 1,GBPORT=2
Parent DN	SUBNETWORKID=0,SDRMEID=0,CONFSETID=0,SYSTEM = 1

图 10 - 89　全局端口 2 带宽资源配置

10.5.6　任务 5：IP 参数及静态路由配置

本任务根据表 10 - 10 来完成 eNodeB 到 EPC 的 IP 及静态路由配置。

表 10 - 10　IP 参数规划表

设备	IP 地址	网关	参数说明
XGW	10. 192. 10. 100/24	10. 192. 100. 1/24	S1 - U 接口数据配置
MME	10. 192. 30. 110/24 Port:60	10. 192. 30. 1/24	S1 - MME 接口数据配置
OMM	10. 192. 40. 50/24	10. 192. 40. 1/24	OMC 操作维护数据配置

续表

设备	IP 地址	网关	参数说明
eNodeB	20.20.60.10 Port:1060	20.20.60.1/24 Vlan ID:60	S1-U 和 S1-MME 接口数据对接
	20.20.70.10	20.20.70.1/24 Vlan ID:70	IEEE 时钟配置
	20.20.100.10	20.20.100.1/24 Vlan ID:1000	OMC 相关对接参数

1. 配置 IP 信息

在配置子树中双击"IP Transmission(IP 传输)"按钮,在展开的配置子树中双击"IP Parameter(IP 参数)"添加两个 IP 地址,目的是为之前配置的两个全局端口配置相应的 IP 信息。

1) 为 1 号端口(S1 接口)配置对应 IP

在 IP Parameters 配置界面中修改 IP 地址为 20.20.60.10,子网掩码为 255.255.255.0,网关为 20.20.60.1,无线模式选择 LTE-FDD,使用的全局端口号选择 1 号端口,如图 10-90 所示。

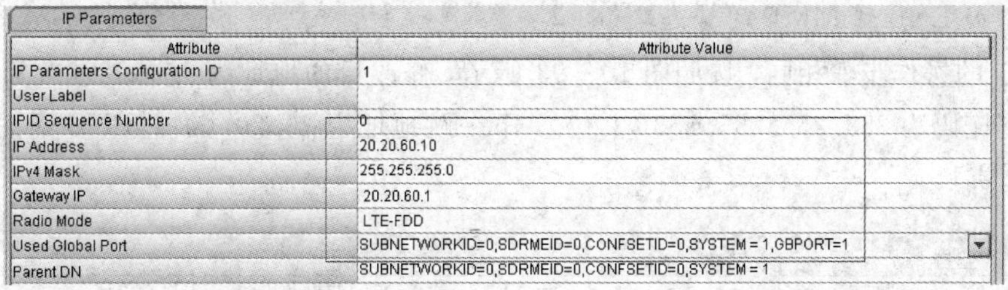

图 10-90　添加全局端口 1 接口 IP

2) 为 2 号端口(OMCB)配置对应 IP

在 IP Parameters 配置界面中修改 IP 地址为 20.20.100.10,子网掩码为 255.255.255.0,网关为 20.20.100.1,无线模式选择 LTE-FDD,使用的全局端口号选择 2 号端口,如图 10-91 所示。

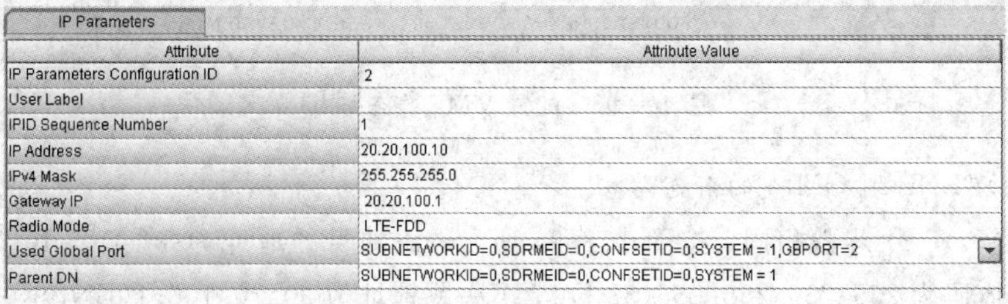

图 10-91　添加全局端口 2 接口 IP

2. 添加静态路由

IP 参数配置完成后，需要添加静态路由，本次实训一共要配置三条静态路由，分别对应三个核心侧设备：XGW、MME 和 OMM 网管服务器。

1）添加 ENB 到 XGW 的静态路由

在配置子树中双击"Static Route(静态路由)"，单击添加按钮添加 ENB 到 XGW 的静态路由：如图 10 - 92 所示，目的地址为 10.192.10.100(XGW IP)，子网掩码为 255.255.255.255(32 位)，下一跳地址为 20.20.60.1(ENB 网关)，使用全局端口号 1。

Attribute	Attribute Value
Static Route Configuration ID	1
User Label	XGW
Static Route Number	0
Destination Network	10.192.10.100
Mask	255.255.255.255
Next Hop IP	20.20.60.1
Route Priority	0
Detect or Not	No
Detect Type	0
Used Global Port	SUBNETWORKID=0,SDRMEID=0,CONFSETID=0,SYSTEM = 1,GBPORT=1
Used BFD	INVALID
Parent DN	SUBNETWORKID=0,SDRMEID=0,CONFSETID=0,SYSTEM = 1

图 10 - 92   配置 XGW 静态路由

2）添加 ENB 到 MME 的静态路由

与 1）的操作步骤相同，按照图 10 - 93 所示，修改目的地址为 10.192.30.110(MME IP)，子网掩码为 255.255.255.255(32 位)，下一跳地址为 20.20.60.1(ENB 网关)，使用全局端口号 1。

Static Route	
Attribute	**Attribute Value**
Static Route Configuration ID	2
User Label	MME
Static Route Number	1
Destination Network	10.192.30.110
Mask	255.255.255.255
Next Hop IP	20.20.60.1
Route Priority	0
Detect or Not	No
Detect Type	0
Used Global Port	SUBNETWORKID=0,SDRMEID=0,CONFSETID=0,SYSTEM = 1,GBPORT=1
Used BFD	INVALID
Parent DN	SUBNETWORKID=0,SDRMEID=0,CONFSETID=0,SYSTEM = 1

图 10 - 93   配置 MME 静态路由

3）添加 ENB 到 OMM 的静态路由

与上述 1）、2）步骤相同，按图 10 - 94 所示，添加目的地址为 10.192.40.50(OMM IP)，子网掩码为 255.255.255.255(32 位)，下一跳地址为 20.20.100.1(ENB 网关)，使用全局端口号 2。

Static Route	
Attribute	Attribute Value
Static Route Configuration ID	3
User Label	OMM
Static Route Number	2
Destination Network	10.192.40.50
Mask	255.255.255.255
Next Hop IP	20.20.100.1
Route Priority	0
Detect or Not	No
Detect Type	0
Used Global Port	SUBNETWORKID=0,SDRMEID=0,CONFSETID=0,SYSTEM = 1,GBPORT=2
Used BFD	INVALID
Parent DN	SUBNETWORKID=0,SDRMEID=0,CONFSETID=0,SYSTEM = 1

图 10 - 94　配置 OMCB 静态路由

在进行静态路由配置时需要注意：静态路由无法进行修改，如果静态路由配置错误，则只能将其删除重新添加，无法对原有配置进行更改。

10.5.7　任务 6：SCTP 及 OMCB 的配置

在配置子树中双击"Upper Protocol（上层协议）"按钮，在配置子树中进行 SCTP 和 OMCB 的配置。

1. SCTP 配置

在配置子树中双击 SCTP，单击添加按钮，如图 10 - 95 所示，使用 CC 单板类型选择 CC16（1，1，1），使用 IP 选择 IPPARA＝1，本地端口号为 60，远端端口号为 1060，远端 IP 地址为 10.192.30.110，下拉配置界面，在无线模式中选择 LTE - FDD。

SCTP	
Attribute	Attribute Value
SCTP Configuration ID	1
User Label	
Association ID	0
In Board	CC16(1,1,1)
Used IP	SUBNETWORKID=0,SDRMEID=0,CONFSETID=0,SYSTEM = 1,IPPARA=1
Local Port	60
Remote Port	1060
Remote IP Address 1	10.192.30.110
Remote IP Address 2	255.255.255.255
Remote IP Address 3	255.255.255.255
Remote IP Address 4	255.255.255.255

图 10 - 95　SCTP 配置

2. OMCB 配置

在配置子树中双击"OMCB Configuration（OMCB 配置）"选项，单击添加按钮，在如图 10 - 96 所示的弹出窗口中进行如下操作：使用 CC 单板类型选择 CC16（1，1，1）；OMCB 类型选择 SIGIP；NodeB 操作维护 IP 设置为 20.20.100.10；OMCB 服务器 IP 设置为 10.192.40.50；子网掩码设置为 255.255.255.0；本 MCB 服务器网关地址设置为 10.192.40.1。配置完成后单击"OK"按钮确认。

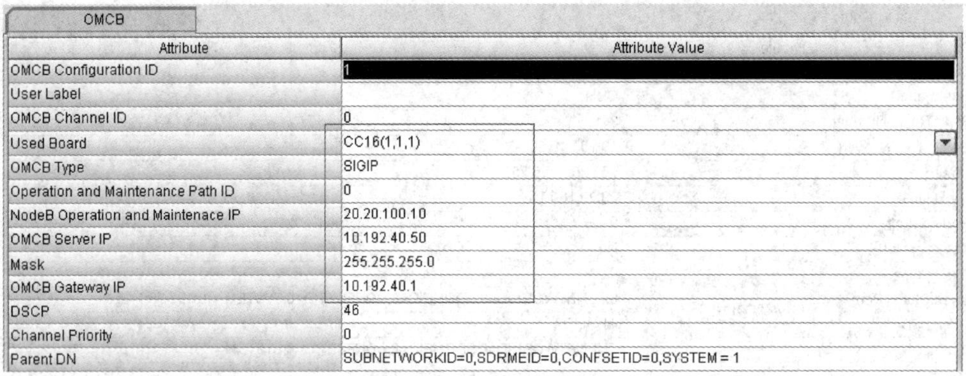

图 10 - 96　OMCB 配置

此步骤配置完成之后，如果 OMCB 等与操作维护系统相关的参数及设备参数配置正确，则 NetNumen 软件会显示 eNodeB 设备的状态为 ⊟ ENB1 ZXSDR 网络连接闭合。如果状态为 ENB1 ZXSDR BS88，则 OMCB 相关参数配置错误，需检查硬件设备和配置参数，使网络闭合后 ⊟ ENB1 ZXSDR，方可进行下一步，否则虽然使用网管软件对 eNodeB 进行了配置，但是由于 OMCB 操作维护链路不通，因此数据无法下发至 eNodeB，仿真实训配置失败。

本任务结束后，数据配置中全局和地面接口的相关参数全部配置完成，接下来完成无线参数的数据配置。

10.5.8　任务 7: eNodeB 基站资源及无线参数配置

本任务要使用表 10 - 11 无线参数规划表内的参数来完成无线相关参数的配置。本任务完成后，NetNumen 软件的 eNodeB 配置全部结束。

表 10 - 11　无线参数规划表

序号	参数类型	参数值	配置应用
1	TAC	171	无线全局参数配置及小区配置
2	MCC	460	
3	MNC	11	

1. 配置 eNodeB 属性

在配置子树中双击"eNodeB Equipment Resources(eNodeB 设备资源)"按钮，在展开的配置子树中双击"eNodeB Attribute(eNodeB 属性)"选项，单击添加按钮，进入如图 10 - 97 所示的配置界面，修改 MCC 参数为 460，MNC 参数为 11，单击"OK"按钮确定。

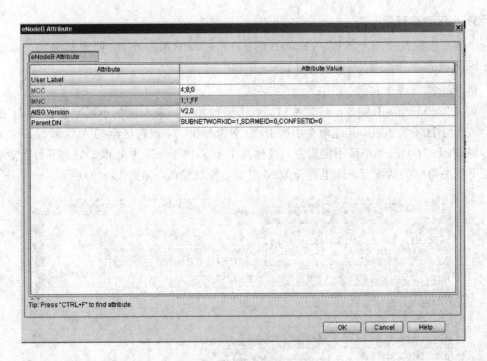

图 10 - 97　eNodeB 设备资源配置

2. 配置 eNodeB 全局参数

在配置子树中双击"Global Parameter of eNodeB（eNodeB 全局参数）"按钮，单击添加按钮，进入配置界面，所有参数默认，单击"OK"按钮确认即可，如图 10 - 98 所示。

Global Parameters of eNodeB	
Attribute	Attribute Value
eNodeB ID	0
User Label	
Encryption Algorithms	128-EEA1
Integrity Protection Algorithms	Not Supported
DRX Cycle for Paging	128 Radio frames
Switch for User Inactivity	Close
User Inactivity Timer	40s
Point in Time for IoT Report(Units:ms)	10
GTP ECHO Timer(Units:ms)	1000
GTP Periodic ECHO Timer(Units:min)	1
GTP ECHO Retransmission Times	5
Switch for NACC	Close
Threshold of User Number	1200
Threshold of E-RAB for UE	6
Threshold of Active E-RAB for eNB	3000
Partial Admission Switch for Intra-eNB HO	Close
Packet Loss Rate Threshold for NGBR	0
Flag for Disposing RLC Error Report	Close
Base Station Frequency Division Selection for Uplink	Close
Base Station Frequency Division Selection for Downlink	Close

Tip: Press "CTRL+F" to find attribute.

OK　　Cancel　　Help

图 10 - 98　eNodeB 全局参数配置

3. 小区参数配置

小区参数配置分两个界面：eNodeB 的 Service Cell(服务小区)射频部分和 Baseband Configuration(基带配置)基带部分。

1) 服务小区参数配置

双击"Service Cell(服务小区)"按钮，单击添加按钮，进入服务小区配置界面，Cell Id 为 1(三个小区不能重复，其他两个小区 ID 分别为 2 和 3)，跟踪区码(TAC)为 171，物理小区标识(PCI)为 0(三个小区不能重复，其他两个小区 PCI 分别为 1 和 2)，上下行频点要根据上下行的带宽灵活配置，这里选择 20M 带宽，参数默认，如图 10-99 所示。

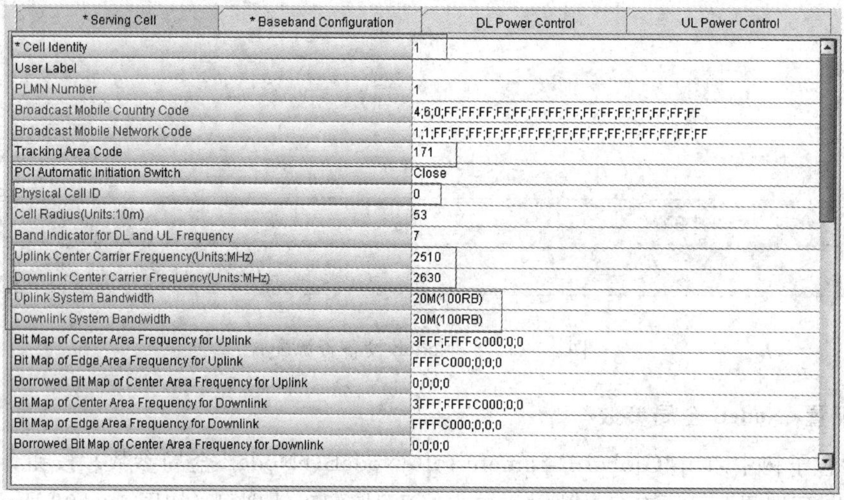

* Serving Cell	* Baseband Configuration	DL Power Control	UL Power Control
* Cell Identity	1		
User Label			
PLMN Number	1		
Broadcast Mobile Country Code	4;6;0;FF;FF;FF;FF;FF;FF;FF;FF;FF;FF;FF;FF;FF;FF;FF;FF		
Broadcast Mobile Network Code	1;1;FF;FF;FF;FF;FF;FF;FF;FF;FF;FF;FF;FF;FF;FF;FF;FF;FF		
Tracking Area Code	171		
PCI Automatic Initiation Switch	Close		
Physical Cell ID	0		
Cell Radius(Units:10m)	53		
Band Indicator for DL and UL Frequency	7		
Uplink Center Carrier Frequency(Units:MHz)	2510		
Downlink Center Carrier Frequency(Units:MHz)	2630		
Uplink System Bandwidth	20M(100RB)		
Downlink System Bandwidth	20M(100RB)		
Bit Map of Center Area Frequency for Uplink	3FFF;FFFFC000;0;0		
Bit Map of Edge Area Frequency for Uplink	FFFFC000;0;0;0		
Borrowed Bit Map of Center Area Frequency for Uplink	0;0;0;0		
Bit Map of Center Area Frequency for Downlink	3FFF;FFFFC000;0;0		
Bit Map of Edge Area Frequency for Downlink	FFFFC000;0;0;0		
Borrowed Bit Map of Center Area Frequency for Downlink	0;0;0;0		

图 10-99　服务小区配置

LTE 中终端以 PCI 区分不同小区的无线信号。LTE 系统提供了 504 个 PCI(0-503)，通过检索主同步序列(PSS，共有三种可能性)和辅同步序列(SSS，共有 168 种可能性)，将二者相结合来确定具体的小区 ID。

2) 基带参数配置

在服务小区配置完成后，在配置界面中单击"Baseband Configuration(基带配置)"选项，在基带参数配置中只需要添加 BPL 板光口和 RSU 模块的 Topo 对应关系即可，如图 10-100 所示，第一个小区的 BPL 板选择 1，1，8；对应光口号选择 0 号端口；Topo ID 填 1。

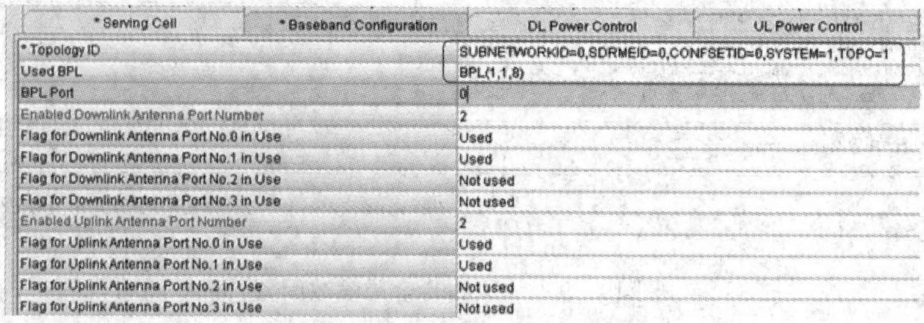

* Serving Cell	* Baseband Configuration	DL Power Control	UL Power Control
* Topology ID	SUBNETWORKID=0,SDRMEID=0,CONFSETID=0,SYSTEM=1,TOPO=1		
Used BPL	BPL(1,1,8)		
BPL Port	0		
Enabled Downlink Antenna Port Number	2		
Flag for Downlink Antenna Port No.0 in Use	Used		
Flag for Downlink Antenna Port No.1 in Use	Used		
Flag for Downlink Antenna Port No.2 in Use	Not used		
Flag for Downlink Antenna Port No.3 in Use	Not used		
Enabled Uplink Antenna Port Number	2		
Flag for Uplink Antenna Port No.0 in Use	Used		
Flag for Uplink Antenna Port No.1 in Use	Used		
Flag for Uplink Antenna Port No.2 in Use	Not used		
Flag for Uplink Antenna Port No.3 in Use	Not used		

图 10-100　基带数据配置

第一个小区配置完成后，接下来完成第二个和第三个小区的配置，配置对应关系如表 10-12 所示。

表 10-12　小区与 BPL Topo 的对应关系

小区序号	Cell Id	TAC	PCI	BPL	Topo ID	BPL Port
1	1	171	0	1, 1, 8	1	0
2	2	171	1	1, 1, 8	2	1
3	3	171	2	1, 1, 8	3	2

小区参数配置完成后，本次仿真实训网管数据的配置部分就全部完成了。接下来要进行仿真实训中的基站版本升级和业务验证。

10.6　实训项目六：版本升级激活和业务验证

实训目的：

(1) 了解版本管理各界面的功能；

(2) 掌握版本包的类型选择；

(3) 掌握版本包创建、下载和激活的步骤；

(4) 了解基站版本查询的功能；

(5) 掌握业务验证方法。

实训内容：

(1) eNodeB 设备版本升级及激活；

(2) 业务验证。

实训要求：

(1) 学生根据实训内容，使用仿真软件，完成 eNodeB 基站版本升级及激活和 LTE 网络的业务验证等操作，达到实训目的；

(2) 教师负责实训指导和答疑；

(3) 实训时注意遵守实训纪律。

10.6.1　任务 1：eNodeB 基站版本升级及激活

右键单击 NE Agent(网元代理)，如图 10-101 所示，选择"NE Management(网元管理)"，然后再选择"Station Version Management(基站版本管理)"。

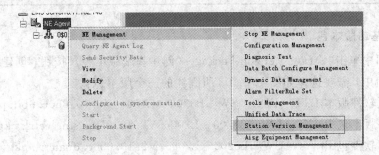

图 10-101　基站版本管理

选择"Station Version Management(基站版本管理)"后，出现如图 10 - 102 所示的界面，默认显示 Homepage 页签页面。该页面分成 4 个功能模块，对应版本升级的四个步骤，其模块具体功能如表 10 - 13 所示。

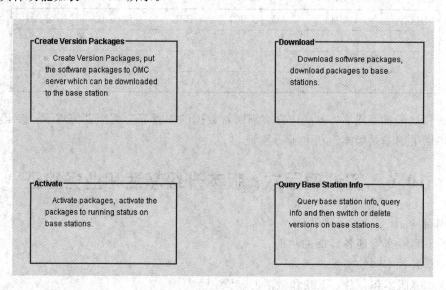

图 10 - 102　基站版本管理界面

表 10 - 13　基站版本管理界面功能

步骤	模　块	功　能
1	Create Version Packages	创建版本包，将本地的固件版本包和软件版本包导入网管服务器
2	Download	将已创建的固件版本包和软件版本包下载到网元，为激活版本做准备
3	Activate	激活已下载的固件和软件版本包，激活后网元运行此版本
4	Query Base Station Info	查询基站信息，查询基站的软硬件版本等，为后续升级操作提供数据查询功能

1. 创建基站版本包

在主界面中单击"Create Version Packages(创建基站版本包)"按钮，创建基站版本包，在弹出的界面中，需要选择如图 10 - 103 所圈注的三个版本包：

（1）系统软件版本 LTE - FDD - SW - B8200 - L200 - V2. 10. 050e. 9bit. pkg；

（2）固件版本包 PLAT - FW - B8200 - L200 - V2. 10. 050e. singlectrl. pkg；

（3）平台软件包 PLAT - SW - B8200 - L200 - V2. 10. 050e. dualctrl. pkg。

单击"Open"按钮，再单击"OK"按钮确认创建。

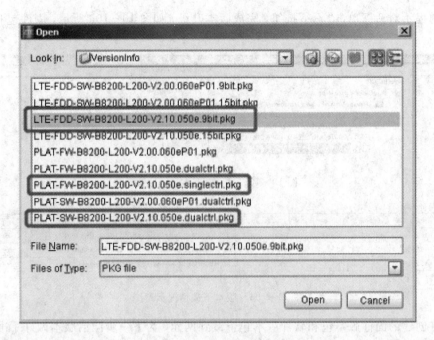

图 10 - 103　创建基站版本包

创建完成之后就会在 Base Station Version Management（基站版本管理）界面的 Firmware Version Package Management（固件版本包管理）和 Software Version Package Management（软件版本包管理）中出现如图 10 - 104 所示的三个版本包文件。

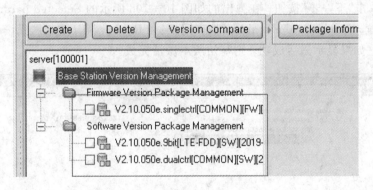

图 10 - 104　基站版本管理界面

Create 界面还有 Version Compare（版本比较）的按钮，对已有的版本加以比对，单击 SDR Software Version Package（SDR 软件版本包）标签，切换到 SDR Software Version Package 页面，就可以得出两个已创建软件版本包的差异，为版本管理提供参考。这是中兴现网的 NetNumen 网管软件的功能，本软件只能打开该页面，暂不提供比对功能。

2. 下载版本包

在主界面中单击 Download 按钮，进入版本下载界面。在本界面中，左边选择需要下载的固件包和软件包，右侧界面选择下载到哪个网元设备，如图 10 - 105 所示，我们在创建时选择了三个固件包和软件包，都需要下载到 eNodeB 网元，单击"Next（下一步）"按钮，在弹出的提示对话框单击"Yes"按钮，完成版本升级，如图 10-106 所示，固件包和软件包下载成功。

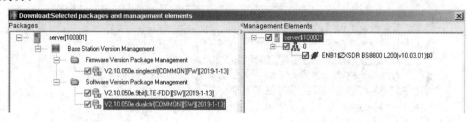

图 10-105　版本包选择及下载

Time	Subnet	Managed Elemen	User Label	Base Station Type	Operation Type	Operation Info	Operation Result	Hint
2019-1-13 21:38	1	0	ENB1	ZXSDR BS8800 L2	Download result nc	V2.10.050e.singlec	Details	Success
2019-1-13 21:38	1	0	ENB1	ZXSDR BS8800 L2	Download result nc	V2.10.050e.9bit[LT	Details	Success
2019-1-13 21:38	1	0	ENB1	ZXSDR BS8800 L2	Download result nc	V2.10.050e.dualctr	Details	Success

图 10-106　版本下载情况示意图

已将创建的固件版本包和软件版本包下载到网元，为下一步激活版本做好了准备。

在 4G 的现网中，我们在进行版本下载操作时，为了通信安全需要，一般都会对固件版本和软件版本进行逐一下载，以确保下载的成功率和准确性。

3. 版本激活

在 Homepage 页面单击"Activate"按钮，进入激活界面，如图 10-107 所示。选择要激活的版本，单击"下一步"按钮；在弹出的如图 10-108 所示的 Selected parameters(选择参数)界面中勾选 Synchronize all tables(整表同步)和 Reboot NE(重起网元设备)选项，单击"Next"按钮。如果显示激活成功，则基站版本激活完成。

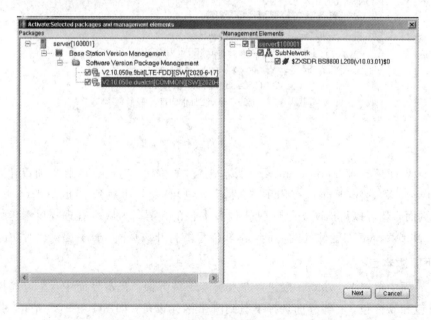

图 10-107　版本激活

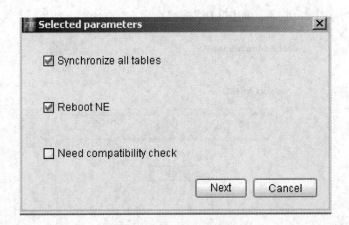

图 10 - 108　参数选择

Selected parameters(选择参数)界面的选项功能如表 10 - 14 所示。

表 10 - 14　版本激活的参数选项

序号	选　项	说　明
1	Synchronize all tables	整表同步，默认选择
2	Reboot NE	重启网元，如果不选择该项，那么下次重启网元后，激活的版本才能生效
3	Need compatibility check	兼容性检查，一般不选

4. Query Base Station Info 基站信息查询

我们可以使用网管软件查询的信息有：

(1) Hardware Info 硬件信息；

(2) Software Version Info 软件版本信息；

(3) Firmware Activate Info 固件激活信息；

(4) Hot Patch Activate Info 补丁激活信息；

(5) Hot Patch Running Info 补丁运行信息；

(6) Running Version Info 运行版本信息。

单击 Version Info Query(版本信息查询)，单击想要查询的信息界面按钮，在弹出的 Select Managed Elements(管理网元)对话框中选择需要查询的网元，网管设备软件版本信息查询结果会显示在 Multi Management Elements Software Info(多重管理网元软件信息)区域中。

在现网 NetNumen 网管系统中，查询版本信息后，可以激活网元的备用版本包，备用版本包变为主用版本包。

10.6.2　任务2：业务验证

1. 移动宽带连接

返回虚拟 OMC 主页面，单击"Mobile Broadband"图标，进入手机宽带软件，如

图 10 - 109 所示。选择 α 小区，单击"OK"按钮确定。

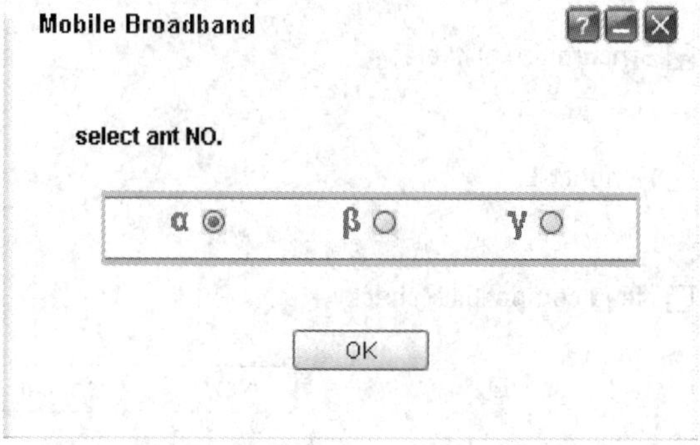

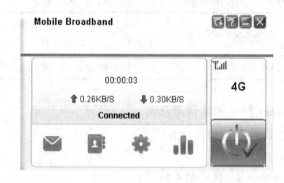

图 10 - 109　选择测试小区

　　在弹出的窗口中如果显示 4G 信号，则说明本次仿真配置成功。如果不显示 4G 信号，则说明在仿真的过程中出现了问题，需要进行故障排查分析。如图 10 - 110 所示，单击开关按钮，显示 Connected(连接)，并且有上传下载数据，就说明拨号上网成功，接下来就可以进行 FTP 业务验证。

图 10 - 110　拨号上网

2. FTP 业务验证

　　保持移动宽带处于拨号上网状态，单击"FileZilla"图标，进入 FTP 软件，如图 10 - 111 所示。在主机中填入 FTP Server IP 10.33.33.33、用户名 lte、密码 lte。单击"Quickconnect(快速连接)"按钮，如果显示连接成功，则登录 FTP 服务器完成。

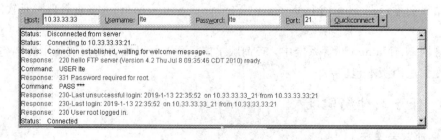

图 10 - 111　登入 FTP Server

如图 10 - 112 所示，在远端设备文件夹某个文件上单击鼠标右键，选择 Download，然后在本地文件中如果能找到同一文件，就说明下载业务验证成功。

Filename	Filesize	Filetype	L		Filename	Filesize	Filetype	
Thumbs.db	8192	Database file	12/06					12/06
..					.bash_history	10288	BASH_HISTORY fil	12/0
.bash_history	10288	BASH_HISTORY fil	12/06		.dtprofile	3969	DTPROFILE file	12/0

图 10 - 112   下载业务验证

如图 10 - 113 所示，在本地文件夹选择某一文件，单击鼠标右键，选择 Upload，然后在服务器文件夹下如果能找到同一文件，就说明上传业务验证成功。

NodeB1.bmp	1066	BMP image	12/06		..			
CCboard.bmp	6678	BMP image	12/06		mobile.bmp	1206	BMP image	12/0
LTE.doc	462534	Microsoft Word Doc	12/06		LTE.doc	462534	Microsoft Word Doc	12/0

图 10 - 113   上传业务验证

10.7   结 束 语

完成了以上检测和验证步骤后，LTE - FDD 的仿真软件实训就全部完成了。在仿真实训中，以下几个方面需要特别注意：

（1）在配置基站参数之前，一定要注意记录拓扑图中各设备的 IP 地址及 VLAN 参数，如核心网设备、基站设备、虚拟 OMC 等；

（2）进行参数配置时，一定要调理清晰，可按照基站→核心网的顺序进行配置；

（3）数据参数配置数据量较大，请细心检查配置过的参数；

（4）由于实验数据量较大，耗费时间较长，因此，在实验过程中，我们可以通过拓扑界面的存盘按钮对已配置的数据随时进行保存和重载。

本仿真软件的功能远不止本章讲述的这些内容，还可以通过不同的网络拓扑规划和设备选型，来实现不同的实训任务场景，步骤大同小异，只是配置时的参数有所差别，有兴趣的读者可以深入研究一下。

最后，祝愿诸位可以顺利完成 LTE - FDD 仿真软件的配置，也希望诸位通过对该仿真软件的使用，对 4G LTE 原理和 LTE - FDD 设备的原理及应用有更深一步的理解和认知。

习   题

一、单选题

1. eBBU 和 eRRU 之间的野战光缆接头是(   )类型。

A. LC - LC   B. SC - SC   C. FC - FC   D. FC - SC

2. 室内防雷箱电源线常用的有三种规格。通常作为工作地线的线缆颜色的是（　　　）。

A. 红色　　　　　　　　B. 黑色　　　　　　　　C. 蓝色　　　　　　　　D. 黄绿色

3. 室内防雷箱电源线常用的有三种规格。通常作为保护地线的线缆颜色的是（　　　）。

A. 红色　　　　　　　　B. 黑色　　　　　　　　C. 蓝色　　　　　　　　D. 黄绿色

4. 室内防雷箱的电源线常用的有三种规格。通常作为 -48V 电源线的线缆颜色的是（　　　）。

A. 红色　　　　　　　　B. 黑色　　　　　　　　C. 蓝色　　　　　　　　D. 黄绿色

5. 移动通信设备的天馈系统中经常使用馈线接地线，馈线接地线的避雷原理是（　　　）。

A. 接闪　　　　　　　　B. 均压连接　　　　　　C. 分流　　　　　　　　D. 屏蔽

6. 移动通信设备的天馈系统中经常使用避雷器，避雷器的避雷原理是（　　　）。

A. 接闪　　　　　　　　B. 均压连接　　　　　　C. 分流　　　　　　　　D. 屏蔽

7. 当主馈线采用 7/8" 或 5/4" 同轴电缆时，eRRU 和天线之间需要采用（　　　）转接。

A. 射频跳线　　　　　　B. DIN 转换头　　　　　C. N 型转换头　　　　　D. 不需要转换

二、多选题

1. ZXSDR R8880 L268 上电前需要完成的准备工作有（　　　）。

A. 确认供电电压是否符合 ZXSDR R8880 L268 要求

B. 确认机箱电源和接地电缆连接是否正确

C. 确认电源插头是否处于断开位置

2. 根据安装环境的不同，ZXSDR R8880 L268 机箱的安装有（　　　）几种安装方式。

A. 抱杆安装　　　　　　B. 挂墙安装　　　　　　C. 龙门架安装　　　　　D. 铁塔安装

3. ZXSDR R8880 L268 的抱杆安装方式分为（　　　）。

A. 1 抱 1 安装　　　　　B. 1 抱 2 安装　　　　　C. 1 抱 3 安装　　　　　D. 1 抱 4 安装

三、判断题

1. BBU 两块 PM 板必须单独连接到一次电源配电柜的单独端子，不得串接。　　（　　　）

2. 多机柜安装，相互之间的距离，可根据现场安装确定，没有特别的限制。　　（　　　）

3. 接地铜排上每个接地点可以接多个设备。　　　　　　　　　　　　　　　　（　　　）

4. 电缆安装时，在线缆长度不够的情况下可以在电缆中间做接头或焊点。　　（　　　）

5. 通信设备保护地应用不小于 16 mm² 的多股导线连接至水平接地汇集线，小型设备（额定电流小于 16 A）的保护地截面积应用大于 4 mm² 的多股铜线连接到水平接地汇集线。

（　　　）

6. 主馈线接头与主馈线的连接，需要使用电烙铁焊接。　　　　　　　　　　（　　　）

7. 施工带电作业，穿了防静电服，可不必戴防静电手套。　　　　　　　　　（　　　）

8. 施工带电作业，衣着不能有其他外露的金属物件。　　　　　　　　　　　（　　　）

9. 施工带电作业，工具工作面外的金属部位应用胶布缠绕绝缘。　　　　　　（　　　）

第 11 章　5G 技术演进

　　第五代移动通信技术（5G）作为新一代移动通信技术，与 3G、4G 相比，其网络传输速率和网络容量将大幅提升。在强大的带宽及传输速度的支持下，更多的新型移动业务将得以成熟应用，移动互联网、物联网等产业的发展空间也将再度扩展。当前，5G 已逐渐成为各国政府、通信设备厂商及运营商关注的新焦点。

　　本章介绍 5G 的愿景和引入的关键技术。

11.1　5G 技术概述

11.1.1　什么是 5G

　　第五代移动通信技术（5th Generation Mobile Networks 或 5th Generation Wireless Systems、5th－Generation，简称 5G 或 5G 技术）是最新一代蜂窝移动通信技术，也是继 2G、3G 和 4G 移动通信系统之后的延伸。

　　5G 的性能目标是高数据速率、减少延迟、节省能源、降低成本、提高系统容量和大规模设备连接。Release－15 中的 5G 规范的第一阶段是为了适应早期的商业部署。Release－16 的第二阶段于 2020 年 4 月完成，作为 IMT－2020 技术的候选提交给国际电信联盟（ITU）。ITU IMT－2020 规范要求速度高达 20 Gb/s，可以实现宽信道带宽和大容量 MIMO（Massive Multiple-Input Multiple-Output）。

　　5G 技术致力于构建信息与通信技术的生态系统，是未来无线产业发展的创新前沿。5G 作为网络基础设施的创新突破，有助于增强移动因特网（Mobile Internet，MI）和物联网（Internet of Things，IoT）的快速发展。

　　2019 年 10 月 31 日，我国三大运营商公布 5G 商用套餐，并于 11 月 1 日正式上线 5G 商用套餐。5G 基础设施的增强将有力提升 MI 消费者的用户体验，加强用户黏性以及保障运营商收入。同时，5G 在 IoT 垂直产业的应用拓展也将带给运营商更加广阔的市场空间和商业机会。

11.1.2　5G 技术的发展背景

　　随着第四代移动通信系统 4G 的全面商用，越来越多的设备接入到移动网络中，新的服务和应用层出不穷，移动数据的需求爆炸式增长，现有移动通信系统难以满足未来需求是新一代通信系统 5G 技术发展的最主要的驱动力。

　　移动互联网主要面向以人为主体的通信，注重提供更好的用户体验。物联网主要面向物与物、人与物的通信，不仅涉及普通个人用户，也涵盖大量不同类型的行业用户。为了满足面向未来的移动数据业务的快速发展，提供更大的容量和更高的传输速率，适应海量的设备连接和多样化的用户需求，实现百倍数量级能耗效率提升以及支持业务多样性网络部署都是 5G 移动通信系统面临的巨大挑战。

11.1.3　5G 技术的性能指标

国际电联无线电通信部门 ITU－R 制定了 5G 技术的三大应用场景和八个性能指标。

1. 三大应用场景

5G 技术的三大应用场景如下：

(1) 增强型移动宽带(enhance Mobile Broadband，eMBB)。

(2) 海量物联网通信(massive Machine Type Communication，mMTC)。

(3) 低时延、高可靠通信(ultra Reliable & Low Latency Communication，uRLLC)。

5G 技术的三大应用场景对通信提出了更高的要求，不仅要解决一直需要解决的速度问题，把更高的速率提供给用户，而且对功耗、时延等提出了更高的要求，一些方面已经完全超出了我们对传统通信的理解。把更多的应用能力整合到 5G 技术中对通信技术提出了更高的要求。

2. 八个性能指标

如图 11－1 所示，应用 5G 技术的移动通信系统的性能指标远高于 4G 系统。

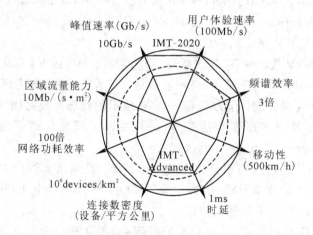

图 11－1　5G 技术的性能指标

5G 技术广域连续覆盖保证用户的移动性和业务连续性，为用户提供无缝的高速业务体验，能够随时随地(包括小区边缘、高速移动等恶劣环境)为用户提供 100 Mb/s 以上的用户体验速率。

局部热点覆盖面向局部热点区域覆盖，1 Gb/s 的用户体验速率、10 Gb/s 以上的峰值速率和 10 Tb/(s·km²) 以上的流量密度，为用户提供极高的数据传输速率，满足网络极高的流量密度需求。

大容量物联网(智慧城市、环境监测、智能农业、森林防火等)应用场景以传感和数据采集需求为主，具有小数据分组、低功耗、海量连接等特点，连接设备密度的指标达到每平方千米连接 10^6 个设备的要求，而且还要求终端成本和功耗极低。高性能物联网应用场景为用户提供 ms 级的端到端时延和接近 100% 的业务可靠性保证。

11.2　5G 系统网络架构

5G 系统整体包括核心网、接入网以及终端部分。核心网与接入网之间需要进行用户平面和控制平面的接口连接，接入网与终端之间通过无线空口协议栈进行连接。

如图 11-2 所示，5G 系统架构分为两部分，即 5G 核心网（5GC，包括图 11-2 中的 AMF/UPF）和 5G 接入网（NG-RAN）。其中，5G 核心网包括控制平面网元和用户平面网元，控制平面网元除了接入与移动管理功能（Access and Mobility Management Function，AMF）外，还包括会话管理功能（Session Management Function，SMF）；但是 SMF 和接入网之间没有接口；用户平面网元包括用户平面功能（User Plane Function，UPF）。NG-RAN 包括图 11-2 中的 ng-eNB 和 gNB。

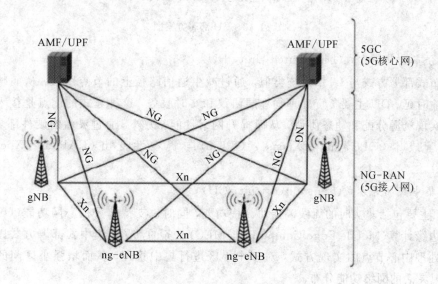

图 11-2　5G 系统网络架构

NG-RAN 由 gNB（NR 系统基站）和 ng-eNB（可接入 5G 核心网的 LTE 演进基站）两种逻辑节点共同组成。gNB 是提供 NR 基站到终端（User Equipment，UE）的控制平面与用户平面的协议终止点，ng-eNB 是提供 LTE 基站到 UE 的控制平面与用户平面的协议终止点。gNB 之间、ng-eNB 之间以及 gNB 和 ng-eNB 之间通过 Xn 接口进行连接。NG-RAN 与 5GC 之间通过 NG 接口进行连接，进一步分为 NG-C 和 NG-U 接口，其中与 AMF 控制平面连接的是 NG-C 接口，与 UPF 用户平面连接的是 NG-U 接口，NG 接口支持多对多连接方式。

1. 5G 接入网架构

5G 接入网架构包括 gNB 和 ng-eNB 两种具备完整基站功能的逻辑节点，有利于降低呼叫建立时延和用户数据的传输时延。它的分布方式主要有两种：分布式部署和集中式部署。gNB 节点进一步分成 CU 和 DU 两种逻辑节点，如图 11-3 所示。

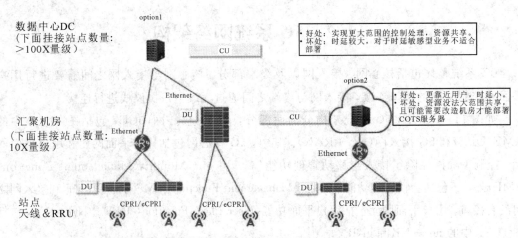

图 11-3　CU 部署方案图

1）分布式部署方式（Distributed Unit，DU）

分布式部署方式与 LTE 系统类似，通过减少通信路径上的节点跳数，从而减少网络中的传输时延。DU 主要负责处理物理层协议和实时服务，这种方式的优点是接入网可以更好地实现资源分配和动态协调，从而提升网络性能。另外，通过灵活的硬件部署，也能降低运营成本（OPerating EXpense，OPEX）与资本性支出（CAPital EXpenditure，CAPEX）。

2）集中式部署方式（Centralized Unit，CU）

CU 主要包括非实时的无线高层协议栈功能，同时也支持部分核心网功能（UPF）下沉和移动边缘计算（Mobile Edge Computing，MEC）业务的部署。集中式部署方式以支持未来云化处理中心节点的实现方式，对多个小区进行集中管理，从而增强小区间的资源协调，实现灵活的网络功能分布。

2. 接入网与核心网的接入方式

由于 5G 和 LTE 系统将在未来很长一段时间内共同部署，因此需要研究基于 LTE 和 5G 融合部署的网络架构。随着后续 5G 核心网络的成熟部署，还需要研究 LTE 系统的演进基站如何接入 5G 核心网的问题。

11.3　5G 的关键技术

5G 作为新一代的移动通信技术，它的网络结构、网络能力和要求都与过去有很大不同，有大量技术被整合在其中。

11.3.1　大规模的天线技术

为了满足未来无线通信业务不断增长的需求，第五代无线通信系统要将多小区通信系统的系统能效提升一个数量级以上。传统的 MIMO 技术已经不能满足系统要求，因此大规模 MIMO 技术开始受到业界的广泛关注。

大规模 MIMO 技术是在传统的单天线（Single-Input-Single-Output，SISO）技术的基础上发展起来的，先后出现了点对点 MIMO 技术和多用户 MIMO 技术，进一步挖掘和利用了 MIMO 技术的空间复用优势。美国贝尔实验室的 Thomas L. Marzetta 率先提出大规模 MIMO 的概念，该技术的基本思路是以现存的 MIMO 技术作为基础，在基站增加 1～2 个数量级的天线，使其达到几百根甚至上千根，并且基站天线的数目要远大于它服务的用户设备。利用基站大规模天线所提供的空间自由度，显著地提升了频谱资源利用效率，有效解决了频谱资源日益紧张这一难题，与此同时，每个用户与基站之间通信的功率效率也可以得到显著提升。此外，当小区基站的天线数趋于无穷时，不同用户之间的信道趋于正交，加性高斯白噪声、小尺度衰落等影响均可忽略不计，小区的用户仅受到复用同一导频的相邻小区用户的干扰。

大规模 MIMO 系统的特点主要表现如下：

（1）空间分辨率显著提高，大规模 MIMO 系统比传统 MIMO 系统可以让多个用户通过充分利用其空间维度资源，在同一时域和频域资源上利用系统提供的丰富的空间自由度来提升频谱资源的复用能力，在不需要增加基站密度和带宽的情况下，能够大幅度提高频谱效率。

（2）大规模 MIMO 系统充分利用波束形成技术，经过算法处理，可以形成更窄的波束，使天线辐射角度集中在规定的空间区域内，从而在目的范围内集中主要的发射功率，即使减小基站的发射功率，也同样可以满足高质量的通信要求，提升基站与用户之间的射频传输链路能量效率。

（3）大规模 MIMO 系统具有更好的系统容错性能。在一般情况下，用户的天线数目远少于基站天线数目，系统可以获得更大的信道矩阵空间，具有更大的零空间维度，可以容纳更多的系统差错，从而增强系统的抗干扰能力。

（4）系统预编码和检测复杂度降低。当收发天线数目足够大时，在系统的发送端可以使用简单的线性预编码，在接收端使用线性检测器，进行信号发送检测处理，这样就可以使系统的性能达到最佳状态。

11.3.2　超密集组网技术

在 2G 时代，几万个基站就可以做全国的网络覆盖；到了 4G 时代，中国的网络超过 500 万个，伴随着人们对信息的需求进一步提高，需要全新的通信技术支撑更快的传输速率、接入速率、移动速率，更高的网络密度、链接密度、流量密度。5G 相较于现有的 4G 技术，拥有更高的传输速率、更低的传输时延、更完善的安全机制和更好的用户体验。在 5G 的热点高容量典型场景中基站间距将进一步缩小，必须布置大量的无线收发节点，如宏基站、微基站、家庭基站、中继节点等，形成密集度很高的网络，即 5G 技术中的超密集组网（Ultra-Dense Networks，UDN）。

UDN 技术具有较低发射功率的小型接入节点，不需要精确的规划，仅作高密度的区域部署，即可以构成一个超密集网络。这种方法减小了发射机和接收机之间的距离，提高了频谱效率，并通过流量分流来提升网络整体的性能。超密集组网就是通过提高单位面积频谱效率的方式来提高整体的系统容量。

在超密集网络中，单个小区提升系统容量的方式又分为两种：第一种为增加带宽，为现有网络提供新的频谱资源；第二种为使用大规模多输入多输出（Massive MIMO）天线、高阶调制等方式来提高每个小区的频谱效率。

传统的单层蜂窝网无法满足万物互联场景多样、业务量巨大的需求。分层次异构组网通信的优势逐渐显示出来，相较于单层同构网络，多层异构网络在网络部署中的灵活度、信息速率、系统容量等方面都有着极大的优势。现阶段 UDN 的网络部署方式采用多层次、多种接入方式并存的无线接入网络（Heterogeneous and Small Cell Network，Het SNets）是蜂窝网发展的必然趋势。多层次是指传统宏小区（Macrocell）和包括微小区（Picocell）、家庭小区（Femtocell）、宽带连接（Broadband Connection）、中继（Relay）节点在内的低功耗小区共存的体系结构。超密集组网场景如图 11-4 所示。除了传统蜂窝网接入的方式以外，5G 技术也包括无线局域网、无线个人局域网（WPAN）等多种接入技术。在需要高密度的小区，如办公区域、居住区域、旅店、商场等室内热点区域以及机场等室外热点区域部署热点区域，从而满足用户的需求。除了支持手机等用户设备（UE）通信以外，5G 技术还支持机器间通信（Machine-to-Machine，M2M）和设备之间通信（Device-to-Device），这种通信业务也要与核心网（Core Network）相连。对于大量的微小基站的接入，光纤和无线都应该被认为是合适的传输资源。

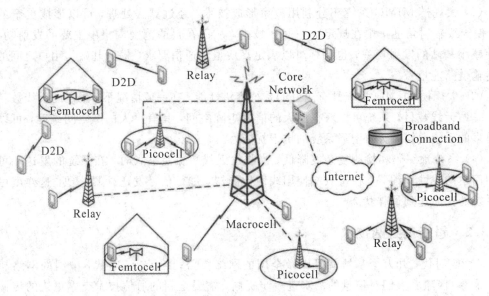

图 11-4 超密集组网场景图

11.3.3 新型超高新传输技术

随着无线移动通信技术的飞速发展，人们对通信的需求量逐年增加，现有的通信系统已经无法满足要求。

1. 毫米波

5G 是面向下一代的移动通信技术，相比于现有的 4G 通信技术，5G 在用户速率、频谱利用率、系统吞吐量等方面具有绝对的优势。低频段频谱资源有限，已无法满足用户对高传输速率、高带宽的需求。与低频段相比，高频段频谱资源丰富，可以很好地满足 5G 通信对频谱资源的需求，因此 5G 毫米波技术应运而生。毫米波就是波长为 $1\sim10$ mm 的电磁波，其对应频段为 $30\sim300$ GHz($30\,000\sim300\,000$ MHz)。

5G 波段目前主要分为两个技术方向，分别是 Sub-6 GHz 以及频率大于 24 GHz 以上频段高频毫米波(mmWave)。其中 Sub-6 GHz 就是利用 6 GHz 以下的带宽资源来发展 5G，目前国内 5G 的初期建设已经确认使用这一频段。可见终端最优的 Sub-6GHz 解决方案可以以最快的速度满足国内市场 5G 商用。

全新的 5G 技术正首次将毫米波应用于移动宽带通信。大量可用的高频段频谱可提供极致数据传输速度和容量，这将重塑移动体验。但毫米波的利用并非易事，使用毫米波频段传输更容易造成路径受阻与损耗(信号衍射能力有限)。通常情况下，毫米波频段传输的信号甚至无法穿透墙体，此外，它还面临着波形和能量消耗等问题。

2. 可见光通信技术

可见光通信技术(Visible Light Communication，VLC)是指利用可见光波段的光作为信息载体，无需光纤等有线信道传输介质，利用 LED 灯使人肉眼感受不到明暗交替闪烁，从而进行数据传输的一种通信方式，是一种将传统照明与无线通信和网络融合的创新方法。

室内可见光 LED 灯以其亮度高、散热少、调制性能好、发射功率大等优点满足了室内日常照明和通信的双重要求。在目前的无线通信研究中，主要采用下列途径制造白光 LED 光源：第一种是采用黄色的荧光粉吸收部分蓝色 LED 光，并激发出黄光，黄光和剩余的蓝色 LED 光会混合形成白色的 LED 光；第二种是将红色、蓝色、绿色三原色 LED 光按照一定的比例混合，合成高亮度的白光。第一种基于荧光粉产生白色 LED 光的方法的封装和实现工艺相对简单、成本低廉，是目前生产 LED 白光的主流技术。此外，荧光粉的使用会引入额外的时间延迟，且荧光粉在使用过程中会退化，从而影响 LED 光的上升和下降时间，影响整个通信系统的通信质量。

由于可见光通信采用 LED 来调制和发送可见光，相比传统射频无线通信系统，其发射功率可以更低，设备也可以更小型化。与射频无线通信相比，它的主要优势如下：

(1) 无电磁干扰。由于可见光通信采用光作为传播媒介，相当于将信号调制到光波频率上，因此与传统无线电系统之间不存在电磁干扰问题。

(2) 节能环保。可见光通信无需上下变频器即可发送，将 LED 作为信号发射器，能有效降低通信设备的成本；同时，由于可见光通信系统还可满足照明的需求，因而有效地节约了通信系统的能耗。

(3) 安全性高。首先，信号可以被不透明材料所阻隔，室内信息更难泄露到室外；其次，由于不使用射频频带，因此不会受到射频无线通信信号的干扰，可以在射频干扰很强的环境下进行通信。

(4) 无须许可。由于可见光通信不使用射频通信频谱资源，因此无须申请无线电频谱许可证。目前，免授权的频谱资源(如 2.4 GHz 频段)非常紧张，WiFi、蓝牙、Zigbee 等无线通信协议普遍都使用免授权的频谱进行通信。可见光通信开发了新的可用频谱资源，能有效解决目前免授权频谱信道拥挤的问题。

11.3.4　滤波器组多载波调制技术

滤波器组多载波调制技术（Filter-Bank Multi Carrier，FBMC）作为 5G 通信技术的调制技术之一，它用一组优化的滤波器组代替 OFDM 中的矩形窗函数，实现时频本地性，从而达到降低外带衰减的目的。它可以针对不同的信道环境，应用不同的滤波器组，来针对性地提高误码率性能；同时又不需要像 OFDM 那样引入 CP 循环前缀，这样可以大大提高频谱的利用率。

FBMC 因具有灵活的资源分配、高的频谱效率、较强的抗双选择性衰落的能力，从而较好地解决了高速率无线通信和复杂均衡接收技术之间的矛盾，未来在 5G 技术中可能成为替代 OFDM 的空中接口技术。但在 FBMC 系统中，符号是相互叠加的，相邻子信道之间不是正交的，需要引入偏移正交幅度调制（Offset Quadrature Amplitude Modulation，OQAM）技术，以保证相邻子信道的数据正交。OQAM 存在不能消除的虚数干扰，在多径信道下，特别是在大时延多径数目较多的情况下，各子信道相互干扰仍然严重，信道估计比较复杂，不能完全使用简单系统函数来补偿接收的数据。结合大规模 MIMO 技术的 FBMC 系统的信道参数随天线数目的增加而呈指数级增加，计算复杂度也相应地呈指数级增加。为了提高信道估计算法的性能，FBMC 会使用大量训练序列或导频，这在一定程度上损耗了通信的频谱资源。由于使用了大规模天线技术，系统的频偏会影响估计精度，信道估计成了亟待解决的问题之一。

FBMC 技术还存在信道估计难题。在 5G 通信技术中，为了提高传输速率，通信系统必须采用同时同频全双工技术。但是，目前全双工技术的效率受自身干扰的严重影响，特别是全双工技术使原来的信道发生了改变，干扰消除和干扰没有消除的信道特性差别很大。信道估计除了要保证传输质量，还要配合后续的多样化技术要求，信道估计过程需要估计更多参数，这更增加了信道估计的复杂性和难度。因此，研究基于 FBMC 技术的 5G 通信系统的信道估计机理和实现技术具有特别重要的科学意义和实际应用价值，有助于我国在 5G 通信的发展过程中引领世界。

11.3.5　网络切片

网络切片是网络功能虚拟化（Network Function Virtualization，NFV）应用于 5G 阶段的关键特征。一个网络切片将构成一个端到端的逻辑网络，按切片需求方的需求灵活地提供一种或多种网络服务。

网络切片的架构主要包括切片管理和切片选择两项功能。切片管理功能有机串联商务运营、虚拟化资源平台和网管系统，为不同的切片需求方（如垂直行业用户、虚拟运营商、企业级用户等）提供安全隔离、高度自控的专用逻辑网络。

切片管理功能的实现包含以下三个阶段：

（1）商务设计阶段：切片需求方利用切片管理功能提供的模板和编辑工具，设定切片的相关参数，包括网络拓扑、功能组件、交互协议、性能指标、硬件要求等。

（2）实例编排阶段：切片管理功能将切片描述文件发送给 NFV 管理与编排（Management and Orchestration，MANO）功能实现切片的实例化，并通过与切片之间的接口下发网元功能配置，发起连通性测试，最终完成切片向运行态的迁移。

（3）运行管理阶段：在运行状态下，切片所有者可通过切片管理功能对切片进行实时监控和动态维护，主要包括资源的动态伸缩，切片功能的增加、删除和更新，以及告警故障处理等。

切片选择功能实现用户终端和网络切片间的接入映射。切片选择功能综合业务签约和功能特性等多种因素，为用户终端提供合适的切片接入选择。用户终端可以分别接入不同的切片，也可以同时接入多个切片。用户同时接入多个切片的场景中将形成两个切片架构变体。

（1）独立架构：不同切片在逻辑资源和逻辑功能上完全隔离，只在物理资源上共享，每个切片都包含完整的控制面和用户面功能。

（2）共享架构：在多个切片间共享部分的网络功能。

一般而言，考虑到终端实现的复杂度，可对移动性管理等终端粒度的控制面功能进行共享，而业务粒度的控制和转发功能则为各切片的独立功能实现特定的服务。

在同一个 5G 网络上，技术电信运营商会把网络切片为智能交通、无人机、智慧医疗、智能家居、工业控制等多个不同的网络，将其开放给不同的运营者，这样一个切片的网络在带宽、可靠性能力上也有不同的保证，计费体系、管理体系也不同。在切片的网络中，各个业务提供商，不是如 4G 一样，都使用一样的网络、一样的服务，很多能力变得不可控。5G 切片网络可以向用户提供不一样的网络、不同的管理、不同的服务、不同的计费，从而让业务提供者更好地使用 5G 网络。

习　　题

简答题
1. 简述 5G 技术的主要应用场景。
2. 简述 5G 技术的八个主要性能指标。
3. 简述系统网络架构的基本组成。
4. 简述 5G 有哪些关键技术。

参 考 文 献

［1］　易梁，黄继文，陈玉胜. 4G 移动通信技术与应用. 北京：人民邮电出版社，2017.

［2］　张明和. 深入浅出 4G 网络 LTE/EPC. 北京：人民邮电出版社，2016.

［3］　王振世. LTE 轻松进阶. 2 版. 北京：电子工业出版社，2017.

［4］　李正茂，王晓云. TD－LTE 技术与标准. 北京：人民邮电出版社，2013.

［5］　宋铁成，宋晓勤. 移动通信技术. 北京：人民邮电出版社，2018.

［6］　易梁，黄继文，陈玉胜. 4G 移动通信技术与应用. 北京：人民邮电出版社，2017.

［7］　陈佳莹，张溪，林磊. IUV－4G 移动通信技术（特装版）. 北京：人民邮电出版社，2016.

［8］　范波勇. LTE 移动通信技术. 北京：人民邮电出版社，2015.

［9］　赵训威. 3GPP 长期演进（LTE）系统架构与技术规范. 北京：人民邮电出版社，2010.

［10］　真才基. TD－LTE 移动宽带系统. 北京：人民邮电出版社，2013.

［11］　孙秀英. LTE 组网与维护. 北京：机械工业出版社，2018.

［12］　［瑞典］达尔曼（Erik Dahlman），等. 4G 移动通信技术权威指南 LTE 与 LTE－Advanced. 2 版. 朱敏，等译. 北京：人民邮电出版社，2015.

［13］　Christopher Cox. LTE 完全指南 LTE、LTE－Advanced、SAE、VoLTE 和 4G 移动通信. 2 版. 严炜烨，等译. 北京：机械工业出版社，2017.